당당한 육아

당당한 육아

YOU CAN'T F*CK UP YOUR KIDS

린제이 파워스 지음
방경오 옮김

한문화

당당한 육아를 위하여

사람들로 북적대는 식당에서 한 여자가 씩씩대며 내게로 걸어오던 순간을 나는 결코 잊을 수 없다. 나는 가슴을 드러내놓고 이제 막 열 달 된 아들 에버렛에게 모유를 먹이고 있었다. 그녀는 재빨리 휴대폰을 꺼내 내 사진을 찍더니 "짜증 나!"라고 중얼거리며 밖으로 휙 나가버렸다. 순간 너무 놀랐지만 내색하진 않았다. 다행히 에버렛은 울지 않았다. 나도 아무렇지 않은 척 가족들과 함께 치즈 페퍼로니 피자를 먹었다.

　엄마로서 남들에게 눈총을 받은 건 그때가 처음이 아니었다. 아이를 낳기도 전부터 그랬다. 내 산부인과 주치의는 검은 머리에 잘난 체가 묻어나는 목소리를 가진 서른여섯의 여의사였는데, 그는 수시로 내 임신 중 몸무게를 트집 잡곤 했다. 지하철 옆자리에 앉았던 어떤 사람은 초면인 내게 엄마가 집에 있는 게 아이에게는 최고라며 집에서 애를 키울 건지 물었고, 내 할머니는 미용사에게 손녀가 일중독이라 엄마가 될 거라곤 상상도 못했다고 말했다. 심지어 나는 그 미용사를 알지도 못하는데도 말이다.

에버렛이 태어나고 나서 사람들의 눈총은 더욱더 따가워졌고 내 수치심도 더욱 커져만 갔다. 내가 살던 뉴욕 근교의 엄마들은 개인 가정교사나 비싼 유모차를 은근히 서로 과시했다. 나는 직장에 다녔기 때문에 그 무리에 낄 수조차 없었다.(보모를 두지 않아야 진짜 엄마죠!) 마트에서는 처음 보는 사람들에게 잔소리를 들었으며(그렇게 어린 애를 데리고 밖에 나오다니요!), 공공장소에서 젖을 물릴 때도 눈치를 봐야 했다.(여기서 모유 수유를 하면 안 돼요!) 내 블로그에 올린 글을 공유하는 사람들은 늘 "내가 쉽게 판단할 건 아니지만……."이라는 말을 시작으로 나의 육아를 비판했다.

에버렛이 태어난 뒤 1년 동안 끊임없이 비난받은 나는 더는 가만히 있지 않기로 했다. '야후Yahoo!'에서 근무할 당시, 적지만 능력 있었던 내 팀원들을 불러 모았다. 우리는 '사람들이 다른 부모를 헐뜯기 전에 한 번 더 신중히 생각하게 하자'라는 단순한 목표로 의견을 나눴다. 그리고는 '야후!'라는 넓은 플랫폼을 통해 이를 노출하기로 했다. 부모는 모두 최선을 다하고 있다는 점을 부각해야 했다. 우리는 서로에게 무의미한 비난을 하는 대신, 그 에너지를 서로를 격려하는 데 써야 한다. 이 캠페인은 짧은 트윗 한 줄로 시작되었다. "부모라는 이유로 비난받은 적이 있나요? 더는 부끄러워하지 맙시다! #당당한육아를위하여."

나는 내가 아는 현실과 전혀 맞지 않는 '완벽한 부모'라는 불합리한 이상에 부응하지 못했다는 이유로 수치심을 느끼고, 서로를 비난하는 부모들의 모습에 신물이 났다. 육아라는 힘들고 골치 아픈 일을 완벽하진 못해도 나만의 방식으로 최선을 다하고 있다. 나는 블로그에 내가 당한 비난을 비판하는 글을 썼다.(예컨대, 가끔 아들이 저녁으로 과자를 먹는다고 썼더니 엄마가 어떻게 그럴 수 있느냐는 식의 비난을 받아야 했다.)

이 아이디어는 순식간에 인기를 얻었다. 해시태그는 트위터에서 유행하기 시작했다. 나는 혼자가 아님을 확실히 알게 되었다.

오늘날 부모들은 하면 한다고, 하지 않으면 하지 않는다고 비난을 받는다. 나는 오랫동안 저널리스트로 살아왔기에, 부모들이 얼마나 다양한 비난에 놓여 있는지 잘 알고 있었다. 그래서 〈야후! 육아(YaHoo! Parenting)〉의 수석 편집장이자 #당당한육아를위하여 캠페인(현재 소셜미디어에서 1억 7천만 명 이상의 호응을 얻었다.)의 창시자로서 이 문제를 바로잡고 싶었다.

나는 수많은 연구 결과를 꼼꼼히 살펴봤다. 전국의 대도시부터 작은 마을까지 돌아다니며 의사, 심리학자, 수면 전문가, 소아·청소년과 전문의와 의견을 나눴고, 50여 그룹이 넘는 가족들과 인터뷰를 했으며, 수많은 관련 서적을 탐독했다.(그러니 여러분까지 그럴 필요는 없다.)

그 과정에서 부모가 반드시 지켜야 할 몇 가지 규칙을 알게 되었다. 믿을 만한 의사는 훌륭한 파트너가 될 수 있다. 여러분의 아이를 눈에 뻔히 보이는 위험과 범죄에 노출하지 마라. 전문가들의 말이 다 헛소리는 아니다. 당신의 아이에게는 당연히 필요한 사랑과 음식, 따뜻한 잠자리 외에도 건강하게 자라기 위한 양육 울타리, 즉 건강한 경계선(Healthy Boundaries)이 필요하다. 그러나 대부분의 부모들이 필요 이상의 스트레스를 받고 있다. 아이를 한 번 불량 유모차에 잘못 태웠다고 큰 문제가 생기지 않는다. 분유를 먹였다고 아이가 약해지지도 않는다. 사직서를 던지고 집에서 직접 아이를 돌보지 못해서 보낸 어린이집 때문에 아이가 비뚤어지지도 않으며, 수면 교육을 하는 며칠 밤 동안 아이를 울렸다고 아이에게 트라우마가 생기지 않는다는 말이다.

"그렇다고 저 연구 결과들을 다 무시할 순 없잖아요!" 내가 커피를 마시며 이렇게 진실을 설명하는 동안에도 육아에 지칠 대로 지친 부모들은 끝없이 울어대는 아기를 어떻게든 달래보려고 유모차를 앞뒤로 흔들어대며 이렇게 하소연하곤 했다. "수면 교육이 애를 망친다는 말 못 들었어요? 애착 형성이 제대로 안 되면 어떡해요?"

우리는 힘든 길을 자처해서 걷고 있다. 모두가 지겹도록 말하는 그 연구는 수면 훈련이 아이의 삶을 망치는 근거로 실험용 흰 쥐를 대상으로 한 연구 결과와 신생아를 생후 3년 동안이나 침대에 묶어놓았던 루마니아의 고아 연구를 들고 있다. 아무리 극심한 수면 부족에 시달리고 있는 부모라 할지라도 이러한 처참한 환경이 자신의 아이와는 아무 관련이 없다는 정도는 알고 있을 것이다.

전문가들이 부모에게 두려움을 느끼게 하는 이유

그렇다면 전문가들이 부모들에게 두려움을 느끼게 하는 이유가 있을까. 물론 있다.

1. 돈: 유아용품 시장은 황금알을 낳는 거위다. 분유만 해도 14조에 달하는 시장이 형성돼 있다. 그 시장의 최고 전문가들은 대부분 제품과 서비스는 물론 육아에 관한 개인적 생각까지 팔고 있다.(그들은 이미 거대한 조직이 되었다.) 그들을 상대로 우리가 할 수 있는 일이 있을까?

2. 권력과 연관된 숨겨진 의도: 우리가 수치스럽게 여기는(또는 서로를 부끄럽게 여기게 하는) 많은 것이 종교와 가부장제, 성차별, 인종차별, 계급투쟁 등과 관련이 있다. 육아도 마찬가지다. 많은 이들이 모유 수유에 대한 조언을 구하는 단체인 라 레체 리그La Leche League는 엄마의 직장 생활을 극렬히 반대하는 가톨릭 주부들에 의해 설립되었다. 여러 엄마 모임이 페이스북으로 홍보하고 있는 《베이비 와이즈Baby Wise》라는 수면 교육책은 원래 《육아를 위한 준비 : 낮에는 하느님의 명령을 받들고, 밤에는 편안히 재워라(Preparation for Parenting : Bringing God's Order to Your Baby's Day and Restful Sleep to Your Baby's Night)》라는 기독교적인 육아 지침서였다. 애착 육아의 아버지라고 불리는 시어스 박사(Dr. Sears)와 그의 아내 마사Martha는 "가장인 남편에게 아내가 복종하는 가정에서 아이를 키우는 것이 하느님의 계획이다."라고 믿는 복음주의 기독교인이다. 직장 내에서 여성의 수가 더 많아지는 것에 대한 반발이 모유 수유 장려 캠페인으로 표출되기 전까지 분유는 고소득층의 애용품이었다.

3. 부실한 과학적 연구: 아기나 가족, 또는 임산부를 대상으로 한 많은 연구는 윤리적인 문제로 상관관계(두 가지 가운데 한쪽이 변화하면 다른 한쪽도 따라서 변화하는 관계)와 인과관계(어떤 행위와 그 후에 발생한 사실과의 사이에 원인과 결과의 관계가 있는 일)에 의존하여 연구를 진행해야 했다. 그 결과, 육아와 관련된 연구에는 미약한 연관성을 가진 아동들이나 심지어 동물을 대상으로 한 연구들이 생각보다 큰 비중을 차지하게 됐다.

한편, 자녀의 소중한 '어린 시절'에 대한 부모들의 집착은 날이 갈수록 심해지고 있다. 각자의 부모님에게 물어보자. 어렸을 때 몇 번이나 고급 이유식을 사 먹였는지, 회당 3만 5천 원(이 책의 화폐 단위는 달러당 약 1,100원으로 환산해서 옮겼다-옮긴이)짜리 아기 요가 수업을 들은 적이 있는지, 아기 마사지에 대해 얼마나 알고 있는지. 오늘날처럼 세계적인 정보 교류가 가능한 세상에 사는 부모들은 비현실적이고 실현 불가능한 완벽함을 추구해야 한다는 사회적 분위기에 휩쓸려 끊임없이 최악의 상황을 가장하며, 모든 사안에 극도로 예민하게 반응하고 있다. 우리는 이 작고 특별한 생명체에게 세상의 모든 기회를 다 보장해주며 키워야 한다는 책임감을 느낀다. 그러기 위해서 육아 예능에 나오는 부유한 연예인 가족이나 중학교 졸업 이후 본 적 없는 동창, 또는 소셜 미디어의 수백만 명 중 누군가를 따라잡으려고 끊임없이 노력하고 있다.

요즘 부모들, 특히 그들의 부모에 비해서 스냅챗, 인스타그램, 트위터, 페이스북과 같은 소셜 미디어를 훨씬 많이 접하고 있는 밀레니얼 세대들이 쏟아지는 정보에 혼란스러워하고 당황하며, 압도되는 것은 당연한 일이다.

그러나 꼭 그렇게 살 필요는 없다. 무엇을 줄여야 아이들에게 더 도움이 될까? 스트레스를 줄이고, 과민 반응을 줄이고, 일거리를 줄이자. 좀 더 자고, 좀 더 즐기자.

나는 이 책으로 여러분이 비판을 멈추고 두려움과 걱정에서 해방되어, 여러분과 가족이 진정으로 추구해야 할 가치인 행복을 찾을 수 있도록 도울 것이다. 단지 전문가의 의견이라는 이유만으로 느꼈던 부당한 부담감에서 자유로워지게 할 것이다.

모유 수유를 위해 고군분투 중이라고? 그렇게 힘겹게 모유를 먹이더라도 장염에나 한번 덜 걸릴까, 결과적으로는 비슷하게 자란다. "모유 수유가 장기적으로는 아이의 건강에 조금은 더 도움이 되겠지만, 엄마가 충분히 숙면하고, 좋은 음식을 먹고, 규칙적으로 운동하고, 휴식을 취할 공간을 마련하는 편이 더 효과적이죠. 모유 수유를 무시하려는 건 아니에요. 하지만 장기적으로 아이와 엄마의 건강에 끼치는 영향은 그리 크지 않아요." 오리건 보건과학대학 산부인과 교수 겸 학장인 에런 커그히Aaron Caughey 박사의 말이다.[1] 분유를 먹인 것에 죄책감을 느낀다고? 분유는 구세주나 마찬가지다. "세상의 모든 생후 3개월 아기들이 분유만 충분히 먹을 수 있었어도, 모두 다 살아 있을 거예요." 수유연구소(Human Lactation Center)의 인류학자 다나 라파엘Dana Raphael은 이렇게 말했다.[2]

　어린이집에 보내는 게 걱정되는가? 국립 아동 보건 인적 자원 연구소(Child Health and Human Development)[3]는 어린이집에서 양질의 보육을 받으면 장기적으로 아이가 더 똑똑해진다고 한다. 육아를 위해 직장을 그만둔 것을 후회하는가? 그런 사람을 위해 엄마가 직접 돌봤을 때 장기적으로 아이가 더 똑똑해진다는 결과의 연구도 보여줄 수 있다. 나는 임신 중에 술을 좀 마셔도, 아이에게 텔레비전을 계속 보여줘도, 아이에게 벌을 주더라도 큰 문제가 되지 않는다는 증거도 가지고 있다.(야후는 1,000명 이상의 엄마들을 대상으로 한 육아 여론조사를 통해 예상보다 훨씬 더 많은 부모가 아이의 엉덩이를 때린다는 결과를 발표했다.)

　다시 말하지만, 당신이 아이를 망치는 게 아니다. (주의해야 할 점은 스스로 훌륭한 부모라고 생각하는 엄마나 아빠들이 사실은 그리 훌륭하지만은 않다는 사실이다. 아이들의 방치와 학대에 고통받고 있는 것은 전 세계적으로 각 국가에서 발생하고 있는 일이며 나는 이러한 사실을 외면하거나 모호한 태도를 취하고 싶지 않다.)

육아의 진리로 여겨지는 몇 가지 건전하고 바람직한 조언이 있다. 갓난아기는 등에 업고 재워라. 모유를 전자레인지로 데우지 마라. 책은 되도록 일찍부터, 자주 접하게 해라. 많이 사랑하고 잘 먹여라. 아기 전용 유기농 물티슈나 자궁 속 움직임을 재현한다는 30만 원짜리 신생아용 전자 바운서, 유아용 낱말 카드들은 옵션일 뿐이다. 만약 3개월 된 아기와 함께 낱말 카드 보는 게 진짜 즐겁다면 계속 그렇게 해도 된다! 카드의 그림은 큰 의미가 없지만, 엄마의 열정은 어떤 방식으로든 아기에게 전해지기 마련이다.

이 책은 '모던 패밀리modern family'를 위해 만들었다. 가족이라고 하면 흰 울타리가 둘린 집에 아빠, 엄마, 두세 명의 아이와 강아지 한 마리를 그리던 시대는 지났다. 오늘날에는 부모가 동성애자인[4] 아이들의 수가 9백만여 명이고, 2013년 한 해에 미국에서 태어난 아기들의 40%(160만 명)가 미혼모[5]의 손에 자라고 있다. 부모와 아이들은 본가와 멀리 떨어져 살면서 친구들, 이웃들 심지어 전부인 혹은 전남편과 함께 아이를 돌보는 새로운 방식으로 육아를 하고 있다. 우리는 '둥지육아(birdnesting)'에 관해서 알아볼 것이다. 이는 이혼한 부부가 아이를 위해 집은 공유하되 따로 생활하면서 주말에 양육자를 바꾸는 육아 방식이다. 또한 독특한 환경의 가족들에게 수치심을 주는 사안들을 매우 구체적으로 조사했으며, 심지어 부모들의 실제 성관계 횟수까지 조사했다.

오늘날에는 전에 없던 독특한 문화가 형성되었다. 91% 이상의 엄마들이 다른 부모에게 쉽게 선입견을 품는다고 인정했다.[6] 그러나 사람들은 임신 때문에 생긴 튼 살이든, 자신이 특이한 부모라는 생각이든, 소위 '결함'이라 불리던 것들을 받아들이고 있다. 인스타그램에는 '자기 몸 긍정주의'와 관련된 사진이 290만 건 넘게 올라와 있다. #당당한육아를위하여 캠페인도 이러한 자존감 향상 운동의 일환이다.

사이먼 사이넥Simon Sinek은 유튜브 강연에서, 밀레니얼 세대는 날 때부터 세상으로부터 참가상을 보장받은 '실패한 육아'의 희생자라고 말했는데, 이것은 1,100만이 넘는 조회 수를 기록하며 밀레니얼 세대에 대한 세간의 관심을 증명했다[7]. 밀레니얼 세대의 한 사람으로서, 아이들이 나처럼 혼란스럽게 어린 시절을 겪지 않도록 최선을 다해 방법을 찾고자 한다.

그래서 '헬리콥터 육아'(자녀를 지나치게 과잉보호하는 헬리콥터 맘helicopter mom에서 비롯된 말―옮긴이)가 아닌 나만의 '비행기 육아'에 대해도 설명할 예정이다. 비행기 육아는 아이들을 따라다니며 사사건건 참견하는 대신 더 높이, 멀리 떨어져 아이를 지켜볼 수 있어 전체적인 상황을 잘 이해할 수 있다는 이점이 있다.

이 책은 여러분의 죄책감을 씻어줄 것이다. 여러분이 내린 모든 결정을 믿어라. 두려움을 극복해라. 말도 안 되는 육아용품들에 돈을 낭비하지 말고, 아기의 식탁 의자를 비교하는 데 시간을 낭비하지 마라. 모유 수유를 결정했든 아니든, 더는 자책하지 마라. 직장에 복귀하고 싶으면 그렇게 해라. 집에 있고 싶다면 그것도 좋다. 이혼도 괜찮다. 이제는 '모든 것을 해낼 수 있다'라는 꿈에서 깨어나야 한다. 이 책을 읽고 나면 놀이터나 어린이집을 데려다주다 듣게 되는 비난이나 심지어 자책감에서 나오는 내면의 비난에도 의연하게 대처할 수 있을 것이다.

지켜야 할 다섯 가지 금기 사항

1. 임신 중 흡연: 임신 중에 길에서 누군가가 담배를 피우며 지나갔다고? 배 속의 아기는 괜찮으니 안심해도 된다. 짧은 순간, 가끔 담배 연기에 노출되는 정도로는 나쁜 영향을 받지 않는다. 그러나 임신 중 담배를 피우거나, 흡연자와 함께 사는 것은 태아에게 악영향을 줄 수 있다. 흡연은 태아에게 산소를 원활히 공급하지 못하게 해서 각종 발달 문제나 유산을 일으킬 수 있다. 게다가 니코틴은 태아에게 영양분과 산소를 전달하는 태반에 해를 끼친다. 그나마 다행인 점은 흡연을 멈추는 순간부터 부작용도 함께 멈춘다는 것이다.[8] 한 연구는 금연 보조제를 사용한 엄마가 낳은 아기가 계속 흡연한 엄마가 낳은 아기보다 크다는 것을 밝혀냈다.[9] 따라서 이미 늦었다고 생각하지 말고 금연 보조제의 도움을 받더라도 금연하는 편이 훨씬 낫다.

2. 예방접종 기피: 예방접종 백신이 자폐증과 연관이 있다는 과학적 증거는 의학계 그 어디에서도 찾을 수 없다. 이 소문의 발단이 된 연구는 단 12명의 아동을 대상으로 진행되었다.[10] 이후 100만 명 이상의 아이들을 대상으로 한 후속 연구들이 속속 이루어져 신빙성을 잃어 폐기되었으며, 연구를 진행한 의사는 기록 조작 혐의가 인정되어 의사 면허가 박탈되었다. 자폐증이 증가한 것은 사실이다. 하지만 이는 바뀐 자폐증 진단법과 더 깊은 연관성이 있다. 한 세대 전만 해도 '지적 장애'로 진단받았을 아이들이 지금은 '자폐증'으로 진단받고 있다. 그리고 이 사안에도 마찬가지로 상관관계와 인과관계의 문제가 존재한다. 대부분의 자폐증 증상이 아이들이 예방접종을 가장 많이 하는 시기인 2, 3세를

전후로 나타나기 때문이다. 일본에는 1993년 이후로 MMR (홍역, 볼거리, 풍진 등의 3종 혼합백신) 접종을 받은 아이가 한 명도 없는 마을이 있다. 만약 MMR 백신이 자폐증 발생에 영향을 끼친다면 이 마을의 자폐증 아동 비율은 낮아져야 했다. 그러나 눈에 띄는 변화는 없었다. 보통 예방접종은 '집단 면역(herd immunity)'을 형성할 때 제대로 효과를 발휘한다. 즉, 전체 인구의 95% 이상이 항체를 가지고 있어야 한다는 뜻이다. 몸이 아프거나 특정 알레르기가 있는 아이들은 백신을 접종할 수 없기에 집단 면역이 깨졌을 때는 감염에 매우 취약하다. 부모들이 지푸라기라도 잡는 심정으로 자신의 아이가 자폐증에 걸리지 않도록 하려는 마음은 이해한다. 그러나 예방접종은 예외다.

3. 방치 : 아이가 매우 귀찮게 굴 때 가끔 무시하는 것도 한 방법이다. 하지만 5분 정도면 충분하다. 온종일 아이를 내버려 두면 아이에게 큰 문제가 될 수 있다.

4. 학대 : 아이를 때리지 마라. 성적으로 학대하지 마라. 매일, 온종일 아이에게 소리 지르지 마라. 학대는 아이를 망치는 지름길이다.

5. 굶주림 : 아이들은 규칙적으로 음식을 먹어야 한다. 하루 세 끼 식사와 한두 번의 간식이 이상적이다. 굶주린 아이는 제대로 성장할 수도, 배울 수도, 건강을 지킬 수도 없다.

자, 이제 여러분의 아이를 망치지 않는 방법을 본격적으로 알아보자.

차
례

글을 시작하며　　07
당당한 육아를 위하여

1장 와인 한 잔 정도라면!　19
임신 중 지켜야 할 '규칙'에 융통성이 있어도 되는 이유

2장 '제왕절개' VS '자연분만'　41
출산 방식에 우열은 없다

3장 단백질은 단백질일 뿐　71
모유냐, 분유냐, 과연 차이가 있을까?

4장 수면 교육, 원하는 대로 해라　95
울다가 잠들었다고 아이의 삶이 망가지지 않는다

5장 메리 포핀스가 되려 하지 말자　121
어린이집에 보내도, 보내지 않아도 아이는 잘 자란다

6장 타임아웃!　147
이성을 잃지 않고 훈육하는 법

7장 전자기기, 어떻게 활용해야 할까? 175

우리는 어차피 아이에게서 영상기기를 빼앗을 수 없다

8장 감자튀김의 감자도 채소다 205

끼니때마다 '무엇을 먹일까' 고민하지 마라

9장 모두 다 가질 수 있다? 말도 안 되는 소리 239

제발 환상에서 벗어나자!

10장 부모들이여 사랑을 나누자! 281

모두가 쉬쉬하는 섹스 이야기

11장 더 이상 '평범한' 가정이란 없다 297

내 가정을 있는 그대로 사랑하자

글을 맺으며 319

결코, 당신은 아이를 망치지 않는다

감사의 말 326

주 330

1장

와인 한 잔 정도라면!

임신 중 지켜야 할 '규칙'에 융통성이 있어도 되는 이유

나는 157cm의 왜소한 체구 탓인지 배가 유독 볼록하게 튀어나와서 임신 7개월 차였지만 마치 100개월은 된 듯 보였다. 헐렁한 남색 셔츠와 임부용 바지를 입고 크록스 슬리퍼(부은 내 발을 넣을 수 있는 유일한 신발)를 신은 채 브루클린 인근 초밥집 테라스에 있는 작은 나무 탁자에 털썩 주저앉았다. "매운 참치 롤 주세요." 나는 일본인 종업원에게 말했다. "로제 와인 한 잔도 함께요."

그녀는 무표정한 얼굴로 나를 바라보며 주문을 받아 적었다. 임산부에게 금기시되는 날생선과 술을 동시해 주문해서인가? 순간 묘한 반항심이 일었다. '그 누구에게도 날 판단할 자격은 없어,'라는 생각으로 일부러 지나가는 사람들과 일일이 눈을 마주쳤다. 나와 눈이 마주친 모든 이들은 재빨리 시선을 다른 곳으로 돌렸다.

일본에서는 임산부도 생선회를 많이 먹으니 그 일본인 종업원은 별

생각 없었을 것이다. 일본 의사들도 신선한 날생선이 태아에게 좋은 영양분이 된다며 권장한다.[1]

학계에는 임신과 관련하여 수많은 이론이 대립한다. 균형 잡힌 식사를 하라면서 연질 치즈와 가공육, 날생선은 피하라고 하질 않나, 소량의 와인은 괜찮다는 이론이 있는가 하면 태아에게 해가 될 수 있다는 연구도 있다.(실제로는 수은 함유량이 높은 생선, 익히지 않았거나 덜 익힌 고기나 생선류, 비살균 유제품, 하루 한 잔 이상의 카페인 과다 섭취, 모든 알코올 종류, 후기 유산과 사산의 위험을 높이는 리스테리아균에 취약한 가공된 육류 및 기타 식품을 피하도록 권고하고 있다.)[2] 두 사람 분량의 음식을 먹어야 하지만 살은 찌면 안 된다고 한다. 그러나 적당히만 한다면 위에 나열한 모든 음식을 다 먹는다고 해도 아이를 망치지 않는다. 그러니 자신을 혹사할 필요 없다.

스트레스를 억지로 참느니, 한잔해!

의사들은 임산부가 술을 조금만 마신다고 해서 앞으로 술을 더 많이 마시지 않으리라는 보장이 없고, 이에 관한 연구가 부족하므로(임산부를 대상으로 술에 관한 실험을 할 수는 없으므로) 임신 중에 술을 마시면 안 된다고 말한다.

그러나 결과적으로 알코올을 '주의'하게 만든 몇 안 되는 연구들에는 오류가 있다. 예를 들어 2001년 미국 소아과학회의 공식 학술지 〈페디아트릭스Pediatrics〉에도 게재된 한 유명한 연구는 2,000명의 임산부를 대상으로 조사한 결과 하루 한 잔의 술도 아이의 행동 장애를 유발할 수 있다고 밝혔다.[3] 그런데 이 연구를 자세히 살펴보면 아이에게 장애가 나타난 임산부 중 18%는 술을 전혀 마시지 않았으며, 하루에 한 잔을 마신 임산부 중 45%가 코카인을 함께 섭취했다는 사실을 알 수 있다. 아이의 행동 장애에는 가끔 마신 맥주보다 마약 섭취와 같은 불법적인 행동이 훨씬 많은 영향을 미쳤을 것이다. 그러나 언론이나 의사 또는 일반적인 부모가 이 연구에 관해 이야기할 때 코카인 부분을 함께 언급하는 경우는 거의 없다.

반면 임신 중 음주에 좀 더 관대한 문화를 가진 외국에서는 대규모의 연구가 진행될 수 있었는데, 임신 중 금주한 엄마와 술을 조금 마신 엄마(국가에 따라 일주일에 두 잔에서 여섯 잔 정도의 차이가 있다)에게서 태어난 아이들 간의 지능지수와 행동 발달에 관한 차이를 조사한 결과, 그 수치는 미미했다.

나는 2016년에 많은 언론이 주목했던 연구에 특히 눈길이 갔다. 일부는 이 연구가 임신 중 술을 마셔도 괜찮다는 것을 증명했다고 전면 보도했지만, 다른 한쪽에서는 "임신 중에는 소량의 음주도 건강에 해로울 수 있으니, 금주가 가장 안전하다."라는 좀 더 조심스러운 의견을 내놓았다.[4] 연구를 자세하게 살펴본 바로는 전자가 진실에 더 가깝다는 생각이 든다. 영국 보건사회복지부는 맥주나 와인이 일주일에 최대 네 잔까지는 임산부와 태아에게 해가 없다고 발표했다.[5]

이 연구를 제대로 알아보기 위해 해당 연구의 수석 연구원 중 한 명인 루이사 주콜로Luisa Zuccolo 박사를 직접 만났다. 브리스톨 대학에서 만난 박사는 친절했지만, 조심스러운 태도로 말했다. 그녀는 연구진이 임신 중 음주의 영향을 다룬 5천여 개의 선행 논문과 26개의 관련 연구를 조사했다고 밝히고, "'악마는 디테일에 있다'는 말이 이 사안에 딱

들어맞을 거예요."라며 "이런 사안은 의사소통이 정말 어려워요."라는 말을 덧붙였다.

"참치를 제한하면서는 수은 때문에 '한 주에 2인분 정도만 먹어야 합니다.'라고 말할 수 있어요. 수은에 중독되고 싶은 사람은 없잖아요. 그런데 술은 달라요. 자제력이 부족한 사람도 있거든요. 이미 석 잔을 마셨는데 친구들과 함께하는 즐거운 분위기에 취해서 네 번째 잔을 들지도 모르는 거죠. 어떤 이들은 권고 사항이 남성 우월주의를 바탕으로 작성됐다고 주장하기도 해요." 실제로 의사들은 와인을 한 잔만 마실 수 있는 자제력이 임신한 성인 여성에게 없다고 생각하기에 어린아이에게 하듯이 우리를 겁줘서 아예 입에도 못 대게 하는 것 같다. 그러나 주콜로 박사는 자제력이 사람에 따라 큰 차이가 있다고 말한다. 당신은 자신에 대해 잘 알고 있어야 한다. 술이 한 잔이라도 들어가는 순간 모든 자제력이 무너지는 사람이라면 술을 마셔서는 안 된다. 그러나 저녁 식사와 함께, 또는 힘든 하루의 끝에 한 잔의 와인으로 긴장감을 푸는 정도는 괜찮다. 스트레스 해소는 건강에 큰 도움이 된다.

주콜로 박사는 임신 중 겪는 불안감은 코르티솔을 증가시킨다고 했다. 코르티솔은 '스트레스 호르몬'이라고도 불리는데 메이오 클리닉 Mayo Clinic에 따르면 지속적인 코르티솔의 증가는 불안감, 우울증, 소화 불량, 두통, 체중 증가, 기억력 장애, 심장 질환, 수면 장애 등의 발생 위험을 증가시키는 요인이라고 한다.[6] 주콜로 박사는 그래서 의사들은 여성이 임신한 사실을 알기 전에 마신 술은 크게 개의치 않는다고 했다. "우리는 불필요한 경종을 울려 엄마들이 임신 사실을 모를 때 마신 술 때문에 스트레스를 받는 상황을 만들고 싶지 않아요. 죄 지은 사람처럼 대하는 건 도움이 안 돼요. 부담이나 죄책감도 마찬가지고요."

그렇다면 왜 다들 주콜로 박사의 연구가 위험하다고 할까? 이 연구는 일주일에 최대 네 잔의 맥주나 와인을 섭취할 경우 조산 시 아이의 체격이 작아질 가능성이 아주 약간 증가한다는 것을 발견했다. 하지만 음주가 조산을 유발하지는 않는다. 그리고 음주와 상관없이, 조산아라면 엄마의 배 속에 더 오래 있다가 태어난 아이보다 당연히 체격이 작을 수밖에 없다. 이 연구를 인용한 기사들은 알코올이 아기의 체격을 작게 만드는 데 영향을 끼친다는 내용만 떠들썩하게 보도했을 뿐 아기들이 얼마나 더 작은지는 언급한 적이 없다. 1.8kg으로 태어난 아기는 3.6kg으로 태어난 아기에 비해 더 많은 건강상의 문제가 있을 수 있고, 따라서 병원에 오래 머물 가능성도 커진다. 그래서 내가 주콜로 박사에게 구체적인 몸무게 차이에 관해 물었더니, 그녀는 그 차이가 너무 작아서 무시해도 된다며 "엄마가 매달 와인을 반 잔씩 마셨다고 아기가 고생하는 건 절대 아니에요."라고 말했다.

어떤 연구는 금주한 엄마보다 가벼운 음주를 즐긴 엄마가 출산한 아기의 건강 상태가 더 좋다는 결과를 내놓기도 했다. 다른 나라에 비해 임신 중 음주에 관대한 호주에서는 2010년 3,000명의 여성이 출산한 아이들을 대상으로 2세부터 14세까지의 행동 발달을 추적하고 연구했다. 이 연구는 가벼운 음주를 즐긴(일주일에 두 잔에서 여섯 잔으로 구분) 엄마에게서 태어난 아이들이 금주한 엄마의 아이들에 비해 행동 발달에 문제가 생길 가능성이 '조금 더 적다'라는 것을 밝혔다.[7] 호주의 또 다른 연구는 금주한 엄마와 하루 한 잔의 술을 마신 엄마 사이에서 태어난 아이들 간의 지능지수에는 아무런 차이가 없다는 것을 알아냈다. (여성 7,200명을 대상으로 한 그 연구도 아이들이 8세가 되었을 때 다시 테스트했는데, 예상대로 IQ에는 차이가 없었다.)

통계학자 에밀리 오스터Emily Oster는 유명한 저서《산부인과 의사에게 속지 않는 25가지 방법(Expecting Better)》에 "연구원들은 임신 중 적당한 음주를 즐긴 여성들의 아이가 더 높은 지능지수를 보이는 것을 발견했다."라고 썼다. 그 이유는 적절한 음주를 즐긴 여성들의 교육 수준이 더 높은 경우가 많기 때문이라고 설명했다. 결국 아이들의 발달에는 가끔 마시는 와인보다 성장 환경이 훨씬 더 중요한 역할을 한다는 것이다. 주콜로 박사의 말처럼 많은 연구가 연구 대상의 생활 환경을 고려하지 않은 채 진행됐다. 부모의 교육 수준, 소득, 결혼 여부, 나이 등 다른 요인을 배제한 채 음주 여부만 조사했기 때문에 연구 결과가 왜곡됐을 가능성이 크다. 그런데도 소수 연구 대상자의 특수한 환경을 고려하지 않은 결과를 대다수 임산부의 결과라 일반화한다.

카페인, 몸이 원한다면 마셔도 된다

또 다른 논란의 음료, 커피에 관한 이야기다. 어떤 의사들은 카페인이 유산의 위험을 증가시키니 일절 섭취하지 말길 권장한다. 내 주위에는 카페인 부족으로 두통에 시달렸던 친구들이 많다. 나도 둘째 오토를 임신 중이라 디카페인 커피만 마셨다. 통계학자 겸 작가인 오스터는 커피와 유산에 관해 세간에 떠도는 미약한 연결고리를 이렇게 설명한다. "많은 임산부가 초기 입덧이 심해 커피를 많이 마실 수 없지만, 입덧이 심하지 않은 임산부들은 평소처럼 커피를 마시는데, 입덧이 심하지 않은 임산부들의 유산 가능성이 더 크므로 카페인이 유산 위험을 증가시킨다."

커피가 유산에 영향을 미쳤는지는 알 수 없지만, 입덧이 심하지 않을 수록 유산 가능성이 증가하는 것은 분명하다. 커피가 아니라 콜라나 차와 같이 카페인이 함유된 음료를 마신 여성들의 유산 가능성은 더 크지 않았다는 것도 이를 뒷받침한다. 술과 마찬가지로 임신 중인 여성을 그룹으로 나누어 철저하게 섭취할 커피의 양을 할당하거나 금지하는 연구는 비윤리적이어서 진행된 적이 없기에, 우리는 결함이 있는 연구 결과로 이 사안에 접근하고 있다. 또한 오스터는 임신 중에 커피를 마시는 여성이 더 작은 아기를 낳는다는 가능성도 통계적으로 유의미한 결과를 나타내지 못했기 때문에, 자신도 임신한 동안 하루에 커피 네 잔정도는 안심하고 마셨다고 한다.

내가 임신했을 때 주치의는 녹차를 끊으라고 했다. 내게는 커피를 참는 것보다 더 힘든 일이었다. 이 연구를 자세히 들여다보았더니 내 주치의가 너무 과도하게 반응한다는 생각이 들었다. 차에는 카테킨이라는 항산화제가 함유되어 있는데 이는 심장병, 뇌졸중, 암 등의 발생 위험을 낮춰줌으로써 여러모로 건강에 도움이 된다. 발효되지 않은 녹차의 카테킨 함량이 가장 높으며 우롱차, 홍차가 그 뒤를 잇는다. 어떤 연구는 하루에 카테킨 함유량이 높은 차를 석 잔 이상 섭취할 경우 엽산의 흡수율이 낮아진다는 결과를 얻었다. 산모에게 엽산 결핍이 발생하면 태아의 척수가 제대로 형성되지 않아 이분척추증(Spina Bifida)이라는 질환이 있는 기형아를 출산할 위험이 증가할 수 있다.

그러나 차를 마시고 싶다면 마셔도 된다. 단지 하루에 3리터씩 마시지만 않으면 된다. 약 7,000여 명의 엄마들을 대상으로 연구를 진행한 연구원들은 다음과 같이 밝혔다. "우리는 연구를 통해 차의 섭취가 이분척추증의 위험을 증가시킨다는 어떠한 증거도 찾지 못했다."[8]

욕구를 충족해야 하는 이유

소변 임신 테스트기의 양성반응이 흐릿했을 때, 아침부터 밤까지 온종일 훈제연어가 너무 먹고 싶은 나머지 꿈까지 꿀 지경이었다. 그러나 인터넷의 조언은 제각각이었다. 나보고 먹으라는 거야, 말라는 거야? 누구에게 묻느냐에 따라 완전히 다른 답을 얻을 것 같았다. 대부분의 사안에 지나칠 정도로 신중하게 충고하던 당시 내 주치의는 윙크와 함께 옅은 미소를 띠며 먹어도 된다고 말했다. 그래서 나는 런던을 여행하는 동안 열심히 먹어댔다. 집에 와서도 베이글에 얹어서 간식으로 계속 먹었다. (에버렛은 아직도 훈제연어에 환장한다.)

하지만 임신 중에 훈제연어를 먹어도 괜찮은지 명쾌한 대답을 찾지 못했다는 것이 문제다. 임산부는 연질 치즈에서부터 가공육과 날생선에 이르기까지 피해야 할 음식이 산더미 같다. 미국의 여러 정부 기관들은 임산부가 제한해야 하는 음식에 관한 지침을 발표하기도 했다. 미국 식품의약처가 발표한 끝없는 목록은[9] 결국 임산부들에게 리스테리아균에 감염될 가능성이 있는 음식을 섭취하지 말라는, 한 문장이면 될 말을 길게 늘여놓았을 뿐이다.

오스터가 《산부인과 의사에게 속지 않는 25가지 방법》에서 했듯이 통계를 자세히 관찰한다면 1998년부터 2008년까지 10년 동안 리스테리아 감염 발생 원인의 30%는 두 가지 음식에서 비롯됐다는 것을 알 수 있다. 바로 멕시코에서 생산되는 연질 치즈인 케소 프레스코Queso Fresco와 가공된 칠면조 고기다. 그래서 샌드위치를 만들어 먹을 때 칠면조보다 더 안전해 보이는 일반 햄을 선택한다면, 오스터가 발견한 것처럼 리스테리아 감염 확률이 1/8,333에서 1/8,225로 낮아진다. (평생 자

동차 사고를 당할 위험은 1/114이다. 그래도 임산부는 매일 운전한다.)[10]

리스테리아 감염은 다양한 곳에서 무작위로 발생한다. 병아리콩으로 만든 음식인 후무스에 들어간 잣이나 셀러리, 멜론 등에서도 발생할 수 있다. 심지어 2015년에는 아이스크림 때문에 리스테리아 감염이 엄청나게 발생하기도 했다. 그렇다면 어떻게 해야 리스테리아 감염을 방지할 수 있을까? 미국 산부인과 학회는 냉장고 온도를 4℃ 이하로 유지하고, 냉장고에 오래 보관했거나 실온에서 두 시간 이상 방치된 음식은 섭취하지 않도록 하며 저온 살균된 음식을 먹고 손을 자주, 올바로 씻으라고 권고한다.[11]

그러면 그동안 임신한 여성들은 두 가지 음식, 즉 케소 프레스코와 가공된 칠면조 고기만 피하면 유산의 위험을 낮출 수 있는데, 왜 입으로 들어가는 음식의 모든 재료에 대해 일일이 걱정하며 시간을 낭비했던 걸까? 이것은 또 다른 형태의 여성차별 사례라고 할 수 있다. 정부 관계자들과 의사들은 여성 스스로가 충분히 리스테리아를 조심하고 예방할 수 있으니 음식을 최소한으로 제한해도 된다고 여기지 않은 것이다. 모든 것을 금지하는 방법이 제일 간단하니까! 임신 여부와 상관없이 나는 편의점에서 파는 초밥은 먹지 않는다. 하지만 임신 중에도 생선회를 먹을 수 있다. 다른 음식과 마찬가지로 적당히 먹는 것이 중요하다. 일반적으로 참치와 같이 수은 농도가 높은 어류를 피하고, 위생적인 식당에서 먹으면 된다.[12] 미국에서는 모든 날생선은 판매 전에 급속 냉동을 하도록 법으로 규정하고 있다. 이 과정에서 대부분의 박테리아와 기생충은 사멸된다.[13]

우울증 약은 단번에 끊으면 안 된다

수백만 명의 여성이 항우울제를 복용하고 있다.[14] 그래서 이 약이 태아에게 어떤 영향을 끼칠지, 복용을 중단했을 때 당신의 상태가 어떻게 변할지 걱정하는 것은 당연한데, 대부분의 항우울제는 전혀 문제가 되지 않는다. 오히려 복용을 중단할 때가 더 위험하다. 우울증을 앓는 엄마는 자신을 잘 돌보지 못한다. 산전 관리도 마찬가지다. 메이오 클리닉에서도 임신 중 우울증이 조산 위험의 증가, 미숙아 출산, 태아의 성장 감소, 산후우울증 등과 관련이 있다고 한다. 그러니 항우울제를 복용하고 있다면 반드시 의사와 상의해야 한다.[15]

미국 식품의약처(FDA)는 우울증을 앓는 임산부들이 복용하는 팍실 Paxil을 다른 약으로 바꾸라고 권장한다. 태아의 심장 문제 발생 가능성을 약간 증가시키기 때문이다. 하지만 이 약이 우울증을 완화하는 유일한 방법이라면, 위험 부담보다 긍정적인 효과가 더 클지도 모른다. 한 의사가 '메디신넷MedicineNet' 홈페이지 게시판에 올린 글에 따르면, 평균적으로 임산부가 심장 질환이 있는 아기를 낳을 확률은 1% 정도라고 한다.[16] 임신 중 팍실을 복용하더라도 그 확률은 1.5~2% 정도로 오를 뿐이다.

그러니 제발, 임신했다고 항우울제를 갑자기 끊지 않길 바란다. 항우울제의 복용을 갑작스럽게 중단하면 우울증, 소화 장애, 현기증을 발생시킬 수 있고 다른 잠재적 부작용도 많다.[17] 주치의와 상의하면 임신 중에는 물론이고 출산 후에도 정신적으로 건강하게 지낼 수 있는 최선의 해결책을 찾는 데 도움을 받을 수 있다. 기억하자. 자신도 제대로 돌보지 못하면서 어떻게 아기를 잘 돌볼 수 있겠는가?

출산은 예정일보다 늦어지거나 빨라진다

나는 에버렛을 임신했을 때 전혀 자각하지 못했다. 10년째 약을 먹고 있었던 데다, 우리 부부가 에버렛을 가지기 위해 노력하던 몇 달 동안 계속 생리를 하지 않았다. 하루는 친구들과 버번을 마시며 임신이 되지 않는다고 불평을 늘어놓았다. 그런데 다음 날 운동을 하다 가슴이 욱신거려 임신 테스트를 해봤더니 양성이었다.

진료 예약을 위해 병원에 전화했을 때 간호사의 첫 질문은 "임신한 지 얼마나 되었나요?"였다. 나는 짐작조차 할 수 없었다. 2주? 4주? 아니면 5분? 주치의는 초음파 검사를 해본 뒤 6주 정도 됐다고 했다. 출산 예정일은 계속 바뀌었다. 처음에는 11월 11일이 예정일이었으나 11월 4일로 바뀌었고 10월 31일로 한 차례 더 변경됐다. 하지만 에버렛은 결국 10월 21일에 태어났다.

둘째 오토를 임신하는 데는 11개월이 걸렸다. 클리어블루Clearblue 사에서 나온 30만 원짜리 배란 모니터기 덕분에 이번에는 임신한 날을 정확히 알 수 있었다. 검사를 통해 임신 판정이 확실해지자, 이번에는 의사에게 내가 먼저 출산 예정일을 말해줬다. 그런데도 오토는 형과 마찬가지로 38주 만에 태어났다.

출산 예정일을 계산하는 방법을 알고 있는가? 마지막으로 생리를 시작한 날에 280일을 더하는데, 이는 전체 평균인 40주에 맞춘 계산법이다. 그러나 임신 기간이 최대 5주까지 연장될 수 있다는 것을 보여준 연구도 있다. 옥스퍼드 대학 출판부의 논문에 따르면, 임산부의 70%만이 예정일을 기준으로 10일 이내에 출산한다고 한다.[18] 그러니 아기가 예정보다 일찍, 혹은 늦게 태어나더라도 걱정할 필요가 없다.

임신 중에 살이 좀 쪄도 괜찮다

나는 두 번의 임신을 겪으면서 체중이 24kg이나 늘었다가 빠졌다. 주치의는 끊임없이 내 몸무게를 지적했고 그때마다 너무 부끄러웠다. 임신 7개월 차부터 매주 임산부 요가에 나갔고, 시간 나는 대로 산책도 했으며, 평소처럼 먹었는데도 이틀 만에 갑자기 3kg이 쪘다. 주치의는 화들짝 놀라며 당장 러닝머신에 올라가 빠르게 걸으라며 다그쳤다. 이어서 다른 의사에게 진료를 받으러 갔는데, 담당 의사는 내 혈압을 측정해 보더니 '자간전증(preeclampsia)'이라는 매우 위험한 임신 중독증이 생겼다고 했다. 만약 러닝머신에 올랐다면 조산의 위험이 커지는 것은 물론, 최악의 경우 뇌졸중으로 나는(아마도 내 아기까지) 죽었을지도 모른다. 의사는 즉시 나를 병상에 눕혔다. 증가한 몸무게는 부종 때문이었다. 몸이 붓는 건 임신 중독증의 대표적인 증상이다. 그래서 그는 심하게 부은 내 발을 보고 바로 임신 중독증을 의심했다.

왜 의사들은 당신 체중 증가의 범위를 10~15kg으로 제한하고, 많든 적든 이 기준을 벗어나면 호들갑을 떨까? 이것은 엄마의 체중이 증가할수록 아기도 함께 커질 수 있으므로 적당한 체구의 아이를 낳을 수 있도록 하려는 노력에서 비롯됐다. 임신주수에 비해 작게 태어난 아기는 호흡기 질환이나 신경학적인 합병증 등이 생길 위험이 더 크다. 특히 조산아는 이러한 합병증의 위험성이 더 높다. 반면 우량아나 임신주수에 비해 크게 태어난 아기는 합병증의 위험은 적지만, 몸집이 커서 엄마가 분만하기 힘든 문제가 있다.

그러니 조산아라도 임신 주수에 비해 크게 태어났다면 합병증이 발생할 확률은 낮아질 것이다. 따라서 나는 15kg보다 조금 더 체중이 증가했다는 이유로 의사가 임산부에게 수치스러울 정도로 핀잔을 주는 행태가 부당하다고 생각한다. 임산부들에게 끼니때마다 아이스크림을 먹으라는 의미가 아니라 이 책의 핵심처럼 적당하고 적절하게 제한하면 된다는 말이다. 체질에 따라 살이 더 잘 찌는 사람도 있다. 권장 기준을 조금 벗어났다고 스트레스 받지 마라.

매년 건강 검진을 받을 때는 체중이 문제가 된 적이 한 번도 없지만, 임신하고 나서 태아 검진을 받을 때마다 내 체중은 늘 중요한 관심사였다. 길에서 지나치는 낯선 사람들은 종종 "우와! 배가 엄청나네요!"라거나 "금방이라도 터지겠는데요!"라고 말하곤 했다.(그때 나는 겨우 임신 6개월이었답니다.)

불과 60년 전의 의사들은 임산부들에게 임신 중 5~10kg 정도의 체중 증가가 적절하다고 했다. 뉴욕 브루클린 감리교 병원의 산부인과 학장인 샌퍼드 레더만Sanford Lederman 박사는 이렇게 말했다. "의사들은 엄마들이 그 기준을 지킬 수 없으며 태아에게도 좋지 않다는 걸 깨달았어요." 결국 10~15kg으로 결정됐지만 이 역시도 모든 임산부에게 공통으로 적용할 수 있는 절대적인 기준이 아니다. "사람은 모두 다른 몸을 가지고 있습니다. 키가 큰 여성이 있는가 하면 작은 여성도 있죠. 과체중이 심한 여성의 경우에는 임신 중 5~10kg 정도의 체중 증가가 적절하겠지만, 저체중이 심한 여성에게는 그 이상의 체중 증가도 괜찮다고 말하는 게 맞을 거예요." 10~15kg이라는 권고 사항은 단지 평균을 기준으로 한 수치일 뿐이다. "태아의 성장을 방해하지 않으면서도 엄마를 고혈압에 걸리지 않길 바라는 기준이죠. 고혈압은 임신 중독으로 발전할 수 있으니까요."

천편일률적인 임신 중 권고 사항이 일종의 성차별로 느껴지는 이유다. 혈압이 안정적임에도 살이 조금 더 쪘다는 이유로 수치스러워해야 하는가? 물론 살을 빼는 건 힘들다. 그렇다고 출산 후 3분 만에 '출산 전 몸매로 완벽하게' 돌아가길 원하는 여성은 없다. 9개월 동안이나 체중이 불어왔는데, 빼는 데도 그 이상 걸리는 게 당연하다. 그러니 출산 후 바로 살을 빼야 한다는 압박감을 느끼지 말자. 우리는 모두 다른 몸을 가지고 있다.

임신 타이밍은 언제?

영화 〈나의 사촌 비니(My Cousin Vinny, 1992)〉에서 꽃무늬 점프슈트를 입은 마리사 토메이가 발을 동동거리며 "내 생체시계는 지금도 똑딱거리며 흐르고 있어!"라고 외치는 장면이 기억에 남는다. 개봉 당시 토메이는 겨우 스물여덟 살이었음에도 많은 여성의 공감을 얻었다. 미국에서는 여성의 생식 능력이 30대 중반부터 현저히 저하된다는 연구 덕에 35세 이상이 되면 모두에게 '고령 출산자'라는 끔찍한 꼬리표가 붙는다. 물론 나이가 많을수록 임신에 생물학적 어려움이 존재하는 것은 사실이지만, 그렇다고 35번째 생일날부터 갑자기 자궁문이 '쾅'하고 닫히는 것은 아니다.

충격적인 점은 35세 이상의 여성은 임신하기 힘들다는 이 연구 결과가 기대수명이 현재의 79세에 비해 훨씬 짧았던 1700년대에 프랑스 여성들이 교회에서 출산한 기록이 기초가 되었다는 사실이다.

새로운 연구에서도 여성의 나이가 많을수록 출산율이 감소한다는 결과가 나왔지만, 기존의 연구 결과처럼 급격한 감소는 아니었다. 소위 임신 최적기라는 27~34세의 여성들이 임신하기 위해 노력한다면 1년 이내에 성공할 확률이 86%에 달한다. 그리고 2002년 발표된 〈인간 생식(Human Reproduction)〉 저널의 연구에 따르면 35~39세 여성이 1년 이내에 성공할 확률은 82%라고 한다. 4%는 결코 급격한 감소라고 할 수 없다.[19]

"오늘날에는 50대에 임신해도 충분히 관리할 수 있다. 자연 임신한 산모도 있고, 체외수정과 같은 인공수정을 통해 임신한 산모도 있다." 고 레더먼 박사는 말한다. 50세 이하 여성 수만 명이 체외수정으로 임신할 수 없다고 잘못 알고 있다는 내용의 글이 최근 〈뉴욕 매거진New York Magazine〉의 표지 기사로 실렸다. 영국 국립 보건의료 연구소 출산 지침 개발팀의 데이비드 제임스David James는 BBC와의 인터뷰에서 "40세 이상 여성 60명 중 59명은 아기에게 염색체 문제가 전혀 발생하지 않는다."라고 밝혔다.

그렇다고 해서 당신에게 아이를 갖는 것을 무기한 연기하라는 것이 아니다. 만약 당신이 경제력을 갖추고, 육아 시간을 보장해주는 직업, 여유로운 시간과 충분한 체력, 거기에 의지할 수 있는 배우자까지 완벽하게 갖춰야만 아이를 낳을 수 있다고 생각한다면, 이는 실제로 존재하지 않는 유니콘을 좇는 것이라 말하고 싶다. 대부분 사람은 주어진 환경에서 최선을 다한다. 그리고 성공한다.

젊은 부모일수록 체력은 충분하나 사회생활을 시작한 지 얼마 되지 않아 경력이 부족할 수 있다. 그래서 경력을 위해 임신을 잠시 보류해도 큰 부담감이 없을 수 있으나, 나이가 든 부모일수록 직장에서의 경력도 더 쌓였고 경제적으로 안정되어 있을 가능성이 크다. 게다가 자신의 분야에 경험이 많아서 직급도 높으면 시간을 더 유연하게 활용할 수 있다. 우리의 인생이 늘 그래왔듯이, 모든 상황에는 장단점이 있다.

그러니 서른다섯 번째 생일에 아직 아이가 없다고 좌절하지 마라. 그렇다고 일을 위해 아이 가지는 것을 미뤄도 생각이 바뀌었을 때 현대 의학 기술이 반드시 임신을 성공시켜 줄 것이라는 믿음도 잘못된 것이다. 오늘날 많은 회사가 여성들에게 하루에 20시간씩 일하고도 언제든 아이를 가질 수 있다는 희망을 주기 위해 난자를 냉동 보관할 수 있는 특전을 제공하고 있다. 공짜로 얼린 요구르트를 주거나 탁구 시설을 제공하는 것처럼 말이다.

서른다섯 살이 되자마자 내 인스타그램 게시물은 냉동 난자에 관한 광고로 가득 찼다. 하지만 난자를 냉동시키는 것은 체외수정과 비슷한 과정을 거쳐야 한다. 매일 호르몬 주사를 맞아야 하고, 감정의 기복이 심해지며, 난자를 채취하기 위해 수술대에 누워야 한다는 것은 생각해 볼 필요가 있다. 좋은 소식은 냉동 난자를 10년 이상 보존할 수 있다는 것이고, 나쁜 소식은 대부분의 연구가 미국 생식의학협회의 권고로 38세 이하의 여성들에게서만 수집한 난자로 진행됐다는 것이다.[20] 어떤 기관은 38세 이상 여성의 난자를 채취하기도 했다. 예컨대 서던캘리포니아 대학교 산하의 불임 치료 센터는 웹사이트에 40세 이상의 여성으로부터 냉동 난자를 채취하여 임신에 성공했다고 게재했지만, 특정한 성공률을 밝히진 않았다.[21] 또 다른 연구에서는 36세 이후에 난자를 냉동한 여성의 경우 출산으로 이어지는 경우가 30% 미만인 것을 알아냈다.[22] 나는 난자 냉동 기술에 반대하지 않지만, 그것이 무조건 성공한다고 생각해서는 안 된다.

유산이라는 주홍글씨를 지워라

미국 최대 온라인 뷰티 패션 미디어 '리파이너리29Refinery29'의 창립자이자 편집자인 크리스틴은 브루클린의 시크한 아파트, 세련된 #데일리룩으로 인스타그램에서 여성들의 많은 부러움을 받는 셀럽(연예나 스포츠 분야 등에서 인지도가 높은 유명 인사-옮긴이)이다. 크리스틴은 소셜 미디어에서 완벽한 모습을 뽐냈지만, 일곱 번의 유산을 겪으며 수많은 부정적 감정을 경험했다. 모욕감, 수치심, 죄책감, 충격, 슬픔과 같은 것들이었다. 하지만 그녀는 자신이 경험한 감정들을 매우 긍정적으로 여겼다. 그녀는 "남편이 나보다 젊고 건강한 여자와 결혼했다면, 지금 당장에라도 아빠가 될 수 있을 거야."라는 자조 섞인 글을 올렸다.[23]

크리스틴은 대중에게 각인된 자신의 이미지에 항상 시달려왔다고 한다. "상상해봐.(내가 매일 하는 거니까.) 큰 키와 탄탄한 몸매 덕분에 어려 보이는 남편과 내가 조용한 브루클린 동네를 아이와 함께 걸어. 우리는 서로를 향해 미소를 짓고, 남편은 가끔 이 작은 아이를 부드러운 눈길로 내려다보곤 하지. 아이는 사랑과 존경이 가득한 얼굴로 남편을 올려다봐. 이 순간이 되면 나는 내 손에 들려 있는 와인 잔을 으깨버리고 남편의 행복을 빼앗은 나를 벌하고 싶어. 평행 우주가 있다면 그곳에서는 더 젊고, 예쁘고, 건강한 아내와 함께 그 행복을 이뤘을 거야."

크리스틴은 처음 임신했을 때 들떠서 그 기쁜 소식을 많은 이들과 나누었다. 그래서 유산이 됐을 때 사람들에게 말하지 않을 수 없었다. 크리스틴은 오랫동안 업무상 관계를 끈끈히 이어오던 한 여성과 어색해졌던 순간이 떠올랐다. "내가 유산했다고 말하자 그녀의 표정이 점점 굳어지더니 천천히 몸을 돌리며 시선을 피하려는 게 보였어. 그러더니 놀라서 움찔하는 모습을 보이고 싶지 않은지, 내 말을 못 들은 척하는 거야. 하긴 그게 최선이었겠지."

크리스틴은 누구라도 겪을 수 있는 그 어색한 순간을 계속 이야기하려다 말았다. 그리고는 이렇게 말했다. "솔직히 나는 그 일이 있기 전까지 유산에 대해서 수치심이나 부끄러움을 느껴야 하는 건지 몰랐어. 어떻게 모를 수가 있지? 그게 상처와 후회로 가득한 내 모습과 평생 저지른 모든 실수를 드러내는 짓이라는 걸. 내가 모두 망쳐버린 거야."

이유는 모르겠지만 유산, 사산, 불임의 고통은 서로를 충분히 배려하는 동료 사이에서나, 심지어 좋은 친구 사이에도 여전히 거론되지 않는다. 임신한 여성의 30%가 유산을 겪는다는 연구 결과는 충격이었다.[24] 그렇다. 주위를 둘러보라. 여러분이 유산을 경험하지 않았다면, 옆 사람은 겪었을지도 모른다. 수정에서 임신, 산모의 인내와 출산까지 그 모든 복잡한 생리적 과정들과 수고로움이 있고 나서야 아기가 태어난다. 그런데도 유니세프의 말처럼 전 세계에서 매일 386,000명의 아기가 태어나고 있는 것이다.[25] 어쨌든 이것은 유산의 충격에서 벗어나려고, 혹은 임신을 위해 애쓰는 이들에게 씁쓸한 위안이 된다. 유산이 믿을 수 없을 만큼 흔히 일어나지만 크리스틴과 같은 경험을 한 많은 여성이 아기를 잃은 것을 모두 자신의 잘못으로 여긴다. 그건 정말 잘못된 것이다.

만약 여러분이 유산을 경험한다면, 혼자가 아니라는 것을 반드시 기억해라. 누구라도 느낄 수 있는 유산이라는 주홍글씨를 지우기 위해서는 서로 이야기를 나누는 것이 꼭 필요하다.

뉴저지 억양에 갈색 머리인 제이미는 보수적인 앨라배마 마을에 변화를 일으키는 것을 좋아했다. 그녀는 정말 재능이 뛰어나다. 홍보 회사를 창업하고 블로그에 동영상을 게시하는 브이로그 커피 토크vlog Coffee Talk를 제작해서 한 게시물 당 200만 명 이상의 조회 수를 올렸고, 이를 기반으로 저지 벨Jersey Belle이라는 리얼리티 토크쇼를 만들었다. 현재는 주요 영화 제작사와 함께 일하며 대본을 제작한다. 게다가 잘생긴 남부 출신 남편과 함께 세 아이를 키우는 엄마이기도 하다. 그녀는 절대 포기하지 않는다.

내가 〈야후! 육아〉의 편집장이었을 때 제이미는 자신이 겪은 자궁 외 임신에 관한 가슴 아픈 글을 썼다. 당시 그녀는 올리비아와 맥스, 두 아이의 엄마였다. 올리비아가 태어난 지 10주밖에 안 됐을 때 맥스를 임신한 걸 알게 됐는데, 그녀는 그때를 떠올리며 "나만 빼고 다 웃었어."라고 말했다.[26]

둘째 맥스가 9개월이 되었을 때, 제이미는 이상하게 몸이 무거웠다. 의사들은 그녀의 나팔관 바깥에서 8주 된 태아가 자라고 있다고 했다. 충격을 받은 제이미는 흐느끼며 남편에게 이 사실을 전했다. 죄책감이 들기 시작했다. 아기를 포기할 수밖에 없다는 걸 알았기 때문이었다. 그녀는 올리비아를 낳은 지 10주 만에 맥스를 가졌다는 걸 알게 됐을 때도 첫아이에 대한 미안함에 죄책감을 느꼈었다.

죄책감은 유산 후 흔히 느끼는 감정이다. 유산 후 죄책감을 연구한 의사는 무거운 물건을 들었다거나 이상한 음식을 먹어서 유산이 되었다고 여기는 여성이 많다고 했다. 제브 윌리엄스Zev Williams 박사는 〈뉴욕 매거진〉과의 인터뷰에서, "여성의 행동 때문에 유산이 되는 경우는 거의 없다."라며 유산은 대부분 염색체 이상 때문에 발생한다고 말했다.[27] 그러나 이것으로는 산모에게 유산이 합리화되지 않는다. 그리고 그렇게 되어서도 안 된다. 우리에게는 상실을 극복하기 위해 충분한 시간이 필요하다. 우리는 다양한 감정을 느낄 자격이 있다. 특히 장기적으로 감정을 억누르는 것이 더 큰 피해를 준다. 하지만 평생 자책감에 휩싸여 있으면 안 된다. 육아에 있어서만큼은 항상 스스로 더욱 관대해야 한다. 유산은 우리의 잘못이 아니다.

하지만 이를 안다고 해서 쉽게 받아들일 수 있다는 의미는 아니다. "아기를 지우고 나팔관 수술을 받았다. 수술이 끝난 뒤, 나는 병실에 혼자 있었다. 어두운 창밖만을 한없이 바라보고 있었다. 다시는 태양이 뜨지 않을 거란 생각이 들었다. 마음이 허전했다. 내 몸 구석구석 슬픔이 차올랐다. 간호사가 음식을 가져왔다. 내가 거절하자 그녀는 미소를 지으며 '집에 있는 건강한 두 아이를 생각하세요.'라고 말한 뒤 조용히 나갔다. 눈물이 차오르고 목구멍으로 뜨거운 뭔가가 솟구치는 듯했다. 참을 수 없이 화가 났다. 집에 다른 아이가 있다고 한 아이를 잃은 게 위안이 되냐며 간호사에게 소리 지르고 싶었다. 엄마에게는 아이 하나하나가 특별하기에 그 마음은 대체할 수 없다. 잘못된 아이를 다른 아이로 채울 수는 없었다." 제이미가 쓴 글이다. "그 상처는 스스로 치유할 수밖에 없어. 그러나 난 아무것도 하지 않았어. 눈물만 흘렸지."

유산하거나 혹은 다른 이유로라도 아이를 잃은 엄마는 신체적, 정신적 변화를 겪게 된다. 지극히 정상이다. "내 인생이 영원히 아이를 잃기 전으로 돌아갈 수 없을 것 같아서 눈물을 멈출 수가 없었다." 8개월 후 제이미는 다시 임신했다. "사람들은 나를 달래주려고 '거봐, 다시 셋째를 가지게 됐잖아.'라고 말했지. 하지만 찰리는 셋째가 아니야. 그 아기가 내 셋째지. 항상 그 아기를 기억할 거야. 내 마음을 달래주는 그 아기의 심장 박동도 잊지 않을 거야. 내 딸로 태어나기 위해 최선을 다한 그 아이를 내가 지켜주지 못해 잃었으니, 내 가슴은 영원히 아플 거야."

유산은 지독히 슬픈 경험이다. 하지만 수치심을 느껴서는 안 된다. 우리의 경험에 대해 솔직하게 이야기하는 것은 좋은 대처 방안이 된다. 온라인상의 관계도 괜찮고, 직접 만나는 것도 좋다. 친구나 가족, 혹은 유산의 아픔을 공유하는 모임에 연락하는 것을 주저하지 마라. 우리는 혼자가 아니다. 이야기를 나눌수록 우리의 수치심은 사라진다. 이것이 #당당한육아를위하여 캠페인의 모든 것이다.

#당당한육아를위하여 실천하기

출산을 앞둔 엄마들이 자신의 몸에 귀를 기울이고 임산부의 금기 사항을 확실히 알고 있는 것은 좋다. 그러나 필요 이상의 스트레스를 받아서는 안 된다. 일반적으로 임신 중에도 와인 한 잔 정도나 체중이 몇 kg 더 느는 것 정도는 괜찮다. 30대나 40대, 심지어 50대에도 아이를 가질 수 있다. 그러니 걱정하지 마라. 그게 당신의 아이를 망치지 않는다. 만일 유산을 하더라도 당신 탓이 아니다. 그런 일은 아무 이유 없이 그냥 일어나기도 한다. 결코 쉬운 일은 아니지만, 그래도 자신을 탓해서는 안 된다.

2장

'제왕절개' VS '자연분만'
출산 방식에 우열은 없다

우리는 임신을 하기 전부터 영화나 TV를 통해 출산 장면을 자주 접한다. 땀에 젖은 산모가 외마디 비명을 지르는 장면을 잠시 보여주고는 재빨리 가슴에 얹어진 갓난아기를 보며 행복해 하는 엄마의 모습으로 바뀐다. 마치 우리를 안심시키기 위해 "봤지? 그렇게 힘들지 않아!"라고 말하는 듯하다. 하지만 우리는 실제 출산 과정은 대중매체의 묘사보다 훨씬 더 골치 아플 거라는 생각을 늘 가지고 있다.

산모에게 마약성 약물을 복용시켜 얕은 잠에 빠지게 한 뒤 출산을 진행하는 '가수면 분만법(twilight birth)'의 시대가 끝나고 점점 출산 과정에 산모의 의견이 적극적으로 반영되는 분위기가 정말 다행스럽다. 나는 당신이 출산을 한쪽으로 치우치지 않는 개방적인 태도로 대함으로서 특정한 분만법에 집착하며 부담감에 시달리지도, 계획했던 대로 출산을 하지 못했다고 자책하지도 않길 바랄 뿐이다. 현실적으로 진통과 분만 과정을 완벽하게 통제하기란 불가능하기에, 출산이라는 매우 긴박한 순간에 의료진을 신뢰하고 그 지시를 따라야 아기에게 우리의 세상을 보여줄 수 있다.

그러니 출산 전에 반드시 믿을 수 있는 의사를 찾도록 해라. 의사나 의료진에 완전한 신뢰가 생기지 않음에도 불구하고 무리하게 그곳에서 출산을 진행해선 안 된다. 믿을 수 있는 의료진을 만나면 친구나 육아 블로그, 페이스북 육아 모임의 그 어떤 말이나 글에도 고민하지 않고 의사가 추천하는 제왕절개를 비롯한 다른 출산 방식으로 안전하게 아기를 낳을 수 있게 된다. 우리는 죄책감, 스트레스, 비난에서 벗어나 자신과 아기에게 가장 좋은 출산 방법을 선택할 권리가 있다.

안타깝게도 테사는 큰 대가를 치르고 나서야 이를 깨달았다. 그녀는 뉴욕 주민으로서 누릴 수 있는 세계적인 의료 서비스를 포기하고 친정 엄마와 조산사, 둘라(비의료인 출산 도우미-옮긴이)의 도움을 받아 가정 분만을 결정했다. 어디 가서 말할 수도 없을 만큼 부끄러운 경험이었다. 그녀는 마치 과테말라 사막에서 출산하는 기분이었다고 했다.

고통의 크기가 모성의 크기는 아니다

큰 키에 삐삐 마른 몸, 피부마저 창백한 옅은 갈색 머리의 테사는 아기에게 뭐든지 최고로만 해주고 싶은 마음에서 시작된 가혹했던 출산 과정을 들려줬다. 그녀는 가정 분만을 결정하고 둘라와 조산사를 고용했다. 임신 동안 계획한 발레 태교와 임산부 요가를 하며 순조롭게 건강을 유지해온 그녀는 출산도 순조롭게 진행되리라 믿었다. 그러나 38주가 지날 때까지도 아기의 머리가 아래쪽을 향하지 않아서 침도 맞아보고 명상도 했다. 다행히 아기의 자세가 바뀐 것 같았다.

모든 것이 계획대로 진행되고 있었다. 30시간 이상 이어진 진통에도 아기가 태어날 기미를 보이지 않기 전까진 말이다. 테사의 몸이 어떤 상태인지 알았던 조산사와 둘라는 계속 아이를 밀어냈다가 멈추는 것에 집중하도록 격려했다. 테사는 수많은 시간과 정성을 들인 자신의 출산 계획을 차마 포기할 수가 없었다.

그러나 결국 정신력은 한계에 부딪혔고, 조산사와 둘라는 테사를 병원 분만실로 옮겼다. 분만실에 들어가서도 진통은 계속되었다. 도중에 수중분만도 시도해봤으나 효과가 없었다. 그녀는 한순간 무통 주사도 고려해봤지만, 이내 마음을 돌렸다. 둘라로 일했던 친정엄마는 '약한 여자들'이나 마취제를 쓴다고 말했다. 테사는 그런 '약한 여자들' 중 한 명이 되고 싶진 않았다.

"이를 꽉 깨물고 있었어요. 눈앞이 깜깜했고, 분노와 공포를 동시에 느끼고 있었죠." 테사가 말했다. 그녀는 36시간이나 진통을 겪으며 말로 표현하기 힘든 엄청난 고통을 느꼈다. 아기가 좌골 신경을 누르고 있기 때문이었다. 조산사는 그녀를 자극하려고 일부러 테사가 볼 수 있는 곳에서 의사와 제왕절개에 관해 의논했다. 제왕절개 이야기가 나오면 테사가 마지막 힘을 짜내 아기를 밀어낼 힘을 낼 것으로 생각했다. 조산사는 아기를 손으로 꺼내줄 간호사를 찾았다.

테사는 마지막으로 있는 힘껏 아기를 밀어냈고 그 타이밍에 맞춰 간호사는 질 안에 불룩하게 끼인 아기를 말 그대로 잡아 끌어냈는데, 이 과정에서 그녀의 회음부는 4도 열상을 입었다. "나는 제왕절개를 해야 했어요." 테사는 후회하고 있었다.

올리버는 4.13kg의 매우 건강한 아기였다. 그러나 테사는 열상 부위가 아물고 나서도 물리치료를 받으러 다녀야 했다. 평생 요실금을 겪어야 할지도 모른다는 불안감을 안은 채 출산 후 몇 주 동안 집에 갇혀서 고통스러운 회복 기간을 보내야 했다.

얼마 전 테사는 우리 집 뒷마당에서 함께 백포도주를 마시며 "한 달 동안 걸을 수가 없었어요. 첫 6주 동안은 아기를 안아줄 수도 없었죠. 미치는 줄 알았어요. 앞으로 다른 사람에게 말을 걸 수나 있을까 싶었죠. 철저하게 혼자였어요."라고 말했다. 2년 전 우리가 처음 만났을 때는 이렇게 잔잔한 바람을 맞으며 대화를 나누는 게 쉽지 않았다. 지금의 테사는 제대로 설 수 있고, 잘 웃고, 농담도 하지만, 2년 전에는 이야기하는 동안 종종 멍하니 먼 곳을 응시하는가 하면, 180cm가 넘는 키에도 한없이 작게만 느껴졌다.

테사는 "트라우마였죠. 누가 죽은 건 아니지만, 그만큼 큰 충격이었어요."라고 말했다. "이 사회의 여성들을 대신해서 욕이라도 퍼붓고 싶어요." 테사는 출산에도 옳고 그른 방법이 있다고 믿어왔다. 또 엄마와 조산사, 둘라의 실망감을 보고 싶지 않았기에 어떻게든 자연분만에 매달렸다. (그들이 가정분만을 강요하거나 무통 주사를 맞지 말라고 직접 말한 적은 없었지만) 그녀는 자신이 외상 후 스트레스 장애(PTSD)를 겪고 있다고 생각한다. 그래서 둘째를 가지기 전에 남편과 함께 전문가의 도움을 받을 계획이라고 했다. "무통 주사, 출산 계획 같은 것들에 대해 잘 알고 있다고 생각했어요. 너무 자만했던 거죠." 출산 후 충분한 도움을 받지 못하고 홀로 회복 기간을 이겨내야 했던 그녀는 그 시간이 얼마나 고통스러운지 알기에 산후 건강 관리사로 경력을 쌓으며, 초보 엄마들이 흔히 겪는 골반 통증과 복직근 이개(diastasis recti)[1]를 극복할 수 있게 돕고 있다. (나도 물리치료로 이런 출산 후유증들을 극복했다.)

테사에게 다시 그때로 돌아간다면 제왕절개를 선택하겠느냐고 물었더니 그녀는 이렇게 대답했다. "그걸 말이라고, 당연히 수술 받죠!"

내가 첫 아이를 가졌을 때를 돌이켜보면, 맨해튼 중심에 있는 최고 수준의 병원에서 제왕절개를 할 예정이었기 때문에 경험이 부족한 의사가 내 배에 메스를 댈 걱정은 없었다. 단지 첫아이를 제왕절개로 낳는다는 사실 자체에 불안감을 느꼈다. 그러나 할머니, 엄마, 이모까지 제왕절개로 우량아를 출산한 전통을 생각해보면 제왕절개는 피해 갈 수 없는 운명이었을지도 모른다.

불룩 나온 배를 안고 병원을 둘러보는 동안 나는 모든 가능성에 대비할 수 있도록 마음의 준비를 하려고 애썼다. 수술실이 있는 복도 쪽으로 고개를 돌려 수술실을 살짝 들여다보았다. 금속 수술 도구들이 정렬된 차가운 분위기가 느껴졌다. 나는 속으로 '여기야. 여기가 아기를 제대로 낳지 못하는 엄마들이 오는 곳이야.'라고 생각했다. 분만실도 둘러보았다. 신축 호텔만큼 새 가구들은 아니었지만, 따뜻한 느낌이 나는 원목 가구들이 가득 차 있었다. 구석에는 욕조도 있었다. 이 방에서 분만하는 산모들은 무통 주사를 맞을 수 없었다. 의사는 대기하고 있지만, 의료적 개입은 필요한 상황에서만 이뤄지는 곳이다. 내가 좀 더 용기를 냈다면 나도 이곳에서 아기를 낳을 수 있었을 거라는 생각이 들며 이렇게 낳는 방법이야말로 아기와 엄마 모두에게 최고의 출산이 될 것만 같았다. 무통 주사를 맞아서 진통 과정을 넘겨버리면 자연분만도 할 수 있을 것 같은 생각이 들며 살짝 고민하던 중, 나도 모르게 발걸이 의자에 누워 두 다리를 쩍 벌린 채 비명을 지르며 아이를 밀어내는 내 모습이 눈앞에 그려졌다.

그때를 돌이켜보면, 나를 더 편안하게 만들 방법은 수없이 많았다. 더 편안하고 따뜻하게 나 자신을 돌봐야 했다. 그러나 미국 전역의 부모들, 친구들과 나누었던 수많은 대화가 증명하듯 출산 방식에 옳고 그름이 있다고 믿은 사람은 나뿐만이 아니었다.

소위 전문가라고 불리는 이들이 자극적인 제목을 붙여 블로그에 게시해 놓은, 자연분만을 옹호하고 제왕절개를 비판하는 글도 많이 읽었다. 하버드 산부인과 출신의 에이미 투테어Amy Tuteur는 이 전문가들이 많은 여성을 '결과'보다 '과정'이 중요하다고 믿게 했다며, "분만방식만을 따지는 사람들은 고통을 참아내야만 좋은 엄마가 될 수 있다고 믿는 것 같다."라고 말했다.

'브이백 출산'이란?

운동으로 다져진 탄탄한 몸매의 나비하는 놀이터에서 뛰어다니는 두 아이를 내내 쫓아다녀도 지치지 않는 강인한 체력의 소유자이다. 그러나 그런 그녀도 첫 아이 출산은 쉽지 않았다. 스무 시간이 넘도록 진통이 이어졌고, 아이를 밀어내기 위해 몇 시간째 힘을 주던 중 의료진은 제왕절개를 결정했다. "나와 아기 모두 위험한 상황이 아니었는데 왜 수술을 했는지 아직도 그 이유를 정확하게 모르겠어요." 그녀는 네 살배기 딸 아미라를 바라보며 말했다.

몇 년 후, 나비하는 동료에게 브이백(VBAC), 즉 제왕절개로 첫째 출산 후 둘째는 자연분만으로 성공했다는 말을 듣게 되었다. "점심시간에 그 이야기를 듣고 있자니 눈물이 나려 했죠. 전 항상 제 첫 출산 과정이

왠지 찜찜했어요. 죄책감이 쌓여갔죠. 왜 그런 기분이 드는지 정확하게 알 수도 없었어요."

그래서 그녀는 두 번째 아이를 가졌을 때 동료와 같은 출산 방법을 선택했다. 간호사 출신의 조산사들이 의사를 도와 분만을 진행했다. 조산사 중 한 명의 권유로 남편과 함께 브이백 수업도 들었다. "저는 뭐랄까. 크게 집중하진 않았지만 확실히 변화가 생겼어요." 4시간 동안 부부는 진통 중 고통을 줄여준다는 다양한 자세를 배웠고 자신감을 가질 수 있었다. "수업을 다 들은 에릭은 마치 왕이라도 된 것처럼 '나도 역할이 있어! 내가 해야 할 일이 있다고! 병원에 뭘 요구해야 할지 알겠어.'라며 기세등등하게 걸어 나왔죠." 나비하가 말했다. "우리는 새로운 지식을 배운 덕분에 기존의 고정관념을 완전히 버리게 되었어요."

그녀의 두 번째 임신은 지극히 안정적이었지만, 브이백을 시도한다는 사실에 불안감을 느끼기도 했다. 그러나 그녀는 브이백을 고수했다. 아들 아이앤이 세상에 나올 준비를 마치자 진통이 시작됐다. 그러나 이전과는 전혀 다른 경험이었다. 조산사는 공 위에 앉아 몸을 튕기게 하는 등 자세를 다양하게 바꾸도록 지도했다. 그 와중에 실수로 무통 주사 버튼을 누를 시기를 놓쳤다. (그러나 나비하는 오히려 더 안심됐다고 한다. "만약 무통 주사를 맞으면 감각이 둔해져서 제대로 힘을 주지 못할 것 같았어요. 첫째 때는 내가 약을 조절할 수 있다는 것도 몰랐죠. 힘을 줄 때는 약의 양을 줄여야 하는데 말이죠. 왜 그걸 몰랐을까요?")

나비하는 의사나 조산사가 결국 제왕절개를 해야 한다고 말했더라도 실망하지 않았을 거라고 했다. "저는 노력했고, 저의 선택이었어요. 내 몸에 어떤 일이 일어나는지 완전히 이해할 수 있었죠." 아이앤은 결국 자연분만으로 태어났고 그녀는 이루 말할 수 없는 행복을 느꼈다. "아미라를 낳을 때는 그저 겁이 났죠. 너무 힘들고 지치기만 하고, 내가 뭘 하고 있는지 전혀 몰랐거든요. 아이앤을 처음 봤을 때 제 인생을 통틀어 가장 큰 행복을 느꼈어요. 구름 위를 걷는 기분이었죠. 자신에게도 당당해졌어요. 내 몸도 자연분만을 할 수 있다는 게 증명된 거죠."

당신이 출산에 대한 부담감을 느끼고 있다면, 천천히 심호흡하라. 다 잘될 것이다. 당신이 믿고 선택한 의사와 자격 있는 조산사에게 받은 조언을 토대로 당신이 가장 안전하고 편안하게 느껴지는 것을 선택하는 한(때로는 계획을 바꿔야 할 수도 있다는 열린 마음도 함께 가진다면), 당신 때문에 아이가 잘못되는 일은 없다.

점점 커지는 출산의 사업적 가치

출산 관련 사업은 의료비 증가, 유기농 제품 선호도 증가와 함께 아이에게 조금이라도 득이 된다면 어떠한 대가도 감수하려는 부모들 덕에 큰 규모의 시장이 되었다. 미국은 전 세계 어느 나라보다 출산 비용이 많이 드는 나라이다. 병원에서 안전하게 자연분만하려면 최소 1,200만 원이 필요하다. 제왕절개 비용은 곱절이 넘는다. 산전 관리 비용을 포함하면 최소 약 3,800만 원 이상이다. 런던에 있는 세계 최고 수준의 초호화 산부인과 '린도 윙Lindo Wing'의 스위트룸에서 왕실의 아기를 낳은 케이트 미들턴Kate Middleton왕세손빈의 출산에는 1,000만 원 정도의 비용을 들었다.[2] 영국이 공공 의료보험 제도를 잘 춘 나라인 점을 감안해도 미국의 출산 비용은 너무 비싸다.

오늘날 미국 여성의 출산 방식은 대부분 급격히 바뀌었다. 20세기 직전까지만 해도 의학적 도움 없는 가정 분만은 특별한 일이 아니었다.[3] 당시에는 오히려 가정 분만을 더 안전하다고 여겼다. 손을 씻지 않았던 의사들 때문에 병원에 입원한 여성들이 패혈증으로 사망하는 일이 빈번하게 일어났다. 병원은 주로 의료 보장 제도에서 소외된 저소득 계층의 여성들이 가는 곳이라 여겨졌고, 고소득 계층의 여성들은 항상 집에서 아이를 낳았다.[4] 산모와 아기의 사망 비율은 충격적이었다. 미국 질병통제예방센터(CDC)에 따르면, 당시 일부 도시의 영유아 중 30%가 생후 1년이 되기 전에 사망했다고 한다.[5]

1910년에 작성된 미국의 서글픈 의료 현실에 관한 한 보고서는, 그중에서도 관행으로 이어져 온 출산 부분이 최악이라고 비난했다. 이후 첫 산부인과 병원이 등장하고 출산 산업의 중심은 기존의 여성 산파에서 출산 과정에 더욱 의학적으로 접근했던 남성 의사로 옮겨가기 시작했다. 이들은 산모에게 스코폴라민scopolamine과 모르핀Morphine을 섞은 마약성 진정제를 주사해 의식이 흐릿한 상태에서 분만을 진행하는, 이른바 '가수면 분만법(twilight sleep)'을 시행했다.[6] 이 시기에 미국 사회도 도시화가 진행되며 많은 변화가 일어났다. 가족들은 점점 서로 떨어져 살게 되었고, 처음 출산을 경험하는 엄마들은 대가족 공동체에서는 자연스럽게 받을 수 있었던 어머니나 자매, 친척들의 도움을 더는 기대할 수 없게 되었다. 의사들이 살균의 중요성을 깨닫고 위생 문제를 보완하기 시작하면서, 병원에서 출산하는 것이 가정분만보다 더 안전해졌지만, 1920년대까지만 해도 병원분만과 가정분만의 생존율은 거의 비슷했다.[7]

그러다 1930~1940년대에는 병원에서 분만하는 산모와 아기의 생존율이 더 높아졌다. 이는 큰 발전(페니실린의 개발과 수혈의 발달)과 작은 발전(의사의 손 씻기 의무화)이 함께 이루어지며 의학이 진보한 덕분이었다. 이 시점부터 의사와 조산사 사이에 갈등이 생기기 시작했고, 지금까지도 이어지고 있다. 이 갈등에 관련된 자세한 이야기는 이 장의 후반부에서 다루겠다.

1950년대가 되자 가수면 분만법은 체액과 분비물로 범벅이 된 채 침대에 묶여 있는 여성들의 처참한 모습에 점점 인기를 잃기 시작했다. 이 시기에는 약 90%의 여성들이 병원에서 분만했다. 출산을 그저 '병리학'으로만 바라보던 의사와 간호사들은 점차 '정상적이고 건강한' 현상으로 대하기 시작했다. 초음파가 발명되었지만, 이 거대한 기계가 보여주는 흐릿한 이미지는 '공룡 사진'이라는 놀림을 받기도 했다.[8]

1960년대에는 약 99%의 여성이 병원에서 출산했고, 태아 심장 모니터가 발명되었다.(그리고 피임술과 피임약 등이 FDA의 승인을 받으며, 여성들은 처음으로 임신에 대한 선택권을 갖게 되었다.)

1970년대에 드디어 가수면 분만법은 라마즈 분만법이나 최면법, 수중분만 등의 다른 이완 출산법으로 대체되었고, 현대식 무통 주사도 인기를 끌기 시작했다.

1980년대에는 전체 임산부의 절반 가량이 무통 주사를 선택했다. 여전히 많은 임산부가 병원에서 아이를 낳았지만, 1983년 미국 출산협회가 설립되면서[9] 분만센터와 조산사가 다시 예전의 인기를 회복했다. 도플러 초음파 기술이 발명되어(1986년 첫 태아의 3D 영상 촬영에 성공함), 부모들은 태아의 심장 박동을 보고 들을 수 있게 되었다.[10] 그러나 초음파로 태아의 성별을 알아내고 발육을 확인하는 것은 1990년대가 되어서야 대중화되었다.

태아의 모습을 초음파로 3D 촬영하는 데 최초로 성공한 해보다 4년 일찍 태어난 1982년생인 내가 에버렛을 가진 2013년에는 스티커 사진을 찍듯이 간단하게 태아의 전신 사진을 4D로 촬영했다. 한 세대가 바뀌는 동안 임신 모니터링의 기술은 가히 비약적인 발전을 이루었다.

CDC에 따르면 1900년부터 1997년까지 산모의 사망률은 거의 99% 감소했다고 한다. 2000년대에 들어서도 여성들은 대부분 병원에서 출산했지만, 병원 외에서 출산하는 여성의 비율도 2%가량 소폭 상승했다.[11] 수십 년 만에 산모 사망률이 처음으로 증가했지만, 여전히 극히 낮은 수치였다.(백인 여성 10만 명 중 13명이 사망하는 비율.) 산모 사망률 증가에 대해 제왕절개와 비만율의 증가와 관련이 있다고 추측거나, 사망률이 워낙 낮은 수치였기 때문에 통계상의 오류일 것으로 추측했다. 그러나 몇 개의 주에서 사망진단서를 작성하는 방식을 바꾸며, 산모 사망률이 증가하고 있음이 확실해졌다.[12]

백인 임산부와 흑인 임산부 사이의 사망률에 차이가 있다는 것도 주목해야 할 점이다. 흑인 임산부들이 임신이나 출산과 관련해 사망할 확률은 백인 임산부에 비해 세 배나 높다. 이는 놀랍고도 비극적인 일이다.[13] 미국 공영 라디오 방송(NPR)은 이와 관련해 몇 가지 이유를 들었다. 흑인 여성들의 건강보험 가입률이 낮으며, 역사적으로 이어져 온 인종차별 때문에 백인 산모에 비해 환경이 열악한 병원에서 출산해야 했는데, 병원에서도 부당한 차별 대우를 받았을 가능성이 크다고 했다.[14] 고등교육을 받았거나 경제적인 여유가 있더라도, 심지어 유명인사도 마찬가지였다. 세리나 윌리엄스Serena Williams(세계적인 테니스 선수-옮긴이)도 딸을 출산하고 며칠 만에 폐색전증에 걸려 죽을 고비를 넘겼다. 그녀는 〈보그Vogue〉지와의 인터뷰에서 자신이 직접 의사에게 필요한 치료를 요구해야 했다며[15] "저기요! 다들 윌리엄스 의사가 시키는 대로 해요!"라고 외쳤다고 말했다.

자연분만의 의미는 무엇일까?

자연분만이란 어떤 의미가 있는 걸까. 한마디로 아무 의미 없다. '자연'
이란 단어는 건강하다는 느낌을 떠올리게 하지만, 그 의미 자체에는 아
무런 규정이 없으며 우리가 원하는 대로 의미를 부여할 수 있다. 치과
에 가서 '자연 발치'를 하겠다며 잇몸에 맞는 마취 주사를 거부하는 사
람은 없다. 그래서 누군가 "자연분만하셨나요, 아니면 제왕절개를 하셨
나요?"라고 묻는다면 "질 분만을 했는지, 제왕절개를 했는지 묻는 거예
요?"라고 되물어야 한다. 사람들은 '질'이란 단어에 대한 위화감 때문인
지 직접 언급하길 꺼리는데, 나는 그게 좀 무식한 태도라고 생각한다.
#질에대한권리되찾기 해시태그를 시작할까? 싫은가? 그럴 만도 하다.
하지만 이것만은 알아두자. 출산에 부자연스러운 방식은 없다. 아기를
낳는 자체가 자연스러운 일이니까.

마취제가 수년간 변화를 거듭해왔다는 것은 그리 놀라운 일도 아니
다. 1800년대 후반, 독일의 한 외과 의사는 척수에 코카인을 주입했
다.[16] 1909년까지 의사들은 코카인 대신 노보카인을 사용함으로써 코
카인의 위험성을 줄였다.(의료계는 100년 동안이나 코카인을 마취제로 썼
다.) 놀랍게도 100년 동안이나 코카인을 마취제로 썼다. 1980년대에
들어서는 환자들이 스스로 마취제 투여량을 조절할 수 있게 되었다. 토
론토에 있는 산부인과의 마취과 의사 스티븐 할펀Stephen Halpern은 〈라
이브 사이언스Live Science〉와의 인터뷰에서 2018년 임산부들의 마취제

사용량은 30년 전과 비교하면 1/4수준이라고 말했다.[17]

현재 산모들의 약 60%가 출산 중에 무통 주사를 사용하지만, 아직도 죄책감을 느끼는 산모들이 있다. 그러나 그래선 안 된다. 무통 주사가 태아의 건강에 아무런 영향을 끼치지 않는다는 연구 결과가 많다. 태아의 움직임을 둔하게 하지도 않으며, APGAR 테스트{피부색(Appearance), 심박수(Pulse), 반사(Grimace), 근 긴장(Activity), 호흡(Respiration)}라는 출생 직후 시행하는 신생아 검사에서 더 낮은 점수를 받지도 않는다. 통제된 상황에서 실시된 또 다른 연구에서도 무통 주사는 모유 수유에도 아무런 영향을 끼치지 않았다.[18] 또한 무통 주사는 제왕절개의 가능성을 높이는 것에 직접적인 영향을 끼치지 않았다.[19]

다만 산모가 초산일 경우, 무통 주사로 인해 아기를 밀어내야 하는 분만 제2기의 시간이 길어지는 경향은 있었다.[20] 무통 주사를 맞지 않은 산모의 진통 시간은 평균적으로 3시간 30분이었으나 무통 주사를 맞은 산모의 평균적인 진통 시간은 5시간 30분으로 2시간가량 길었다. 산모 6,000명을 대상으로 한 어떤 연구는, 무통 주사를 맞으면 흡입분만이나 겸자분만을 할 가능성이 38%까지 높아진다고 밝히기도 했다.[21] 그러나 기구를 사용하는 분만이 이루어질 확률은 당신이 사는 지역을 비롯한 여러 가지 조건에 따라 달라진다.

무통 주사는 엄마의 혈압을 낮춰주는데, 이는 태아의 심장 박동수에 영향을 준다.[22] 특히 혈압이 비정상적으로 높아지는 자간전증(preeclampsia)이 있는 산모(나처럼)에게 도움이 된다.

무통 주사를 맞을 때 바늘이 척추의 다른 부분을 건드리게 되면 두통이 생길 수 있는데, 이때의 두통은 최악의 숙취와 맞먹는다.[23] 오토를 낳을 때 무통 주사관이 한 번에 삽입되지 않아 여러 번 시도했기 때문에 의사들은 내게도 두통이 생길 수 있다고 걱정했다. 이를 예방하는 차원에서 회복실에서 팔의 피를 뽑아 척수에 꽂은 관으로 다시 넣는 '블러드 패치blood patch' 시술을 받았는데, 통증은 없었고 낯설지만 따뜻한 느낌이었다. 분만 중 응급으로 제왕절개가 필요한 상황이 되었을 때 무통 주사관이 삽입된 상태라면 이미 마취제가 들어가고 있어서 전신 마취의 효과가 떨어질 수 있다. 도뇨관을 삽입할 때도 많은데 자유롭게 움직일 수 없어서 불편하다.

구글 의사와 긴 대화를 나누다보면 무통 주사를 맞고 마비가 온 엄마의 끔찍한 사연을 알게 될지도 모른다. 보통은 몸의 한쪽만 마비되는데, 매우 드문 사례여서 의사들이 연구를 위해 표본을 수집하는 데 어려움을 겪을 정도다. 척수혈종은 경막 외 마취 후 1/150,000, 척추 마취 후에는 1/220,000의 확률로 발생한다.[24] 즉, 살면서 벼락에 맞을 확률이 더 높다.[25] "어떤 시술이든 까다로운 부분이 있는 것은 분명하지만, 이건 널리 활용되고 있는 안전한 시술입니다." 뉴욕 브루클린 감리교 병원의 산부인과 학장 샌퍼드 레더만Sanford Lederman의 말이다.

무통 주사를 시술하는 과정이 아플 것이라는 두려움도 있다. 그러나 내가 경험해본 바로는 그리 나쁘지 않았으며, 특히 오랜 시간 진통을 해보면 더욱 그렇게 느낄 것이다. 나는 에버렛을 낳을 때 한참 비명을 지르던 중 무통 주사를 맞고는 잠들기까지 했다.

원치 않는다면 무통 주사를 맞을 필요 없다. 미련도 갖지 마라! 당신의 결정이니 누구에게도 설명할 필요 없다. 무통 주사를 원하면 맞으면 된다. 어떤 결정을 하든 당신과 아기의 건강을 위해서라면 잘못된 결정은 없다.

제왕절개가 최악의 분만법으로 치부되는 이유

미국에서는 신생아의 32%가 제왕절개로 태어났다.[26] 세계보건기구(WHO)에서 출산율의 10~15%만이 제왕절개로 진행하는 것이 좋다고 권고한 뒤로는 제왕절개의 비율을 낮추려고 통계를 조작한 이들도 있다.[27] 그래서 통계를 그대로 믿을 순 없다. "어쨌든 그건 가짜 뉴스입니다," 하버드 대학 병원의 의사인 투테우르Tuteur가 말했다. "산모가 진통을 그대로 받으면서 출산하는 것이 더 좋다고 판단한 사람들은 보수적인 백인 남자들이었어요. 질 분만이 제왕절개보다 우수한 방법이고 어리석은 여성들에게 출산의 고통이란 그저 머릿속에 있는 상상일 뿐이라고 가르쳐야 한다고 생각하는 부류들이죠,"[28] 튜테우르는 그 10~15%라는 수치가 WHO의 여성 아동보건국 국장이었던 소아과 의사 마스덴 와그너Marsden Wagner가 1985년에 소집한 회의에서 아무런 근거도 없이 발표한 것일 뿐이라고 설명했다.

2015년 하버드와 스탠퍼드가 10~15%라는 WHO 권고안을 공동으로 연구한 결과, 제왕절개의 비율이 19% 미만이라도 산모와 신생아의 사망을 예방할 수 있다고 밝혔다. 투테우르는 "세계보건기구가 말하는 '최적' 비율이 너무 낮아 더 많은 산모와 신생아의 목숨을 구할 수 없다."고 썼다.[29] 또한 제왕절개 비율이 19%를 넘는다고 해도 최고 55%까지는 산모와 신생아의 사망률이 증가하지 않는다는 것도 밝혀냈다.[30]

제왕절개가 산책처럼 쉽고 편한 일이라고 말할 생각은 전혀 없다. 두 번의 제왕절개를 한 나는 매번 힘든 회복 기간을 보내야 했다. 출산 후 2주가 지나서야 오를 수 있었던 계단을 질 분만 후 이틀 만에 편안하게 오르는 여동생을 보며 질투심까지 느꼈다. 미국에서는 제왕절개가 최악의 분만법인 양 취급받으며 그 중요성은 무시당한다. 나도 내 선택을 후회했던 순간들이 있다. 의사들이 수술한 적이 있냐고 물을 때마다 제왕절개를 두 번 했다고 대답하면 그들은 한결같이 눈썹을 추켜세웠다. "2년 동안 그렇게 큰 수술을 두 번이나?"라고 말하는 듯했다.

여러분이 제왕절개를 선택하게 되면 이어서 수술 합병증의 가능성에 대해서도 걱정하게 되겠지만 제왕절개는 오늘날 미국에서 보편적으로 시행되는 매우 안전한 수술이다.

타니아는 대학생 시절 임신 중절 수술을 받게 됐는데, 마취로 의식이 몽롱해질 즈음 "이런 젠장, 자궁 경부가 찢어졌어."라는 의사의 말을 들었다. 이때 받은 정신적 충격으로 제왕절개를 결정했다. "제 산부인과 의사는 훌륭했어요. 중절 수술에 대한 건 자세히 말한 적 없지만 날이 갈수록 저의 두려움이 커지는 데는 합당한 이유가 있을 것으로 생각했죠. 임신 후반기에 제가 너무 긴장해서 내진도 쉽게 받지 못하니까 저한테 제왕절개를 고려해보라고 제안했죠, 강요가 아니었어요. 개인적인 의견이나 의사의 처방이 아니라 제게 필요한 해결책을 제시해준 거죠."

자신과 꼭 닮은 곱슬머리를 한 세 살짜리 딸을 남편과 함께 키우고 있는 타니아는 많은 고민 끝에 내린 자신의 결정을 후회하지 않는다. "선택적 제왕절개를 고려하는 이유는 여러 가지일 거예요. 모든 수술에는 위험이 따르기 마련이지만 제왕절개는 매우 흔한 수술이죠. 산부인과 의사라면 졸면서도 할 수 있을 거예요. 제왕절개를 미리 선택한다는 것이 쉬운 길로만 가려는 꼼수나 경솔한 결정으로 보일 수도 있지만, 그것 또한 선택이죠. 자신의 몸이니까 자신이 선택하는 거예요. 출산 전 수업에서 가장 중요하다고 배웠던 게 바로 자신과 아기에게 해가 되지 않는 한, 출산 과정의 모든 결정은 엄마가 해야 한다는 거였어요."

제왕절개에 대한 소문 팩트 체크

제왕절개에 관련된 무성한 소문들, 어디까지가 진실일까? 지금부터 그 중 몇 가지를 파헤쳐보겠다.

1. 제왕절개로 분만하면 모유 수유를 할 수 없다.

거짓이다. 미국소아과학회(이하 AAP)[31]는 제왕절개가 모유 수유에 조금도 영향을 끼치지 않는다는 사실을 확인했다. 질 분만이든 제왕절개든 여성의 몸에서 태반이 제거되면 모유 생성을 촉진하는 호르몬이 급증한다.[32] 그런데 출산 과정에서 겪는 스트레스는 모유 생성을 방해한다. AAP는 제왕절개로 출산한 산모들이 실망감을 느껴서 스트레스를 더 받게 될 가능성이 큰데, 이것이 모유량에 영향을 끼칠 수 있다고 한다. 또한 의사들은 진통을 오래 겪은 후 제왕절개를 한 지친 산모들에게 모유 수유를 권하지 않는 경향이 있다며 관련성을 시사했다. 나는 두 번이나 제왕절개를 했지만 에버렛은 거의 16개월, 오토는 거의 15개월 동안 모유를 먹였다. 자세한 내용은 모유 수유와 관련된 장에서 이어가겠다.

2. 제왕절개로는 아이의 면역력에 도움이 되는 박테리아를 전해줄 수 없다.

아직은 이 사안에 대해 결론 내리기에 이르다. 일부 전문가들은 태어날 때가 된 아기들은 면역력이 없는 무균 상태이며 질 분만 시 산도인 엄마의 질에서 접촉한 박테리아가 면역을 발생시키는 일종의 '씨앗'이 된다고 믿는다. 그 박테리아는 아마도 아기의 면역체계와 소화력을 발달시키는 데 도움을 주고 염증 발생 위험을 낮춰줄 것이다. 이와 관련된 연구를 조사해보았더니, 명백히 사실로 밝혀진 부분은 그리 많지 않았다.[33] 과학자들은 태아가 자궁의 양수를 마시며 엄마의 박테리아 DNA에 노출될 수 있다는 추측을 근거로 태아가 '무균 상태'라는 이론을 반박하기 시작했다. 의사들은 다양한 박테리아를 가진 많은 신생아를 검사했지만, 아기들이 한 살이 되기 전까지는 거의 비슷한 분포였다. 그래서 이 연구는 태아가 엄마의 질에서만 박테리아에 노출된다는 것은 '순진'한 생각이라고 말한다. 아기들은 양수가 터진 후 계속해서 질 내부 박테리아에 영향을 받게 되는데, 이것은 제왕절개 전 겪는 진통 단계에서도 자주 발생한다.

제왕절개로 태어난 아기에게 수동으로 박테리아 '씨앗'을 전해주는 부모도 있다. 식염수를 흠뻑 적신 거즈 조각을 수술 한 시간 전에 산모의 질에 넣은 뒤, 아기가 태어나면 남편(아니면 정말 친한 친구거나)이 아기의 얼굴과 눈, 입속 구석구석을 거즈로 문지른다. "의사도 처음 들어봤지만 좋은 생각인 것 같다고 말했어요." 샬롯의 말이다. 샬롯은 첫아이가 습진이라는 피부질환을 앓고 있었는데, 제왕절개 때문일지도 모른다는 몇몇 친구들의 말에 죄책감을 느끼고 있었다.[34] (과학적으로 말이 안 된다.) 그래서 둘째 때는 습진 예방을 위해 '씨앗'을 전해주기로 마음 먹었다.

버지니아 코먼웰스 대학교 메디컬 센터 산부인과 의사이자 질 내부 마이크로바이옴 컨소시엄의 일원인 필리프 기러드Philippe Girerd는 이 과정이 "간호사들이 상당히 괴로워한다. 그런 질 분비물 도포를 질 내에서 한다면 아무도 신경 쓰지 않겠지만, 겸자와 거즈로 하는 건 누군가를 매우 불편하게 만들 수도 있다."고 농담 섞인 어조로 말했다. 의사들은 이와 관련해 과학적이라고 부를 수 있는 연구는 2017년에 진행된 단 한 건 뿐이며,[35] 그 연구마저도 대상은 고작 4명의 아기가 전부였고, 성병이나 연쇄상구균에 감염될 위험이 크니 질 분비물 도포, 이른바 '씨앗 전하기'를 하지 말라고 권고했다. 기러드 박사는 "질 내부 유익균을 전하고 싶으면 양막이 터져 양수가 흐를 때까지 충분히 진통하면 됩니다. 그게 '씨앗 전하기'보다 낫습니다."라고 말한다.

3. 제왕절개는 아기의 천식과 알레르기 발생 위험을 높인다.
글쎄, 이것은 당신이 어느 정도를 위험하다고 생각하는지에 따라 다를 수 있겠다. 한 연구는 제왕절개를 하면 아이가 천식을 앓을 위험이 1.1%에서 1.3%로 증가할 수도 있다는 것을 찾아냈다.[36] 여러분이 생각하기에도 너무 미미한 수치이지 않은가? 또한 이마저도 6개월 동안 모유 수유를 하면 위험도가 다시 낮아진다는 사실도 밝혀졌다. 제왕절개와 천식 사이의 상관관계가 없다는 것을 밝힌 주요 연구 사례도 두 개나 있다. 어떤 사람들은 제왕절개 전 진통을 겪는 과정에서 질 박테리아에 노출되기 때문에 계획된 제왕절개가 계획되지 않은 제왕절개보다 위험도가 더 높아질 수 있다고(1.18%에서 1.33%로) 말한다. 천식을 앓고 있는 산모가 제왕절개 확률이 높다는 보고서도 있어서, 천식이 제왕절개를 유발할 수 있다는 추측도 나오고 있다. 또한 '위생 가설(hygiene hypothesis)'이라는 이론이 있는데,[37] 이 이론은 오늘날 아이들이 태어난 방식과 무관하게 '지나치게 깨끗한' 환경이 오히려 천식, 알레르기와 같은 면역력 문제 발생의 위험을 높인다고 추측하고 있다. 따라서 "위험성은 낮고 관련성이 입증된 적은 없다."라고 결론을 내리겠다. 여러분이 제왕절개를 해도 아이가 아플 일은 없다.

4. 제왕절개를 하면 아이가 쉽게 비만이 될 수 있다.

거짓이다. 각각 제왕절개와 질 분만으로 태어난 16,000명 이상의 형제자매를 대상으로 한 연구는 아이들의 다섯 살 때 몸무게에는 차이가 없다는 것을 밝혔다.[38] 하버드 의대의 연구 분석가 셰릴 리파스 시먼Sheryl L. Rifas Shiman은 〈뉴욕타임스〉와의 인터뷰에서 이 연구 결과는 "다른 연구에서 관찰된 연관성이, 특정할 수 없는 다양한 생활 방식이나 사회문화적 요인과 관련이 있다는 것을 시사한다."라면서 "제왕절개 비율을 낮추는 것이 현재 급속도로 진행되고 있는 비만 인구 감소에 큰 도움이 되지는 않을 것이다."라고 말했다.[39]

5. 한 번 제왕절개를 하면 계속 제왕절개만 해야 한다.

거짓이다. 브이백(VBAC)으로 알려진, 제왕절개 수술 후 두 번째 출산에서 질 분만을 시도하는 여성들의 성공률은 60~80%에 이른다.[40] 담당 의사와 상의하고, 출산 예정인 병원이 브이백을 지원하는지 알아보라. 내가 오토를 낳을 때 의사에게 브이백을 시도해야 하는지 물었는데, 그녀는 오히려 내게 되물었다. "만약 24시간 동안 진통을 겪고 나서도 결국은 에버렛처럼 제왕절개로 출산하게 돼버린다면 어떤 기분이 들겠어요?" 나는 그냥 제왕절개 수술을 선택하지 않은 나 자신에게 너무 화가 날 것 같다고 대답했다. 그리고 그날 바로 두 번째 수술 일정을 잡았다. (어쨌든 제왕절개 전에 진통이 있긴 했다.) 내 대답이 "질 분만을 하려고 애쓴 것만으로도 만족할 거예요."였다면 브이백이 옳은 선택이었을 것이다. 다른 위험 요소가 없는 한, 브이백은 개인의 취향에 따라 선택하는 것이다.

가정 출산, 해도 괜찮을까?

여러분은 아마도 병원 외의 장소에서 출산하는 사례가 증가하고 있다고 떠드는 기사를 본 적 있을 것이다. 엄밀히 말하면 사실이지만, 2004~2014년까지의 미국 전체 출생아의 통계에 비춰보면 겨우 1%에서 1.5%로 증가한 것이다.[41]

짧은 빨간 머리 베스는 친절하고 호기심이 많은 성격이어서 사람들과 쉽게 친해졌다. 그녀는 20대에 조산사 수업을 받던 한 여성과 친하게 지낸 후부터 집에서 아이를 낳고 싶다고 생각하게 되었다. "학교 수업자료로 나온 모든 출산 관련 영상을 나한테 보여주면서 한 말을 잊을 수가 없어. 우리는 대부분 자라면서 누군가가 살해당하는 영상은 보게 되지만, 새 생명이 탄생하는 장면은 보지 못해. 그 사람 덕분에 우리 사회가 출산을 바라보는 관점에 대해 생각하게 되었어. 출산이 평범한 게 아니라니, 정말 더러운 현실이야." 대형 웹사이트의 선임 편집장으로 일하는 베스가 맨해튼 시내의 사무실에서 내게 전화를 걸어 말했다. "앉아서 가정 분만 영상을 보고 있는데 완전히 압도당하는 느낌이었지. 내가 본 것 중에 가장 아름다운 장면이었어. 내가 아이를 낳을 때도 그렇게 가정적이고 강렬한 느낌을 받고 싶었지. 그래서 나는 그걸 따로 저장해뒀어." 10년이 흘러 결혼한 베스는 시누이의 가정 분만에 참석하게 되었다. "그녀의 집은 정말 아름다웠는데, 수영장도 있었어. 난 그렇게 평화롭고 놀라운 광경을 한 번도 본 적이 없었어. 마침 리키 레이크 Ricki Lake의 〈비즈니스 오브 비잉 본Business of Being Bone〉이라는 영화도 개봉했을 때였어. 모든 상황이 나에게 신호를 보내고 있다는 생각이 들었어. 그 영화를 보기 전까진 어떻게 이 작은 아파트에서 아이를 낳을까 걱정도 많이 했어. 커튼이 휘날리는 큰 집이 필요하다고 생각했지." 베스는 웃으며 말을 이었다. "하지만 영화를 보고 나니 큰 공간이 꼭 필요할까 하는 생각이 들었지. 병실도 그리 크진 않잖아?"

서른여덟 살에 임신한 베스는 조산사 면접을 통해 분만 경력이 20년이 넘고 간호사 자격증이 있는 미리암을 선택했다.

베스와 키키의 딸 룰라는 예정일보다 11일 일찍 태어났다. "한밤중에 소변을 보러 가려고 일어났는데 양수가 터졌지. 조산사가 양수가 터졌을 때 당황하지 말라고 한 말이 기억났지만 나도 모르게 손가락은 이미 그녀에게 문자 메시지를 보내고 있었어."라고 베스가 말했다. 다음 날 베스와 키키는 밖에서 아침 식사를 하고 센트럴 파크 주변을 산책하다가 놀이터에 다다랐다. "나는 그때까지도 약한 진통을 겪고 있어서 놀이터에 잠시 앉았는데, 다음번에는 이곳에 아기와 함께 올 거라고 생각하니까, 기분이 참 묘했어."

오후 늦게 강한 진통이 시작되자 베스와 키키는 조산사 미리엄과 친구 조지를 불렀다. 조지는 함께 출산 수업을 듣고 그들의 출산에도 함께하고 싶어 했던 좋은 친구였다. "나는 샤워를 했어. 유일하게 기분이 좋아지는 곳이었지만 따뜻한 물 밑에 서 있자니 점점 눈앞이 캄캄해졌어. 조지와 키키는 튜브형 욕조에 바람을 넣고 있었는데 잘 안 되는지 당황해서 난리가 났지. 둘 다 어쩔 줄 몰라 했어. 그때 고개를 들어보니 미리엄이 있었지. 미리엄만 있으면 모든 게 해결됐어."라고 말했다.

"열여덟 시간 동안 진통을 했는데, 세 시간은 죽도록 힘들었고 사십 분은 말 그대로 지옥이었지." 그러나 그녀는 병원에 가거나 진통제를 달라고 하지 않았다. "우선, 우리 집엔 무통 주사가 없었어. 후회하기엔 이미 늦었었지." 베스는 웃으며 말을 이었다. "나는 고통에 대비해 미리 정신적으로 중무장해뒀어. 그 고통은 즐거운 구석이라곤 없었지만, 이 과정 끝에는 놀라운 결과가 기다리고 있음을 알고 있었고, 그 생각을 하면 다시 힘을 낼 수 있었어. 나는 고통을 잘 견디는 편이 아니야. 다른 때 같으면 혀라도 깨물고 죽고 싶었을 거야! 하지만 그때는 다른 생각이 들었지. '사람을 낳는 거니까 당연히 아픈 거야, 힘내, 네 질에서 아기 머리가 나오는 거잖아.'라고 생각하면 괜찮아졌어. 즐길 순 없었지만 곧 끝날 걸 알고 있었기에 견딜 수 있었어. 스스로 놀랄 정도로 잘 참아냈었지."

베스는 자신의 출산을 "나와 키키, 조지 그리고 내 사랑 조산사가 함께한 이상한 파티 같았어. 해 질 무렵 욕조에 앉아서 진통 중간중간에 잡담도 했어. 대선 직전이었기 때문에 정치 이야기를 했지. 즐겁게 대화를 나누다가도 갑자기 진통이 시작되면 미리암은 나를 격려하고 조지는 내 입에 얼음 조각을 넣어줬어. 너무 아름다운 장면 아냐? 모두 나를 돌봐주고 있었고, 내가 그려왔던 바로 그 장면이었어. 질릴 정도로 열심히 계획을 세웠다 해도 계획대로 잘 되지 않는 게 현실이잖아? 그래서 난 내가 정말 운이 좋았다고 생각해."

베스는 출산이 순조롭게 진행되지 않았더라면 미리암이 병원으로 가자고 해도 당연하게 받아들였을 것이라고 말한다. "그녀는 내 셰르파였어! 나를 이끌어주고 있었지. 내가 그녀를 믿고 있다고 굳이 말로 표현하지 않아도 그녀는 이미 알고 있었어. 난 이게 정말 중요하다고 생각해. 도와주는 사람에 대한 신뢰 말이야. 가끔 나는 내 친구나 지인이 출산 관계자에게 푸대접을 받고도 별일 아니라는 식으로 말하는 게 정말 화가 나. 내가 판단할 문제는 아니라고 생각할지 모르겠지만 여성들이, 아니 사람들이 스스로 더 좋은 대우를 받으려 하지 않는 걸 참을 수 없어. 의사가 상처 주는 말을 했다면 당장 다른 의사를 찾아야지. 우리는 더 좋은 대우를 받아야 해. 우리는 그럴 자격이 있으니까."

더 많은 준비가 필요한 가정 출산

집에서 출산하기로 한 베스의 결정은 어머니의 '극심한 두려움'에 부딪혀 무산될 뻔했다. 베스는 가정 분만을 겁내던 여성에게 질문을 받은 적이 있었다. 그럴 때마다 베스는 "마지막 결정은 당신이 하는 겁니다." 라고 단호하게 대답했다. "룰라가 자랄수록 내 비판 능력도 줄어들었어. 비판 능력은 불안감에서 비롯된다고 생각해. 처음 부모가 되면 분명히 더욱 불안해질 테니까. 사람들은 자신의 결정을 다른 사람이 공감하여 지지해주길 바라지. 하지만 나는 다른 사람들의 생각에 신경 쓰지 않아."

베스는 의사와 조산사가 서로를 불신하며 대립하는 현상이 '어리석다'라고 비판한다. "각기 익힌 기술과 지식이 다르며 모두 가치 있고 훌륭한 사람들이야. 왜 서로 힘을 합쳐서, 산모가 원하는 방식으로 최고의 결과를 낼 수 있게 도와주지는 못할망정 싸우고들 있는 거지? 가정 분만을 원하는 여성의 비율이 낮은 걸로 봤을 때, 산부인과가 폐업할 일은 없을 거야. 나는 계속되는 서로에 대한 공격과 비난을 이해할 수 없어."

가정에서의 출산은 위험도가 더 높다. 유아 사망률은 출생 지역과 관계없이 매우 낮은 편이지만, 가정 분만의 경우 약간 증가한다. 병원 분만이 1,000명 중 0.9명인 것에 비해 1,000명 중 2명꼴이다. 하지만 일이 잘못되기 시작하면 큰 위험으로 이어질 수도 있다. 산모와 태아가 제시간에 병원에 도착하지 못하면 생명을 잃을 수도 있다.[42]

또한, 히스패닉계가 아닌 백인 여성들의 가정 분만율이 예전보다 훨씬 더 많이 증가하고 있는 것도 하나의 흥미로운 인구학적 특성이다. 2014년에 히스패닉계가 아닌 백인 여성 44명 중 1명이 가정 분만을 했다.[43] 또한 가정 분만을 하는 여성일수록 부유하고 대학 졸업률이 높으며 비흡연자일 가능성이 컸다.

병원 밖에서 출산한다면 가장 중요한 것은 위험성을 낮추는 것이다. 실제로 영국 국민 보건 서비스(NHS)가 위험군에 속하지 않는 산모들은 병원이 아닌 곳에서 출산하는 것이 더 나을 수도 있다고 권고하자 〈뉴잉글랜드 의학지(New England Journal of Medicine)〉에 이에 동의하는 사설이 실리기도 했다.[44]

미국 산부인과 과학회(ACOG)는 진통 과정에 의사 대신 조산사가 함께하는 것은 지지하지만 가정 분만을 권장하지는 않는다. 영국에서는 의료보험 시스템이 잘 되어 있는 덕분에 미국 여성보다 질적으로 훌륭한 산전 진료를 더 일찍 받을 수 있지만, 미국에서는 많은 여성들이 의사 진료조차 받으려 하지 않기 때문이라고 한다. (인종에 따라서도 크게 차이 난다. 백인 여성의 4%가 산전 관리를 받지 못하고 있지만, 흑인 여성은 10%가 받지 못하고 있다.[45]) 그리고 영국에서는 의사와 조산사가 긴밀히

협력하고 있으며, 전문적인 치료가 필요한 여성들은 자연스럽게 산부인과 진료를 받게 된다.

"미국에서는 조산사와 의사들이 서로 완전히 반대쪽에서 일하고 있는 것 같아요." 남편이 댈러스로 전근 오기 전까지 런던에서 조산사로 일했던 잉카 소쿤비Yinka Sokunbi는 미국 공영라디오(NPR)와의 인터뷰에서 말했다.[46] 실제로 미국에서는 병원 분만이든 아니든, 전체 출생아 중 9%만이 조산사의 도움을 받으며 태어나고 있다.[47]

자료를 자세히 살펴보면 임신 기간을 안정적으로 보낸 산모의 가정 분만 성공확률은 꽤 좋다는 것을 알 수 있다. 그러니 여러분이 임신 기간 동안 건강하게 지냈고 집에서 출산하고 싶다면 의료 관계자들의 동의를 구한 다음 그렇게 하면 된다. 그러나 몇몇 연구 결과나 기사 때문에 가정 분만을 결정해서는 안 된다.

오스터는 《산부인과 의사에게 속지 않는 25가지 방법》에 이렇게 썼다.[48] "가정 분만을 계획하는 여성은 사실 병원에서 출산하는 여성들과 좀 차이가 있다. 집에서 아기를 낳는 여성은 고소득, 고학력의 백인 여성인 경우가 많다. 이 집단의 여성에게서 태어난 아기는 출산 장소와 관계없이 사망 가능성이 작으므로 병원에서 태어난 아기들의 무작위 표본과 비교하는 것은 오류가 생길 수 있다. 실제로 집에서 아이를 출산한 여성들은 쉽게 출산할 수 있는 사람들이다. 결국에는 병원에 가야 하는 30%에 애초부터 속하지 않는다. 그래서 다른 여성들과 비교했을 때 집에서 출산한 여성들은 당연히 자신의 방식이 더 나아 보이겠지만, 이는 매우 잘못된 생각이다."

극과 극이었던 나의 출산 이야기

나의 두 번째 출산은 첫째 때와 완전히 달랐다. 첫째 에버렛을 임신했을 때는 주치의에게 의구심이 들었지만, 내 마음의 소리에 귀를 기울이지 않았다. 8년 동안 매년 그녀에게 자궁경부암 검사를 받아왔지만, 일년 중 한 번 받는 진료와 임신 내내 만나야 하는 태아 검진은 달랐다. 주치의와 나는 매번 충돌했다. 주치의는 강압적이었고 계속해서 내 인내심을 시험했다. 그녀는 157cm의 산모는 몸집이 큰 아기를 낳을 수 없을 거라고 단정했다. (나는 4.25kg이었고 남편은 3.6kg으로 태어났는데도.) 내가 게을러서 체중이 많이 증가했기 때문에 아기가 너무 커졌다고 말했다. 그녀에게 진료를 받던 중 다른 의사에게서(붓기 때문에) 생명을 위협할 수 있는 수준의 자간전증에 걸렸다는 진단을 받았다. 내 혈압이 급격하게 오르자 주치의는 나를 병원에 입원시키고 유도분만을 시작했지만, 진통 중에도 나의 의견을 전혀 받아들이지 않았다. 나는 밤 11시에 침대에 누워 진통 중에 그녀와 전화 통화로 싸웠던 기억이 난다. 내가 거부하는데도 황산마그네슘을 처방하려 했기 때문이었다. 황산마그네슘을 쓰면 진통하는 내내 꼼짝도 못 한다는 사실을 알고 있었다.

"사산아를 낳을 생각이 아니라면 제 말을 들어야 할 겁니다." 그녀가 내게 한 말이다. 힘들게 진통 중인 산모에게 저게 할 말인가? 의사로서도 정말 끔찍한 태도였다. 24시간 동안 진통을 겪고 3시간 동안 아기를 밀어냈지만, 결국 제왕절개 수술을 받았다. 황산마그네슘 때문에 밤새 2시간에 한 번씩 피를 뽑는 바람에 내 정맥이 약해지고 엄청난 고통에 잠도 잘 수 없었다. 나는 내 피에 '독'을 섞는 짓을 멈추고 싶었다. 완전히 하찮은 취급을 받는 기분이었다. 무시당하는 기분이었고, 진통하는 내내 두려웠다.

출산 후 6주 만에 에버렛을 산후 검진에 데려갔다. 나는 대기실에서 모유 수유를 했는데, 다른 부모들을 불편하게 했다는 핀잔을 듣고는 피임약 처방전만 받아 씩씩대며 병원을 나왔다. 나중에야 병원에 요청한 외과 병리 리포트를 살펴보고는, 실제로 내가 발작을 일으키거나 출산 시 사망 위험이 큰 헬프 증후군HELLP syndrome이라는 희귀질환을 앓고 있었다는 사실을 알게 됐다.[49] 내 주치의가 내게 소리만 지르는 대신 이 문제를 나와 상의했다면 더 좋았을 거라는 아쉬움이 남는다.

두 번째 임신과 출산 때는 좀 더 차분하게 진행되는 방식으로 출산하기로 했다. 산부인과 의사와 공인 자격증이 있는 조산사들이 함께 근무하는 지역 병원을 선택했다. 나는 그들의 조언을 듣고 다시 제왕절개를 결정했고, 그들은 든든하게 나의 결정을 지원해주었다. 화요일 아침으로 수술 일정을 잡은 뒤 주말 동안 빨래를 하고 태어날 아기를 위해 집안 곳곳을 단장하며 시간을 보낼 계획이었으나, 금요일 밤 11시쯤 샤워를 마치고 나오는데 양수가 터져버렸다. 그러나 약간 새는 정도였기에 그냥 침대에 누우면서 "음, 우리 좀 있으면 만나겠다!"라고 웃으며 중얼거리면서 불안한 마음을 달랬다. 새벽 3시에 격렬한 진통을 느끼며 잠에서 깼다. 나는 에버렛을 돌봐줄 사람을 부르기 편한 아침 6시까지 집안을 걸어 다니다가 함께 병원에 가려고 했지만 내 몸은 생각처럼 되지 않았고, 아기가 나올 것 같다는 직감에 새벽 3시 30분에 브래드를 깨웠다. 병원에 도착해보니 이미 질 입구가 7cm나 열려 있었다.(일반적으로 10cm가 열렸을 때 아기가 나온다.) 의사가 도착했을 때쯤엔 완전히 열렸다.(토요일 새벽 6시에도 와줘서 고마웠어요, 선생님!) 의사는 나에게 마지막으로 브이백 시술 의사를 물었고, 내가 거절하자 바로 수술실로 나를 옮겼다. 내 두 번째 출산은 정말 가벼운 분위기였다. 심한 진통에 무통 주사관을 삽입하기도 힘들었지만, 의사는 농담으로 분위기를 띄웠고, 어느새 무려 4.25kg의 아기 오토가 태어났다.

테사와 베스, 그리고 내 이야기의 차이점이 뭘까? 의료 전문가의 역할을 인정하고 믿는 것이다. 우리가 의료진을 신뢰하고 존중하며 그들이 우리가 가장 원하는 게 무엇인지 알고 있다고 믿을 때, 우리의 출산을 스스로 통제할 수 있다. 베스는 "출산하는 방식 때문에 그 누구도 슬픔을 겪어선 안 돼."라고 말한다. 하지만 우리는 스스로 한계를 정하고 말을 포장한다. 원래 출산 계획에 없었지만, 중간에 무통 주사를 맞는 것을 '굴복'했다고 생각하는 것처럼 말이다.

#당당한육아를위하여 실천하기

미국 문화에 자리 잡은 출산 방식에 대한 모든 선입견과 수치심을 버려라. 불안감이나 두려움을 이야기하라. 당신이 가진 정보를 토대로 편안함을 느낄 수 있는 결정을 내려라. 자유롭게 출산 계획을 세우되, 상황의 변화에 유연하게 대처하라. 여러분에게 믿을 만한 전문 의료진이 있는 한, 그리고 그들이 함께 출산을 열린 마음으로 대하는 한, 당신이 아이를 망치는 일은 없다. 무통 주사, 제왕절개는 물론 신생아에게 질 박테리아 '씨앗'을 전해줘도, 모두 괜찮다.

3장

단백질은 단백질일 뿐

모유냐, 분유냐, 과연 차이가 있을까?

모유냐, 분유냐. 이 문제는 엄마들 사이에서 항상 뜨거운 감자였다. 아이에게 분유를 먹이는 엄마들은 아이가 모유를 먹을 기회를 자신이 빼앗았다고 여기며, 자신에게 주어진 '여자의 역할'을 제대로 수행하지 못한 것을 부끄러워한다. 모유를 '황금 물방울'이라 믿고 어떠한 금전적, 신체적 비용을 치르더라도, 어떻게든 모유를 짜내고 먹이는 엄마들도 있다. 모유 수유를 1년 이상 지속하려 하는 엄마들은 주위로부터 별나다는 소리를 듣기도 하고 아이에게 분리 불안의 문제가 생기는 것에 대해서도 걱정하게 된다. 나도 그런 경험이 있다. 모유를 지나치게 신봉한 탓에 출장 중에 짜낸 모유가 담긴 젖병을 쏟아버린 공항 보안 요원에게 소리를 지르기도 했다. 아이가 3주째 되던 날 쇼핑몰 화장실에서 젖을 먹이려다 들은 잔소리는 시작에 불과했다. 이후에도 따가운 눈총을 여러 번 받았다. 그러나 둘째 오토가 태어났을 때는 전보다 훨씬 유연한 태도로 모유 수유를 대했고, 오토가 젖을 떼고 스스로 음식을 먹을 때까지 15개월 동안이나 아무 문제 없이 모유를 먹었다.

유명 인사들을 인터뷰하는 직업을 가진 내 친구 도나는 모유 수유에 무척이나 어려움을 겪다가 결국에는 분유를 먹이기로 마음먹었다. "나는 미쳐 있었다. 아니, 미쳤다는 단어도 아깝다. 죄책감에 파묻혀 있었다." 도나는 〈투데이 닷 컴(Today.com)〉에 이런 글을 썼다.[1] "누가 내게 모유 수유를 하고 있냐고 물을 때마다 나는 장황한 변명을 늘어놓아야 했다. '어떻게든 해보려 했지만, 저희 애가 잘 빨지도 못하는 데다 모유 량도 적어서 짜도 짜도 안 나와서 말이죠. 겨우 짜내봐야 우리 애가 좀 커서 양이 턱없이 모자라더라고요. 그래서 어쩔 수 없이 분유를 먹이기로 했어요.'"

"메릴 스트립이나 브래드 피트 같은 유명인사의 인터뷰는 훌륭히 해내지만 자기 애는 제대로 먹이지 못하는 워킹맘이었던 나는, 그 죄책감을 덜기 위해 유기농 인증 제품을 구하러 몇 시간이나 농산물 시장을 헤맸다. 그러고는 그 채소들을 정성껏 삶아 이유식을 만들었고, 환경 호르몬이 걱정돼 항상 유리 용기에만 보관했다. 아이의 옷과 침구류는 모두 고품질 오가닉 코튼 재질로만 구입했다. 나는 모든 것에 집착했다. 하지만 정작 뇌암으로 항암 치료를 받는 남편과 함께 아이와 시간을 보내는 것처럼 정말로 중요한 것은 놓치고 말았다."

도나는 자신의 산부인과 주치의가 아니었다면 자신은 분유의 단점을 보완하는 데 끝없이 집착했을 거라 말했다.

"내 주치의는 알렉스가 매우 우량하고 건강한 아기라며 내게 어떤 방식으로 수유하고 있는지 물었다. 나는 재빨리 준비된 변명을 숨도 쉬지 않고 늘어놓았다. 모유가 나오는데도 왜 모유 수유를 하지 않는지, 왜 엄마가 해야 할 일을 못 하고 있는지 최선을 다해 나를 변호했다. 그랬더니 주치의는 내게 제발 숨 좀 돌리고 진정하라고 말했다. '깨끗한 물로 분유를 타고 계시죠? 좋은 분유를 먹이고 계시고요. 아이도 잘 크고 있죠? 그러면 문제없어요. 자책은 그만하시고 그냥 아기와 함께하는 시간을 즐기세요.'"

도나는 모유 수유에 집착하는 많고 많은 부모 중 하나였다. 수많은 기사가 모유의 우월성을 다루고 정부 보건 기관들은 그 기사들로 홍보를 한다. 개중에는 미심쩍은 연구나 개인의 추천 글을 인용한 기사들도 있고, 현대 미국인과는 전혀 다른 환경에서 사는 사람들을 근거로 하는 기사들도 있다. 온 세상이 이렇게 소리치고 있다. 모유 수유는 쉽고 자연스러운 것이며, 힘든 일이 아니다. 모유 수유를 하면 아이는 더 똑똑해지고 날씬해지며, 천식을 예방하기도 하며, 전반적으로 더 나은 아이로 성장한다. 이러한 메시지는 육아 초보들이 가장 근거 없이 믿는 말, '모유 수유는 쉽다'라는 말과 상충하는 결과로 나타난다.

모유가 정말 그렇게 대단할까?

아름다운 여성이 편하게 자신의 아기를 품에 안고 있는 모습은 유명 예술 작품이나 텔레비전, 소셜 미디어에도 자주 등장한다. 지젤 번천Gisele Bundchen은 한 살배기 딸에게 젖을 물리면서 헤어스타일링과 메이크업, 네일을 동시에 받는 사진을 자신의 인스타그램에 올렸다. 너무 매력적이야! 전혀 힘들어 보이지 않아! 그 사진에는 16만 6천여 개의 '좋아요'와 6천 340여 개가 넘는 댓글이 달렸다.[2] (하지만 그런 그녀도 나중에는 '끔찍하고 자책감에 시달린' 양육 방식이었다고 털어놓았다. 그녀의 고백은 이 완벽한 인스타그램 사진에 대한 환상을 깨트렸다.)[3]

처음 하는 모유 수유는 현실적으로 고통스러울 수밖에 없다. 아기가 젖꼭지를 제대로 빨게 하는 방법을 알아내는 연습이 필요한데, 아기가 배고픔을 느껴 울어대거나 정신적으로도 지친 상태일 때거나 혹은 돌봐야 할 아이가 더 있다면 모유 수유에만 집중할 수 없다. 아이에게 젖을 먹이는 방법을 완전히 익히게 되더라도 엄마들은 또 다른 시련을 겪는다. 직장을 다니는 엄마들은 회사의 휴가 정책에 따라 생각보다 빨리 직장에 복귀해야 할 수도 있다. 또 퇴근 후 매일 한 시간씩 시간을 내어 유축을 할 수 있는 직업을 가진 여성도 많지 않다. 엄마들은 일반적으로 공공장소에서 아기에게 젖을 먹이기 위해 가슴을 드러내는 것에 수치심을 느끼기 때문에, 생후 한 달 동안은 집 밖으로 나가지 않는 엄마들도 있다. 그러면서 죄책감과 수치심, 외로움을 동반한 우울증이 생기기도 한다.

하지만 우리는 모유 수유가 그만한 가치를 갖고 있다고 스스로 다그친다. 여러 연구 결과에 따르면 모유를 먹은 우리 아이들은 더 높은 아이큐를 갖게 될 것이고, 비만이 될 확률도 낮을 것이며 면역력이 강해져 천식을 비롯한 여러 가지 질병에 걸릴 확률이 낮아질 것이기 때문이다. 그래서 우리는 아이들에게 분유를 먹이는 것이 마치 우리가 아이들에게서 모든 것을 빼앗는 것처럼 끔찍하게 여긴다.

하지만 그럴 필요 없다. 내가 수많은 연구를 파헤치면서, 연구자들과 많은 대화를 나누면서 얻은 결론을 이제는 여러분에게 말할 수 있다. 모유 수유의 이점은 전문가들의 말만큼 대단하지 않았다.

마이클 크레이머Michael Kramer는 모유 수유에 관한 연구를 대규모로

할 수 있는 좋은 아이디어를 생각해냈다. 벨라루스에 이미 모유 수유를 하고 있던 엄마들이 있었는데, 그중 절반은 앞으로도 계속 오로지 모유만 수유하고 싶어 했다. 크레이머는 계속 모유 수유를 할 의사가 없는쪽, 즉 통제집단에 전혀 개입하지 않았다. 그런데도 모유 수유를 계속하려는 엄마 집단은 실제로 통제집단보다 더 오래 모유 수유를 했다.

이 연구를 통해 모유를 오래 먹인 아기들의 체중과 중이염 유무, 알레르기 반응, 혈압 수치를 모유를 끊은 아기들과 비교할 때 통계적으로 미미한 차이가 드러났다. 또 더 오래 모유를 먹인 아기들이 장염에 걸릴 확률이 40%가량 낮았다.[4] 그렇다. 앞에서도 말했듯이 모유 수유를 하면 장염에 좀 덜 걸릴 수는 있다.

크레이머는 자신의 연구 결과를 다음과 같이 요약했다. "모유 수유의 이점을 연구할 때 어떤 사람이 모유를 먹이고 먹이지 않는지를 따져봐야 하는데, 이를 알아내기는 매우 어렵다. 그래서 이 연구는 어렵고 복잡하다." 모유 수유를 하는 사람과 그렇지 않은 사람 사이에 사회적, 경제적, 교육적 차이가 있다는 말이다.

미국 질병통제예방센터에서 2013년에 발표한 보고서를 보면, 대학 학위를 소지한 엄마의 92%가 모유 수유를 시도해본 적이 있지만, 고졸 미만의 학력을 가진 엄마는 70% 미만에 불과했다.[5] 6개월을 지켜봤더니 기초생활보장 수급자 소득 수준의 600%(3인 가족 기준, 연 소득 1억 5천만 원 이상)를 버는 여성들의 70%는 여전히 모유 수유를 하고 있었다.[6] 반면 기초생활보장 수급자 수준(3인 가족 기준, 연 소득 2천 5백만 원 이하)의 여성들은 전체의 38%만이 모유 수유를 계속하고 있는 것으로 나타났다. 모유 수유에도 계층별 차이가 난다는 것을 알게 된 크레이머는 "모유가 모든 질병을 예방한다는 주장이 있다. 암이나 당뇨까지도.

하지만 합리적인 사람이라면 새로 발견한 놀라운 사실 하나하나를 신중히 받아들여야 한다."라고 말했다.

모유 수유에 관한 연구가 어려운 이유는 다른 육아와 관련된 연구와 마찬가지로 윤리 문제에 부딪히기 때문이다. 연구를 위해 부모에게 아기에게 무엇을 먹여라, 먹이지 마라, 하며 가타부타 참견하는 연구는 시행될 수 없다. 그래서 과학은 대부분 모유를 먹인 집단과 모유를 먹이지 않은 집단, 즉 거대한 집단 자체의 차이점을 비교하는 것에 초점을 맞추어 왔다. 게다가 항상 문제가 되었던 상관관계 대 인과관계의 문제가 여기서도 발생한다. 파란색 셔츠를 입고 안경을 쓴 아이들이 100명 있다고 해서 파란색 셔츠를 입으면 시력이 나빠진다고 말할 수 없는 것이다.

모유와 두뇌의 상관 관계

자, 여러분이 지금까지 잘 따라왔다면, 이쯤에서 내게 태클을 걸어야 한다. 위 연구에 나오는 아이들은 먹은 기간이 문제지 어차피 모두 모유를 먹었으니 당연히 별 차이가 없는 거 아니냐고. 그러니 지금부터 모유를 전혀 먹지 않은 아이들을 살펴보자. 여러분 못지않게 경제학자 에이리크 이븐하우스Eirik Evenhouse와 시오반 라일리Siobhan Reilly도 이 부분이 궁금했다. 그들은 523쌍의 친형제, 친자매를 대상으로 연구를 진행했다. 이 형제자매들은 당연히 교육 수준, 환경, 양육 방식, 사회 경제적 상황 등이 같은 한 부모에게서 태어났다. 하지만 둘 사이에는 중요한 차이점이 있었다. 한 명은 모유를 먹었고, 다른 한 명은 먹지 않았다는 것이었다. 여기서 왜 둘 다 모유를 먹이지 않았냐고 이 부모들을 탓해서는 안 된다. 엄마가 유방암에 걸렸다거나 피치 못할 사정이 있었을 것이다. 가족들이 어떤 식으로든 힘든 시기를 겪었다고 해도, 그것이 아이들에게 영향을 미치지 않았던 것 같다. 연구원들은 모유를 먹인 아이와 그렇지 않은 아이 사이의 지능 수준과 당뇨병, 천식, 알레르기, 소아 비만 위험성, 엄마와 아이의 유대관계에 차이가 없다는 것을 알게 되었다. 이를 토대로 2005년에 모유 수유의 장기적인 효과가 과장되었다는 내용의 논문을 발표했다.[7]

시점을 요즘의 미국으로 옮겨보자. 미국에서 모유 수유를 계속할 가능성이 가장 큰 여성은 어떤 사람일까? 태어난 아기에게 집중하기 위해 무급으로 휴가를 낼 만큼 충분한 경제력이 있을 것이다. 이는 가정에 돈을 벌어다 주는 다른 누군가가 있다는 것이다. 파트너가 있으면 정서적으로 힘이 되고, 육아를 나눌 수 있으며, 결국 스트레스를 덜 받게 된다. 직업은 화이트칼라 업종일 가능성이 크다. 상대적으로 더 높은 연봉을 받고 업무 시간이 안정되어 있으며, 모유를 짜 보관하기 위해 하루에 20분에서 30분 정도는 자유롭게 책상에서 벗어날 수 있는 직장일 것이다. 근무 시간이 불확실한 교대 근무를 하지 않을 가능성이 크기 때문에 아기와 어울리고, 책을 읽어주고, 규칙적으로 육아할 시간이 많을 것이다. 육아 도우미를 고용해 고급스러운 육아를 할 수도 있고, 집에서 직접 아이를 돌볼 수도 있다. "잘사는 부모들은 모유 수유를 지원하는 인프라에 쉽게 접근할 수 있다.……그리고 가장 중요한 대목은 모유 수유가 바람직한 사회적 신분을 가진 부모의 상징이라고 무의식적으로 생각하게 만드는 문화적인 압박 때문에 6개월 동안, 심지어 그 이상까지 모유 수유를 계속하게 된다는 것이다." 코린 퍼틸Corinne

Purtill과 댄 코프Dan Kopf는 온라인 신문 〈쿼츠Quartz〉에 이렇게 기고했다.[8] 단도직입적으로 모유를 먹이든, 분유를 먹이든 결국 우리 사회는 고학력, 고소득자에 배우자가 있는 엄마들에게 더 똑똑하고 건강한 아기를 가질 기회를 주고 있다는 말이다.

그러면 여기서 당신은 이렇게 말하고 싶을 것이다. "저는 부유하지 않아요. 육아 도우미를 쓸 여력도 없고 우리 동네에서 제일 좋은 몬테소리 유치원에 보낼 돈도 없어요. 우리 아이는 원목이 아니라 플라스틱 장난감을 갖고 놀아요. 게다가 저는 종일 일하고 항상 스트레스를 받고 있죠." 그렇다. 공감한다. 하지만 시야를 좀 넓혀보자. 생활비를 감당하려고 여러 일로 겹벌이를 해야 하는 부모들은 모유를 먹일 시간 자체가 없어서 분유를 먹일 가능성이 더 크다. 그리고 그런 부모들의 아이들을 거대한 집단으로 모아서 보면, 건강이나 교육상 문제가 있는 아이도 있다. 이는 모유를 먹이지 않아서 생기는 문제가 아니다. 아이들의 부모들이 살아남기 위해 힘든 하루하루를 바쁘게 살아가고 있기 때문이다. 솔직히 말해 이 아이들도 대부분 문제없이 자란다. 나도 어린 시절에 전기 요금을 못 내서 자주 전기가 끊기던 집에서 자라면서 밥도 제때 못 먹고 혼자 있던 날도 많았지만, 적응하며 성장했다. 세상의 많은 가족이 그렇듯, 당신이 먹고살기 위해 힘겹게 살아가고 있다고 해서 당신의 아이가 멍청해지거나 건강하지 못한 성인이 되는 것은 아니다. 문제는 당신의 육아를 점점 힘들게 하는 사회 구조이다. (이 문제를 해결하는 가장 좋은 방법은 투표라고 생각한다.)

"신생아 때 모유를 먹은 아이들이 분유를 먹은 아이들보다 지능이 높게 나온 연구 결과가 있지만, 이 상관관계의 원인은 엄마의 젖이 아니라 두뇌에 있다. IQ가 다른 엄마들보다 15점 높은 엄마는 젖을 물릴 확률이 두 배 이상 높았다. 모유 수유를 하는 여성들은 더 많은 교육을 받고 흡연율도 낮다. 똑똑한 부모들은 아이에게 자신의 유전자를 물려주고 인지 능력을 자극할 수 있는 다양한 환경을 조성하는 데 더 힘쓴다. 이런 부분들이 아기의 발육에 도움이 되는 두 가지 장점이다. 한마디로 똑똑한 엄마가 영리한 아기를 낳는다." 〈블룸버그 뷰〉에 기고한 두 신경과학자의 글이다.[9]

스트레스 받으며 모유를 짜내고, 젖꼭지에는 피가 나는데, 아기의 건강만 조금 더 좋게 해줄 뿐이라는 사실을 알고 나니 기분이 어떤가?

모유 수유는 선택의 문제일 뿐

분유 소비 촉진을 위해 여러분을 설득하고 있는 게 아니다. 누군가 여러분의 수유 방식에 꼬투리를 잡아서 부정적인 감정이 느껴지려고 할 때 내 말이 일종의 '데블스 에드버킷devil's advocate'(일부러 반대입장을 취함으로써 문제에 대한 다양한 시각을 찾을 수 있도록 유도하는 사람. 선의의 비판자라고도 부른다-옮긴이)이 되어 여러분이 자신을 보호할 수 있길 바라는 것이다. 그것이 나의 역할이라고 생각한다.

사실 나도 내 아이들에게 젖을 물리는 걸 좋아했다. 에버렛에게는 16개월이나 젖을 물렸고, 오토는 15개월 동안 모유를 먹었다. 내가 일하는 동안 온종일 떨어져 지낼 수밖에 없었던 아이들을 안고 젖을 물리는 게 정말 좋았다. 임신으로 찐 살을 빼는 데도 도움이 됐다. 미국 임신협회에 가입한 어떤 의사는, 아이를 안고 젖을 물리는 것으로 하루에 700kcal를 더 태울 수 있다고 한다.[10] 덕분에 임신 중에 아무것도 따지지 않고 마음껏 먹었던 초콜릿 크로아상을 계속 먹을 수 있었다. (첫 아이가 젖을 떼고 나니 2주 만에 5kg이 찐 건 안 비밀!) 일하는 중에 한가할 때면 혼자 모유를 짜면서 내 아이들을 떠올렸는데, 나는 그 시간이 좋았다. 그 시간은 출산 휴가를 끝내고 직장에 복귀한 초반에 아이와 떨어져야 하는 고통을 달래주었다. 내 친구 알렉스는 직장에서 모유를 짤 때면 육아 도우미를 통해 아들과 영상통화를 하곤 했다. 그만큼 나만의 시간을 가질 기회는 줄어들었다. 특히 내 사무실에서 상의를 벗고 가슴에 유축기를 달고 있는 것은 쉽지 않았다.

모유 수유를 결심할 때 고려해야 할 유의 사항은 넘쳐난다. 그러나 우리는 아이들에게 미치는 영향만 생각한다. 우리의 관계에 어떤 영향을 미치는지 생각하지 않는다. 성관계를 말하는 것이 아니다.(하긴 오르가슴을 느끼면 젖이 뿜어져 나오는 '사출 반사'가 촉발될 수 있다.) 엄마가 직접 젖을 물릴 때 일어나는 역할 변화에 따라 주도권이 이동한다는 말이다. 가정의 분위기가 매우 진보적이라 이미 집안일을 5대5로 나눠서 하고 있다고 해도 어쩔 수 없이 발생한다. 아빠나 엄마나, 둘 다 빨래를 하고 설거지를 할 수 있다. 하지만 엄마만이 아이에게 모유를 먹일 수 있다.

아이를 먹이는 것은 엄마만이 할 수 있는 매우 중요한 일이다. 아무것도 모르는 부모가 육아 초기에 우는 아기를 진정시킬 수 있는 몇 안 되는 방법 중 하나가 모유 수유다. 아기는 지금이 몇 시인지 알 리가 없고, 엄마가 늦은 저녁을 한술 뜨려고 이제 막 식탁에 앉았다는 사실도 모른다. 배고픈 아기는 엄마를 24시간 내내 부려먹는다. 그래도 엄마가 새벽 3시에 젖을 물릴 때 왜 굳이 아빠도 함께 일어나서 다음 날 함께 피곤해 해야 하느냐고 생각할 수 있다. 맞는 말이다. 하지만 함께 일어나서 아내의 고생을 조금이나마 덜어주는 게 피로감과 외로움으로 아내가 폭발해버리는 것보다 낫지 않을까?

그래서 나는 좋은 방법을 생각해냈다. 퇴원하고 에버렛을 집으로 데려오자마자 유축을 시작했다. 한 병 정도면 충분했다.(신생아가 한 번에 먹는 양은 60ml도 안 된다.) 그러고는 남편 브래드에게 새벽 2시에 유축한 젖병을 물리게 했다. 덕분에 나는 잠을 더 많이 자게 됐고, 남편에게 짜증도 덜 내게 되었다. 그리고 매일 유축해서 여분의 모유를 냉장고에 보관했다. 덕분에 직장으로 복귀하기 전에 어느 정도 안심이 되었다.

우리 가족에게는 그 방법이 효과가 좋았다. 모유 수유를 결심하고 나면 자신에게 맞는 좋은 방법을 찾는 데도 시간이 좀 걸린다. 아기를 편안하게 안아주는 방법이나 민감한 젖꼭지에 상처가 나지 않도록 하는 방법을 찾는 데 1~2주 정도 걸릴 수 있다.

나는 직접 모유 수유를 하면서 몇 가지 이점을 더 알게 되었다.

일단 덜 귀찮다. 분유와 젖병을 매번 챙기지 않아도 가슴만 있으면 된다. 다행히 나는 브루클린이라는 최고로 자유로운 도시에서 아기를 키우고 있기에, 젖을 물리는 동안 내 가슴을 가릴 커다란 수유 가리개 따위는 챙길 필요가 없었다.

모유 수유를 하면 적어도 하나는 안 사도 된다. 한 웹사이트는 가정에서 분유를 사는 데 드는 연간 비용을 계산해봤더니, 평균 200만 원 이상이 들었다고 한다. 하지만 수년 동안 내가 만났던 부유한 부모들은 대부분 스위스나 독일제 분유를 특별 주문하고 있었다. 그들은 속으로 '모유를 먹이지 않는다면, 가장 고급스럽고 구하기 힘든 분유를 살 거야.'라고 생각하는 듯했다. 그런 분유는 아마존이나 마트에서는 구할 수 없었다. 그래서 한 번에 대량으로 주문해서 남는 분유는 지역 '맘카

페' 등을 통해 팔았다.

솔직히 아기를 진정시키는 데는 젖꼭지를 아기 입에 물리는 게 최고다. 아이에게 젖을 물리면서 많은 사람과 이야기를 나눴고, 화상회의에도 많이 참석했다.(노트북 카메라 각도만 살짝 위로 틀면 문제없었다.) 모유는 빠르고, 언제나 줄 수 있고, 따뜻하기까지 하다. 모유 수유에는 이점이 많다. 단지 모유 수유가 아이의 삶에 좋든 나쁘든 영향을 미치는, 그런 사안이 아닐 뿐이다.

의사도 나한테 한 번도 꺼내지 않은 다른 선택지가 있다. 모유와 분유를 병행하면 어떨까? 아침저녁으로는 모유를 먹이고, 낮 동안은 분유를 먹인다면 회사에서 힘겹게 유축할 필요가 없다. 모유량은 조절할수 있다. 오토가 한 살이 된 후에는 하루에 세 번 유축하던 것을 두 번으로 줄였다. 그리고 몇 달 후에는 회사에서 유축하는 것을 완전히 중단했다. 아침저녁으로는 젖을 물렸고, 낮에는 냉장고에 저장해 둔 모유를 먹였다. 주말에 종일 함께 있을 때면 계속 젖을 물렸다. 그래도 모유량은 알맞게 조절됐다.

두 아이에게 분유를 준 시기가 한 번 있었다. 태어난 바로 다음 날이었다. 어떻게 그럴 수 있냐고 말하겠지만, 모유를 많이 나오게 하기 위해서는 어쩔 수 없었다. 오토가 태어났을 때 이스라엘 출신 갈색 머리 간호사에게 내가 제왕절개 수술을 했으니 회복되는 동안 아기를 신생아실에서 하룻밤 돌봐줄 수 있겠냐고 물었다. 간호사는 "밤에 모유를 먹이실 건가요? 데리고 올까요?"라고 물었다. "아뇨, 그냥 분유를 먹여주세요." 나는 아기에게 젖을 물리기는커녕 혼자 화장실도 못 갈 것 같았다. 간호사는 진료기록부를 끄적이며 말했다. "그러려면 의사 선생님이 허락해야 해요. 선생님께 여쭤볼게요."

뭐라고? 언제부터 분유가 불법이었나? 비싼 가격이 불법이라면 모를까, 의사가 내 배에서 4.25kg짜리 아기를 꺼내려고 피부와 근육을 7겹이나 절단한 지 몇 시간도 안 됐는데, 왜 내가 미안해 해야 하지?

다행히 나는 둘째를 낳은 경험 많은 엄마였다. 나는 재빨리 간호사에게 첫째에게도 첫날에 분유를 먹였고, 퇴원하고 나서는 16개월 동안 모유만 먹였다고 말했다. 간호사는 내 말에 수긍했다. 오토는 분유를 먹으며 이틀 밤을 보냈다. 나는 큰 수술을 했고, 집에 돌아가 갓난아기와 2살 반 된 아들을 돌봐야 했기 때문에 이틀 밤을 내리 잤다.

시대에 따라 반복되는 유행, 모유 수유

분유가 왜 이리도 몹쓸 물건처럼 취급받게 됐을까? 모유를 대체하는 것에 관한 필요성은 갑작스럽고 새로운 요구가 아니다. 인류 탄생 이래로 젖을 먹일 수 없었던 엄마들을 대신하기 위해 유모가 있었다.(모세가 유모의 젖을 먹었다는 기록이 성경에도 있다.)[11] 기원전 2000년 전의 신생아 무덤에서는 원시시대의 젖병이 발견되기도 했다.

모유 수유는 지금껏 유행이 반복됐다. 대개 부유한 여성의 선호도에 좌우됐다. 기원전 2000년경에는 모유 수유를 '종교적 의무'로 여겨 그 비율이 상당히 높았다. 서기 950년경에는 지위가 높은 여성들 사이에서 유모를 고용하기 시작했다. 중세에는 모유가 '마법의 물'로 여겨졌고, 엄마가 직접 자식을 먹이는 행위가 성스러운 의무라 평가되면서 유모 고용이 감소했다. 르네상스 시대에는 다시 인기를 잃었다. "귀족 여성들은 모유 수유를 거의 하지 않았다. 당시 모유 수유는 귀족 여성들에게 인기가 없었다. 가슴 모양이 망가질까 걱정했기 때문이다. 모유 수유를 하면 유행하던 옷을 입지 못하고, 카드놀이나 연극 관람 등 사회 활동에 방해가 됐다. 상인이나 법률가, 의사의 아내들도 모유를 먹이지 않았는데, 남편의 사업을 대신 운영하거나 가게를 맡아줄 직원의 임금보다 유모를 고용하는 편이 훨씬 저렴했기 때문이었다." 한 의학 저널의 설명이다.[12]

산업혁명이 시작되면서 농촌에서 도시로 이주하는 가정이 많아졌다. 높은 생활비를 감당하기 위해 가난한 여성들은 일하러 나가야 했고, 모유 수유를 할 수 없게 되어 유모를 고용했다. 그러자 부유한 여성들은 자신의 신분을 과시할 목적으로 다시 모유를 먹이기 시작했다.

신생아를 먹이기 위해 동물의 젖이 사용되기도 했다. '모유가 최고다'라는 말은 모유가 소나 당나귀 등 다른 동물에서 짜낸 젖보다 낫다는 정보에서 비롯되었을지도 모른다. 이 정보는 1760년에 알려졌다.

분유는 1865년에 발명되었다. 그로부터 20년도 지나지 않아 무려 27개의 브랜드가 등장했다. 의사들이 연구를 통해 세균이 어떻게 퍼지는지 알아내자, 부모들은 분유를 냉장 보관하고 병을 깨끗이 씻어 더 안전하게 분유를 수유하기 시작했다. 분유 제조사들은 비타민과 미네랄을 분유에 함유하기 시작했다. 1930년대부터 50년대까지 의사들은 일반적으로 분유(때로는 연유도)를 권장했는데, 이것을 더 정확하게 아이들을 먹일 수 있는 과학적 방법이라 여겼다. 이때 모유 수유는 약 20%로 곤두박질쳤다.

또한 1950년대에는 그리스도교 가정 운동(Christian Family Movement)의 하부조직이었던 가톨릭 주부 단체가 여성의 조산과 노산, 그리고 일상적으로 행해졌던 외음부 절개술을 규탄하기 위해 시카고 교외의 한 건물에 모였다. 이들은 스스로 '라 레체 리그La Leche League'라 이름 지었는데, '레체leche'는 스페인어로 '우유'를 뜻하는 단어였다. 이들은 성경에 나오는 '이브'를 모델로 삼았고, 모유 수유를 '엄마와 아기를 위한 하나님의 계획'이라 불렀다. 이들은 소아 청소년과 의사들이 대개 '잘난체가 심하고 가부장적이며 비판적이고 유익하지 않은' 남자들이라며, 이런 의사들이 엄마가 자신의 몸과 아기를 위해 최선의 결정을 할 자유를 빼앗았다고 말했다.

라 레체 리그는 수년에 걸쳐 사람들의 호응을 등에 업고 발전해왔다. 그들은 1981년에 내놓은 책에서 여성들에게 일하지 말라고 종용했다. "우리는 집 밖에서 일하는 직업을 가질 생각이 있는 모든 어머니에게 '될 수 있으면 하지 말라'고 말하고 싶다." 2004년까지 이 책은 400페이지 이상 내용이 추가되었고, 점점 비판적인 어조가 됐다. "1958년에 나온 초판을 읽으면 마치 대장처럼 굴지만, 엄마다운 조언을 해줄 수 있는 매력적인 친구와 대화를 나누는 기분일 것이다. 하지만 가장 최근에 나온 판을 읽는다면 당신의 선택을 나무라는 의사의 진료실에 갇힌 기분이 들 것이다." 〈애틀랜틱(The Atlantic)〉지의 한나 로신Hanna Rosin이 쓴 글이다. 이 책의 후속판은 별다른 증거도 제시하지 않고 모유를 '질병을 이기는 무기'라고 선전한다.

라 레체 리그를 비난하려는 의도는 없다. 나는 그들이 모유 수유를 하려는 여성들을 돕는 훌륭한 후원 단체가 될 수 있다고 생각한다. 많은 여성이 모유 수유에 관해 도움을 요청하거나 온라인 자료를 통해 조언을 얻었다. 그러나 이 집단의 주장이 특히 여성에게 중요한 판단을 내리는 근거가 될지도 모른다면, 이들의 종교적 뿌리를 알아 두는 것이 중요하다고 생각한다. 점점 더 많은 여성이 직장에 나가고 임신을 지연하거나 조절할 수 있게 되자 이 집단의 어조는 점점 더 비판적으로 변했다. 이는 가부장제의 거센 반발을 불러일으켰다.

수유 방법은 여성의 위상에 따라 변한다

이 장의 요점은 분유를 받들어 모시자는 것이 아니다. 이유식 산업은 세계적으로 87조에 달하는 거대 산업이다.[13] 엔파밀Enfamil 분유를 만드는 회사의 CEO는 2016년에 "노동시장이 커지고 노동 참여율이 높아진 만큼" 급성장하던 모유 수유율이 멈췄다고 주주들에게 말했다.[14] 다시 말해 직장에 나가는 여성이 늘어나는 만큼 모유를 덜 먹이고 분유를 더 많이 구매하는 것이다.

분유는 전 세계에서, 특히 제3세계 국가에서 많은 아기를 죽게 한 마케팅 관행에 일조하기도 했다. 1970년대에 몇몇 언론인이 폭로한 내용을 보면, 네슬레Nestle가 아프리카 시골 지역으로 여성 영업사원을 보내 세련된 서양 여성이 사용하므로 분유가 더 깨끗하고 더 바람직하다고 홍보했다고 한다. 하지만 깨끗한 물을 사용해야 한다는 점과 분유를 적절하게 배합하는 방법을 제대로 알려주지 않아서 아기들이 영양실조에 걸려 죽고 말았다.[15] (지금도 여전히 제3세계 국가에서는 분유로 인해 연간 100만여 명의 아기들이 사망하는 것으로 추정된다. 부모들은 분유가 너무 비싸서 아끼려고 충분한 양을 타지 않거나 오염된 물에 섞는다.)

분유 제조사들은 병원도 잠식하기 시작했다. 1975년 시밀락Similac의 모기업은 영업 지침에 "특정 분유 브랜드를 먹다가 퇴원한 아기 100명 중 약 93명이 해당 브랜드의 제품을 계속 먹는다. 이로써 병원이 중요한 영업 대상이라는 사실이 명백해졌다."라고 기재했다. 이 회사는 1974년에 시립 병원을 퇴원하는 모든 가족에게 시밀락 하루치를 무료로 공급하는 계약을 체결했다.[16]

1980년대 후반 인구 조사 자료에 따르면, 미국 역사상 처음으로 집에서 아기를 키우는 여성보다 직장에 나가 일하는 여성이 많아졌다.[17] 나는 이 현상을 머피 브라운 효과라고 부르고 싶다. 당시 (회당 약 7천만 명 이상이 시청한) 〈머피 브라운Murphy Brown〉이라는 시트콤이 처음 방영되었기 때문이다. 이 시트콤의 주인공 머피 브라운은 일하는 여성을 상징하는 인물이었다.[18] 같은 시기에 모유 수유의 건강상 이점을 보여주는 연구들이 등장하기 시작했는데, 영아 돌연사 증후군(SIDS)과 천식의 발병률이 약간 낮았고 IQ는 높았으며 엄마에게서 아기로 전해지는 항체가 더 강해졌다. 1980년대는 모유 수유가 그리 인기를 얻지 못했기에 이러한 연구들이 등장한 것은 의외였다.

이후 한 의학 저널은 모유 수유 연구의 급증을 직장으로 돌아가는 과정에서 사회적으로 힘이 세진 여성들의 반발과 연관 지었다. 이어 "몇 년 전만 해도 모유 수유의 건강상 이점들이 힘을 얻지 못했고, 합성 분유가 인기를 끌었다. 최근에야 예전 방식으로 돌아가 모유 수유를 하자는 주장이 나오기 시작하고, 아기를 먹이는 '자연적' 방법과 '인공적' 방법이 대결하는 구도 아래에서 모유 수유를 촉진하기 위해 보건 전문가들이 나서게 되었다." 2001년에 발표된 〈영양학 저널(Journal of Nutrition)〉은 이렇게 언급했다.[19] "같은 세기 동안 우리는 여성의 역할과 수입, 교육 수준, 출산 관행 등이 문화적, 사회적, 기술적으로 과감하게 변화한 과정을 목격했다."(나도 인류학자로서 이 학술지에 한마디 보탰다. "여러 문화가 우리의 데이터 안에 스며들어 있다.")

오늘날 모유 수유는 다시 한번 부유한 여성들 사이에서 신분을 과시하는 목적으로 사용된다. 〈애틀랜틱〉의 글로벌 뉴스 네트워크 〈쿼츠 미디어Quartz Media〉에서 보도한 것처럼, 경제적 여유가 있는 중산층이라면 약 100만 원짜리 아기 침대에 돈을 펑펑 쓸 수는 있겠지만, 의사들이 권장하는 모유 수유 기간인 6개월에서 12개월 동안 아이에게 모유를 먹일 시간적 여유는 없을 것이다.[20] "이 사회가 정한 유아의 바람직한 영양 기준을 맞추기란 너무도 어렵다. 가난한 부모는 꿈도 못 꾸는 실정이다." 〈쿼츠〉의 설명이다. 실제로 중위소득이 가장 낮은 주가 모유 수유율도 가장 낮다.

현실이 이런데 아직도 모유 수유가 공짜라고 말하거나, 적어도 평균 연간 분윳값인 200만 원보다 훨씬 싸다고 말하는 연구들이 있다. 그러나 이것이 전부가 아니다. 모유 수유를 하는 데 드는 여성의 시간 가치도 고려해야 한다. 〈쿼츠〉는 주당 50시간을 일하고 연봉이 7,500만 원인 여성 1인당 모유 수유의 비용을 약 1,700만 원 정도로 추산한다.[21] 권장 수유 기간인 6개월 이상 모유 수유를 한 여성들이 5년 후 더 낮은 급여를 받는다는 것을 발견한 연구가 있다.[22] 나는 이 연구를 진행했던 오타와 대학교 사회인류학 부교수 필리스 리피Phyllis L. F. Rippey와 통화를 해보았다. 수화기 너머로 들리는 그녀의 목소리는 매우 상냥했다. 리피 박사는 요점을 정확히 짚어냈다. "6개월 이상 모유를 수유하는 여성, 그러니까 자신은 모유 수유를 해야 한다고 생각하는 여성들은 직장을 그만둘 확률이 높아요. 그래서 시간이 지날수록 소득이 낮아지죠. 생각보다 훨씬 큰 부담이 될 거예요." 리피는 이 연구가 오로지 모유 수유만 하는 여성들만 대상으로 한 것이 아니라는 점을 분명히 밝혔다. 모유와 분유를 병행한 여성들도 포함되었다.

"사람들은 모유가 공짜라고들 하죠. 그런데 그게 정말 공짜일까요?" 리피가 말을 이었다. "모유 수유에 관한 정책들의 상당 부분이 현실을 솔직히 말하지 않으면서 여성을 설득하는 데만 급급해요. 솔직히 말해 버리면 아무도 모유 수유를 하지 않을까봐 걱정하는 거죠. 그래서 모유 수유를 하지 않으면 아이의 IQ가 낮아지고, 만성 질병에 걸려 죽을 수도 있다는 공포 분위기를 조성해 여성들을 설득하는 거예요. 하지만 그런 일은 일어나지 않아요."

다음 단계는 부모의 '열망'을 건드리는 것이다. "저는 저소득층을 위한 병원에서 일했어요. 그곳에는 '모유를 먹이면 아이가 더 똑똑해지고 날씬해집니다.'라는 문구가 적힌 포스터가 걸려 있었죠." 수유 분야를 전문적으로 다루는 가정의학과 의사 카챠 로웰Katja Rowell이 말했다. "이건 '모유 수유를 하지 않으면 넌 나쁜 엄마고, 네 아기는 뚱뚱하고 멍청할 거야.'라고 말하는 거나 마찬가지죠. 엄마의 자괴감을 이용하고, 사회적 불평등이나 특권 같은 각자의 서로 다른 현실을 인정하지 않습니다. 이처럼 선택권이 부족하기에 엄마들은 답답함을 느낄 수밖에 없습니다. 미국 엄마들의 4분의 1이 출산하고 겨우 2주 뒤에 직장으로 돌아가야 하는데, 그러면 어쩔 수 없이 다른 누군가가 젖병을 들어야 할 겁니다."

누가 모유를 먹었는지 구분이 안 된다니까!

당신이 분유를 먹이기로 했다면 안심해도 좋다. 당신은 혼자가 아니다. 미국 여성의 75%가 첫 6개월 동안 오로지 모유만 먹이지 않는다. 모유

량이 부족한 여성들도 있다. 모유 수유 자체가 싫은 여성도 있을 것이다. 그래도 모두 문제없다.[23]

마리안느는 누구와도 두려움 없이 대화를 나눌 수 있는 여성이다. 그녀는 하워드 스턴의 인턴으로 일을 시작했고 수년간 그와 함께했다. 마리안느는 막 임신했을 때부터 모유 수유를 하고 싶지 않았다. "이상하게도 저는 모유 수유를 한다고 해서 아기와 유대감이 생길 것 같지가 않았어요. 마흔두 살 늦은 나이에 아기를 낳았으니까 제 몸도 돌봐야 한다고 생각했죠. 저는 제대로 자야 하고 우울증에도 잘 걸리는 스타일이에요. 그래서 뭐든 참고 싶지 않았고 고통과 수면 부족에 시달리고 싶지도 않았어요. 내 아기를 잘 돌보려면 내가 행복해야 하는 거예요. 내가 우울하면 다 끝이죠."

출산 전에 그녀는 분유에 관해 알아보았고 의사에게 자신의 결정을 말했다. "저는 분유를 먹고 자랐어요. 형제들, 친구들도 그랬죠. 하지만 우리는 모두 똑똑하고, 다들 한 자리씩 하고 있어요. 그러니까 모유든 분유든, 결국에는 별일 아니라고 생각해요."

마리안느는 병원에 입원했을 때 꽤 운이 좋은 편이었다. "나흘이나 입원했는데 제 병실에 다른 환자가 아무도 없었어요. 강이 보이는 창문도 있었고요." 그러나 아기는 별로 운이 좋은 편이 아니었다. "제 아기는 태어나자마자 황달이 있어서 신생아집중치료실로 가야 했지만, 차라리 그게 나았어요. 제왕절개를 했기 때문에 아파서 제대로 젖도 못 물렸을 테니까요."

마리안느와 남편은 딸에게 무엇을 먹이느냐 고민하는 대신 그 힘겨운 출산 직후 며칠을 잘 보내는 데 집중했다. "친정엄마는 돌아가셨고 주위에 도와줄 사람은 없었어요. 그래서 남편에게 아이를 먹여달라고 부탁했죠. 덕분에 잠을 푹 자고 회복할 수 있었어요." 몇 달 후에도 마리안느는 딸에게 분유를 먹인 자신의 결정에 '100%' 만족한다고 했다. "제 딸은 똑똑하고 예쁜 까불이에요. 분유를 먹인 덕에 저도 그동안 잘 쉬었죠."

마리안느는 모유 수유에 대한 압박감을 전혀 느끼지 않는다. "사람들이 뭐라고 하겠지만, 전 아무 상관없어요. 저는 마흔셋이에요. 내가 원하는 게 뭔지, 왜 분유를 선택했는지 제가 제일 잘 알죠". 마리안느가 말을 이었다. "사람들은 모두 자신만의 생각이 있어요. 솔직히 저는 의사 외의 그 누구에게도 제 결정이 옳은지 물어보지 않았어요. 사람들은 그저 오지랖을 부리는 거였죠. '그냥 한번 해봐! 해봐야 해!' 이런 말을 가장 많이 들었어요. 그때마다 저는 싫다고 말했고, 그게 다였어요. 나에게 무엇이 최선인지 남들은 몰라요. 나 자신만이 아는 거죠."

엄마에게 모유 수유를 강요하는 분위기를 조성하는 불편한 의사도 있다. "저는 아이의 건강에 문제가 생길 때마다 정말 분유 탓을 하고 싶지 않아요. 아기의 생명이 위태로울 때마다 분유가 위험한 것이라서 그렇다고 말하는 것 자체가 정말 위험한 발상이라 생각합니다." 로웰 Rowell 박사의 말이다. 투테우르 박사도 그의 말에 힘을 실었다. "모유 수유를 한 아기들은 모두 살아남았다는 것처럼 말도 안 되는 거짓말을 하는 것이 문제입니다. 모유 수유만 하는 사회의 사망률은 어마어마한 수준이니까요."

예를 들어 모유를 충분히 먹지 못해 탈수 증세를 보이는 아기들은 황달에 걸릴 확률이 높다. 황달은 치료하지 않고 내버려 두면 극히 드물게 핵황달(Kernicterus, 중증의 신경 증상을 가진 신생아에게서 볼 수 있는 황달-옮긴이)로 진행될 가능성이 있고, 이로 인해 뇌 손상과 사망에 이를 수 있다. 다시 말하지만 이런 일은 극히 드물다. 그렇지만 분유를 멀리하고 모유만 먹인다고 해서 아기의 건강에 문제가 생기지 않을 거라 여기면 안 된다.

모유 수유를 하기로 한 것을 스스로 자랑스러워 하지 말라는 뜻이 아니다. 단, 중요한 것은 모유 수유를 할 수 없거나 하지 않는다고 비난해서는 안 된다는 것이다.

아기에게 모유를 먹여야 한다는 압박감에 시달렸던 부모들은 아기가 한 살이 되고 나면 완전히 상반된 말들을 듣기 시작한다. 모유 수유를 더 하려고 하면, "그만하면 됐어요. 이제 탱탱했던 예전 가슴으로 돌아가야죠!"라는 식의 조롱 섞인 말을 듣는다. 하지만 한편으로는 아이에게 오랜 시간 자신을 온전히 바친 성자라며 찬양과 칭송을 받는다.

좋은 예가 있다. 2012년에 〈타임〉지의 커버에는 젊은 금발의 엄마가 세 살배기 아들을 돌보며 발판 위에 서 있는 사진이 실렸다. 그 위에는 이렇게 씌어 있었다. '당신은 충분히 엄마다운가?' 그러나 그 사진 속 엄마, 제이미 린 그루밋Jamie Lynn Grumet은 2016년 〈맘닷컴(Mom.com)〉에 이런 글을 올렸다.[24] "이 사진은 지금까지도 참을 수 없이 화가 나고 부끄러운 사진이다. 내 사진이 저렇게 받아들여질 줄은 몰랐다. 전혀 모르는 사람들이, 심지어 언론인들까지도 내게 그런 분노와 빈정거림, 왜곡 섞인 반응을 보일 거라고는 꿈에도 생각하지 못했다."

모유 수유를 둘러싼 전쟁은 나이나 부의 수준을 벗어나 지역, 심지어 국가 전체의 문제가 되었다. 수유 방식을 결정하는 주체는 이제 개인이 아닌 사회가 되어 정치적 논쟁거리가 되었다. 한 엄마가 월마트 탈의실에서 모유 수유를 했다고 쫓겨난 사건이 발생한 이후, 엄마들이 월마트에 모여 시위를 벌이고 있다. 젊은 여성들은 사람들 앞에서 모유를 수유하는 행위가 천박하다고 생각하는 고지식한 사람들 때문에 수치심을 느낀다.(페이스북도 한때 모유 수유 영상을 금지한 적이 있다. 참수 장면이 담긴 동영상은 그대로 뒀으면서.) 많은 여성(특히 밀레니얼 세대와 유명인사들)이 #겸손한자랑쟁이(#humblebrag)라는 해시태그와 함께 소셜 미디어에 모유를 수유하는 사진을 게시하며 아직도 모유 수유를 신분 과시의 수단으로 삼고 있다. 어떤 방식을 선택했든 죄책감을 떨쳐버리고 밀고 나가면 된다. 그런다고 여러분이 아이를 해치지 않는다. 30년 동안 시골 고등학교 교사로 일하고 있는 내 이모는 이렇게 말한다.

"내 학생 중에서 누가 모유를 먹고 자랐는지 전혀 구분이 안 돼."

#당당한육아를위하여 실천하기

깨끗한 물을 쉽게 구할 수 있고 분유를 타는 방법도 쉽게 알 수 있는 이 사회에서 부모들이 분유 수유로 수치심을 느껴야 할까? 결코, 그렇게 돼서는 안 된다. 모유 수유가 여러분에게 맞는 방법이라면 모유 수유를 하면 된다. 그러나 여러분의 아이가 천식과 비만에 시달리거나 멍청해질까봐 억척스럽게 모유 수유를 견뎌내고 있다면, 멈춰야 한다. 태어날 때부터 먹었든, 모유량이 적어서든, 분유를 먹였다는 사실에 조금이라도 죄책감을 느껴서는 안 된다. 모유든, 분유든, 아니면 둘 다 먹이든 간에, 우리가 아이들을 먹이고 있다는 사실이 중요하다.

4장

수면 교육, 원하는 대로 해라
울다가 잠들었다고 아이의 삶이 망가지지 않는다

우리 부모가 가장 스트레스를 많이 받고 좌절을 겪는 도전은 우리의 소중하고 보물 같은 아기를 재우는 일이다. 나쁜 소식부터 말하자면, 모두에게 다 적용되는 해결법은 없다. 좋은 소식은? 선택할 수 있는 몇 가지 방법이 있는데, 그중 어떤 방법을 선택하더라도 아이를 망치지 않는다는 사실에는 변함이 없다는 것이다. 힘내자!

나는 산발이 된 머리로 꽥꽥대는 아기가 탄 유모차를 끌고 비틀거리며 카페에 들어가 가장 큰 사이즈의 라떼에 시럽을 더 넣어 달라고 주문하는 기분이 어떤 건지 너무 잘 알고 있다. (아기와 교감을 하라고? 아이고, 그럴 땐 눈도 마주치기 싫다. 진짜 말 그대로 만사가 다 귀찮다.)

그런가 하면 저녁 7시에 아기를 잠자리에 눕히고 잔에 맥주를 가득 담아 남편 브래드와 함께 뒷마당에 앉아서 흐뭇하게 일몰을 지켜보는 기분도 알고 있다. 잠든 아기를 깨우지 않으려고 말은커녕 쳐다보지도 않는다. 그래서 아기가 아침까지 잠에서 깨지 않고 푹 자면 육아를 완전히 정복한 기분이 들었다. 어쨌든 그 순간에는 말이다.

이 장에서는 《우리 아기 밤에 더 잘 자요(No Cry Sleep Solution)》라는 책에서 소개한 울리지 않는 수면 교육부터 악명 높은 '소거법(일명 통곡의 밤)'까지 유명한 수면 철학들에 관해 이야기하려고 한다. 나는 각 수면 교육법의 이면에 숨겨진 이야기를 아낌없이 이야기할 것이다. 또한 다양한 수면 교육을 시도해본 여러 가족의 사연을 소개하고, 앞서 말했던 대로 밤새도록 아이들을 푹 재우고 맥주를 마실 수 있게 된 비법도 공유하려고 한다.

한번 수면 교육 방식을 선택했으면 여러분과 가족들의 정신 건강을 해쳐도 절대 교육 방식을 바꾸면 안 된다는 이상한 소문이 있다. 그 방식이 전혀 효과가 없더라도 말이다. 이러한 근거 없는 소문은 방식을 바꾼다면 아이에게 큰 혼란을 주고 돌이킬 수 없을 정도로 상황을 악화시킬 것이라는 믿음을 전제로 한다. 애착 육아가 중요하다고 믿는 사람들은 아기를 침실에서 몇 분 동안 계속 울리면 아기 스스로 생명을 보호하기 위해 사고를 멈춰버리는 '셧다운 증후군(shut down syndrome)'이 생긴다며 우리를 혼비백산하게 한다. 반대로 시어머니는 아이를 너무 많이 안아주면 버릇이 나빠진다는 경고를 한다. 수많은 이들이 이 방법, 저 방법을 강요하는 세상에서 당신은 너무 지쳐 정답 찾기를 포기하게 되고, 가장 믿을 만한 마음의 소리조차 결국 들을 수 없게 되어버릴 수도 있다.

진실은 이렇다. 많은 전문가가 각기 다른 이론을 주장하지만, 모든 사람에게 똑같이 효과가 있는 방법은 없다. 반드시 어떤 방식을 선택해야 한다는 부담감을 느낄 필요는 없지만 효과가 있는 방법은 분명히 있고, 그것을 찾는 데는 시간이 걸릴 수 있다. 그리고 그런 과정 때문에 아이가 잘못될 일은 없다.

자신이 실천 가능한 수면 교육법을 찾아라

이제 아이를 가장 많이 울려야 하는 방식부터 거의 울리지 않는 방식 순으로 몇 가지 수면법에 대해 설명하겠다.

★소거법(울게 내버려 두기): 소거법(Extinction)은 오후 7시에 문을 닫고 다음 날 아침 7시까지 아무리 울어도 내버려 두는 방식이다. 이 방식의 장점은 며칠 만에 익숙해진 아이가 마법처럼 잠을 자게 되고, 여러분도 잠을 좀 잘 수 있게 되어 다시 인간이 된 기쁨을 느낄 수 있다. 단점은? 이 방식을 주장하는 소아과 의사 미셸 코헨Michel Cohen마저도 "처음 사나흘 동안은 매우 힘들고 가혹한 밤을 보낼 각오를 단단히 해야 한다." 라고 경고한다.[1] 이 방식에 반대하는 이들은 8개월 된 아기가 울 때 혼자 내버려 두면 '독성 스트레스(toxic stress, 정신적, 신체적으로 악영향을 미치는 스트레스로 독성을 가지고 있으며, 아동기에 가해지는 독성 스트레스는 뇌와 다른 장기의 발달을 더디게 한다-옮긴이)'가 생성된다고 한다.[2] 이 장의 후반부에서 자세히 다루겠지만, 소위 전문가로 불리는 그들은 종종 왜곡(루마니아의 불쌍한 고아들처럼)됐거나 관련성이 없는 연구를 근거로 제시하며 이러한 주장을 한다. 그렇다고 소거법이 정답이라는 말이 아니다. 특히 이 방식이 오히려 부모들에게 '독성 스트레스'를 유발한다면 더더욱 정답이 될 수 없다. 그러나 아이가 울어댈 때 방으로 뛰

쳐 들어가 안아주지 않으려면 엄청난 의지와 와인 한 병이 통째로 필요하다 할지라도, 이 방식은 내 아이들을 밤새 잘 재우기 위해 내가 가장 자주 썼던 방식이다. 시카고에 사는 엠마는 "우리는 그냥 문을 닫은 채 아들이 스스로 상황을 깨달을 때까지 내버려 뒀어요. 몇 주가 걸렸지만 지금은 잠자기 챔피언이죠. 이제 밤에는 우리만의 시간을 가질 수 있게 됐어요! 다시 수면 교육을 해야 한다고 해도 항상 소거법을 선택할 거예요."라고 말하면서 딸은 아침 9시까지 잔다고 덧붙였다.

★베이비 와이즈Baby Wise 방법: 만약 당신이 비즈니스 정장을 즐겨 입고 '사고방식을 바꾸자.'라는 말을 좋아하는 합리적인 사람이라면, 개리 에조Gary Ezzo와 로버트 버크남Robert Bucknam이 공동 집필한《현명한 아기로 키우기(On Becoming Baby Wise)》에서 제안해 많은 인기와 논란을 동시에 받은 이 수면 교육법이 말하는 몇 가지 요점을 찾아낼 수 있을 것이다. 이 책은 유아를 키울 때 반복해야 하는 세 가지 일을 수유 시간, 깨우기 시간, 낮잠 시간으로 나눠 육아 초기에 부모가 겪는 혼란을 정리하는 데 조금은 도움이 된다. (이렇게 스스로 물어볼 수 있다. "내가 수유를 했던가? 맞아. 아기가 잠깐 깼었나? 맞아. 좋아, 그럼 이제 졸릴 때가 됐으니 낮잠을 재워봐야겠어.") 이 책은 생후 7~9주에는 최대 8시간, 3개월쯤에는 11시간을 잘 수 있다고 보장하며 부모를 유혹한다. 그러나 부모가 만든 '본인 중심의 세세한 일정표'에 따라, 아기를 돌보는 이 방식은 신생아를 '관리'의 대상으로 본다는 점에서 적절한 육아법이 아니라는 생각이 들었다. 아무리 좋게 봐주려고 해도 이 주장은 신생아 육아에 있어서 너무 비현실적이고, 최악의 경우 아기들을 영양실조의 위험에 빠뜨리게 된다. 베이비 와이즈는 원래 기독교인 부모를 위한 육아

지침서였다. "낮에는 하느님의 명령을 받들고, 밤에는 편안히 재워라."
종교는 부모에게 불안감을 심어주려는 전문가들이 사용하는 하나의 수
단이다. 어디에나 신의 뜻이라는 말만 갖다 붙이면 옳은 것으로 느끼는
효과가 있어서 전문가들은 이 방법을 자주 써먹는다. 하지만 미주리 주
에서 세 살과 다섯 살 난 아이들을 키우는 줄리는 이 방법을 완전히 신
뢰하고 있었다. "우리가 아이들을 방치한다고 생각할지 몰라도 저는 다
시 선택하라고 해도 백퍼센트 이 방법을 쓸 거예요. 친구들에게도 많이
추천했어요. 저는 쉽게 복직할 수 있을 줄 알았지만, 한밤중에도 일어
나야 했고 잠을 제대로 못 자서 정상적인 생활도 할 수가 없었죠. 직장
동료나 친구들, 친척들에게 아직도 밤새 여러 번 깬다는 무시무시한 이
야기를 들었어요. 심지어 다 큰 애들도 그런대요. 저도 쉽지만은 않았
지만 잘 해냈고 지금은 둘 다 정말 잘 자요." 줄리는 웃으며 이렇게 말
했다.

★퍼버Ferber법: 리처드 퍼버Richard Ferber 박사의 조언은 부모들 사이에
서 많은 인기를 얻었다. 그의 이름은 하나의 대명사가 되었을 정도다.
아이를 어린이집에 데려다주며 보육교사에게 "우리는 아이를 퍼버화
(Ferberized) 했어요."라고 속삭이는 부모도 있다. 기본적으로 퍼버법은
밤에 아기가 깨어 있는 시간과 수유 횟수를 점차 줄이는 방식이다. 수
면 의식을 시작으로 아기를 침대에 눕히고 아기가 졸려 하면 잠들기 전
에 방에서 나오는 것이다. 아기가 그대로 잠들면 성공이다. 그러나 아
기가 울면 5분간 기다리고 나서 들어가 안심시켜주되 안으면 안 된다.
그리고 다시 방을 나간다. 아기가 또 울면 이번에는 10분의 시간 간격
을 두고 들어가서 달래준다. 이후부터 15분, 20분 등 시간 간격을 늘린

다. 이런 식으로 계속 아기를 안심하도록 도와주면 결국 아기는 스스로 진정하는 법과 자는 법을 배우게 될 거라고 주장한다. 다양한 자격증을 가진 퍼버 박사는 솔직하고 합리적인 조언을 한다. "아기들은 융통성이 매우 좋다. 다양한 환경에서도 잠을 잘 수 있으며 심지어 굉장히 잘 잔다." 퍼버 박사의 말이다. 나는 이 방법으로 우리 아이들을 재울 수 있길 너무나도 바랐다. 강인한 사랑과 지지가 완벽하게 조화된 멋진 방법 같았다. 하지만 14주 된 에버렛에게 이 방법을 썼더니 기대와는 정반대의 결과가 나왔다. 평온한 목소리로 다독였지만 에버렛은 잠들기는 커녕 더 목청 높여 울어댔고, 나에게 "내가 울고 있는데 왜 안 안아주는 거야!"라고 소리치는 것 같았다. 10분이 지나서 나는 다시 방으로 들어갔다. "안아줘, 엄마!" 15분이 지나면 괜찮아지겠지. "엄마가 밖에 있는 걸 알아! 계속 지긋지긋하게 울 거야!" 그렇게 며칠 밤을 보낸 후 남편과 나는 심한 수면 부족과 불안감에 결국 퍼버법을 포기하고 '소거법'을 선택하게 됐다. 소거법을 시작한 후로 에버렛은 밤새 잘 자기 시작했다. 그렇다고 해서 퍼버법이 다른 이들에게도 효과가 없다는 말은 아니다. 프리랜서로 일하며 두 아이를 키우고 있는 앤은 "정확하진 않지만 3일 정도 걸렸던 것 같아요. 아이가 처음엔 한 시간을 울다가 45분, 10분, 이렇게 우는 시간이 점차 줄어들었죠. 아이가 5개월 무렵이었을 거예요. 하지만 문제는 잠버릇이 점점 나빠지더니 밤을 무서워하게 되고 자는 시간을 두려워하게 돼버리는 바람에 애가 좀 커서 그 시기가 지날 때까지 수면 훈련은 전혀 시킬 수 없게 됐죠."라고 말한다.

★12시간씩 12주 훈련법(12 Hours by 12 Weeks): 이 방법은 《아기 재우기 해결법(The Baby Sleep Solution)》이라는 책에 나오는 방법이다. 수면

코치 수지 지오다노Suzy Giordano가 리사 아비딘Lisa Abidin의 도움을 받아 이 책을 공동 집필했는데, 지오다노는 친구의 세쌍둥이가 낮잠과 밤잠을 규칙적으로 잘 수 있게 도와주면서 전문가의 길을 걷기 시작했다. 다섯 아이의 엄마인 지오다노는 부모가 아기가 태어난 후 8주 동안은 평소 아기의 식사와 수면, 휴식 일정을 기록하고 그것을 바탕으로 아기를 보살펴야 한다고 생각한다. 예를 들어 아기가 평상시보다 일찍 먹고 싶어 하면 정해진 식사 시간이 될 때까지 다른 곳으로 주의를 돌려야 한다. 그녀는 낮 동안의 수유 일정이 정확해지면 밤잠에 집중하라고 말한다. 그녀는 "부모들은 자녀의 울음에 겁부터 냅니다. 울음은 그저 하나의 의사 표현 방법일 뿐이죠. 한발 물러나서 지켜봐야 할 때도 부모들은 달려가 문제를 해결해주려고 해요. 물론 내가 아기를 좀 울려도 된다고 했지만 그렇다고 무작정 우는 아기를 내버려 두면 안 됩니다. 항상 사람들에게 우는 아기를 방치하지 말라고 말해요. 보호받지 못하고 있다는 느낌을 강하게 받을 때 아기들은 발작을 일으킬 수 있어요. 아기들이 무엇을 해야 하는지 전혀 갈피를 잡지 못하고 있을 때는 부모가 개입하여 도와줘야 합니다. 그래서 아기가 발작을 일으키면 들어가 진정시킨 뒤 다시 시도하고, 다시 진정시키고, 마침내 아기가 '아, 이제 내가 뭘 하면 되는지 알겠어.'라고 말하듯 적응할 때까지 반복해야 합니다."라고 말한다.[3] 캔자스에서 자란 크리스티는 이 방법이 아들을 잘 자게 하는 데 큰 도움이 됐다며 "우리는 목표까지 하루에 12시간씩 12주 동안 이 방법을 따라 했는데, 10주쯤 되자 아이가 밤새 깨지 않고 자고 있었어요. 아이가 처음으로 푹 잔 날이 밸런타인데이였는데, 이게 제가 받아본 최고의 선물이었죠."라고 말한다.

★엘리자베스 팬틀리Elizabeth Pantley의 《우리 아기 밤에 더 잘 자요》: 팬틀리의 방법에는 여러 단계가 있다. 아기를 안고 잠들기 직전까지 부드러운 목소리로 격려의 말을 속삭이면서 시작한다. 그런 다음 계속 속삭이면서 아기를 침대에 눕히며 천천히 팔을 빼고 방에서 나가 문밖에서 계속 따뜻한 말을 해주면 된다. A형이거나 낮잠부터 자기 전까지의 일상, 그리고 밤잠까지, 아기의 모든 것을 기록하는 꼼꼼한 사람이라면 이 방법을 즐길 수도 있다. 아기에게 빛과 어둠의 차이를 가르칠 때 전등을 켜고 끈다거나, 울음을 터뜨렸을 때 다정한 말을 속삭여 주는 것은 울게 내버려 두는 것보다 더 '차분한 대안'이라고 할 수 있다. 팬틀리는 이 방법이 '빠른 해결법'은 아니라고 시인했는데, 실제로도 매우 긴 시간이 필요해 보인다. 나는 이 방법을 "애착 육아의 라이트 버전'이라 부른다. 팬틀리와 애착 육아의 아버지라 불리는 시어스Sears 박사의 견해가 거의 일치한다는 사실은 이미 많이 알려져 있다.

★애착 육아(Attachment Parenting) 방식: 이 방식을 선택한다면 아기뿐만 아니라 다른 자녀들까지 다 데리고 함께 커다란 패밀리 사이즈 침대에서 잠을 자야 한다. 애착 육아의 창시자인 의사 윌리엄 시어스William Sears는 1992년 아내 마사Martha와 함께 《더 베이비 북The Baby Book》을 집필했는데, 이 책은 18개 언어로 번역되어 세계 각국에서 150만 부 이상이 판매되었다. 이 책 덕분에 시어스 부부는 유명해졌다. 두 사람의 세 아들도 모두 의사이다. 시어스 가족은 소거법을 노골적으로 비판한다. 마사는 〈타임〉 지와의 인터뷰에서 그렇게 울다간 아이한테 정신질환이 생길 수도 있다고 했으며 윌리엄 박사는 우는 시간이 길어지면 아이의 뇌가 손상된다고 말했다.[4] 그냥 시어스의 방식은 '아이를 재우는 방법'

이 아니라 '밤에 하는 육아'라고 생각하는 게 타당하다. 또한 애착 육아는 기본적으로 아이를 절대 울려선 안 된다고 믿는데, 이에 관해선 이 장의 뒷부분에 더 자세히 이야기하겠다.

울지 않는 아기라니, 정말 완벽하게 들리지 않는가? 그러나 그 이면에는 엄마가 그만큼 희생을 해야 한다는 의미가 숨어 있다. 자신의 시간을 전혀 갖지 않고 24시간 내내 아기만 돌보고 있어야 가능한 얘기다. 어떤 사람들은 쉽게 이 말에 현혹된다. 그중 한 명이 베스이다. 베스는 '소거법'이 자신의 모든 본능을 거스르는 육아법이라고 말한다. "애착 육아는 정말 힘들어요. 첫 한 해에는 젖을 먹이려고 두 시간에 한 번씩 일어났어요. 하지만 또 해야 한다면 똑같이 할 거예요." 그녀의 딸은 이제 열 살이 되었지만 여전히 악몽을 꿀 때면 엄마를 깨운다. 베스는 "그럴 때마다 아이 방에 가서 함께 누워요. 짜증이 날 때도 있지만 그 순간도 소중하게 여기려고 노력하죠. 언젠가는 끝날 일이고, 그러면 그 짜증스럽던 시간도 그리울 테니까요."라고 말했다.

분명한 사실은 어른과 아이가 한 침대에서 함께 자면 아기한테 극히 위험할 수 있기에 소아과 의사들이 만든 모든 단체는 공식적으로 아이와 함께 자지 말라고 권장한다. 술을 먹고 아기와 함께 잔다거나 하는 행위는 그 위험을 증가시킨다. 그러나 많은 부모가 피곤해서 재우다가 같이 잠들어버렸다든가, 혹은 그게 더 자연스럽다는 이유로 아기와 함께 잠을 잔다. 그러니 애착 육아를 결정했다면 조심해야 한다. 아기의 몸에 엉킬 수 있는 담요가 있는지 확인하고, 아기가 질식할 위험이 없도록 너무 푹신한 침대를 피하고 침대와 벽 사이에 틈은 없는지, 어디든 아기가 구르다가 빠질 만한 곳은 모두 보완해야 한다. 침대 옆에 같은 높이의 아기 침대를 붙여두는 방법도 좋다. 다시 한번 강조하지만 정말 철저하게 확인해야 한다. 아기가 굴러도 괜찮을 만큼 안전하다면 아기와 함께 잘 수 있는 좋은 방법이다. 미주리 주에 사는 두 아이의 엄마이자 초등학교 교사인 미셸은 "저는 제 딸이 엄마를 찾으며 우는 소리를 도저히 참을 수가 없었어요. 그래서 애가 더는 아기 요람에서 잘 수 없을 만큼 컸을 때부터 남편의 도움을 받아 아이와 함께 잤어요. 모유 수유를 오래 했던 우리에게는 좋은 방법이었어요. 딸아이는 세 살까지 우리와 함께 잤어요. 우리는 아이가 잠을 잘 자야 한다는 것을 잘 이해할 수 있게 됐고, 엄마 아빠가 늘 곁에 있다는 걸 안다고 생각했어요. 그래서 바로 잠든 날이나 밤새 깨지 않은 날에는 작은 선물을 주기 시작했죠. 아이는 이제 4살 반이에요. 3개월 된 둘째는 요람 안에서 우리와 함께 잡니다. 좀 더 크면 아기 침대도 써보겠지만, 결국 함께 같은 침대를 쓸 거란 예감이 들어요. 제 딸과 같은 침대에서 잠으로써 애착을 형성이 더 잘됐죠. 함께 자길 정말 잘한 거 같아요."라고 말했다.

이 외에도 수면 교육을 할 수 있는 방법은 많다. 아기를 달래는 방법도 얼마든지 있다. 나는 하비 카프Harvey Karp 박사가 지은 《엄마, 나는 아직 뱃속이 그리워요(The Happiest Baby on the Block)》라는 책을 가장 좋아하는데, DVD나 VOD로도 제작되어 있어 잠이 부족한 부모에게 많은 도움이 된다. '2-3-4 방법'은 오토가 태어날 무렵에 블로그 사이에서 갑자기 주목받기 시작했는데, 당신의 일과를 간단하게 정리하는 방법을 알려준다. 신생아가 아침에 일어나면 2시간 후에 첫 낮잠을 재우고, 또 일어나면 3시간 뒤 두 번째 낮잠을 재운다. 그리고 또 일어나면 4시간 뒤에 밤잠을 재우는 방법이다.

'하나님의 방식'이라는 애착 육아의 진실

윌리엄 시어스 박사는 1982년에 펴낸 《창의적인 육아법(Creative Parenting)》에서 '애착 육아론'을 소개했고, 이 육아법은 사회에 큰 반향을 일으켰다. 그리고 오늘날 많은 부모가 지친 몸을 이끌고 애착 육아를 하고 있다. 소거법같이 울게 내버려 두는 방식을 썼다가 죄책감을 느끼고 애착 육아로 돌아서는 부모도 있다. 소아과 의사인 시어스와 간호사이자 라 레체 리그를 이끄는 아내 마사는 애착 육아를 '헌신적인 모성애'라고 부르기도 한다. 그러면서 엄마들에게 유모차 대신 아기 띠를 사용하고 아기와 한 침대를 쓰며(동침) 직장을 그만두고 아이가 원하는 만큼 오래 모유를 먹이라고 조언했다.

시어스의 흥미로운 이론들은 우리에게 그의 조언을 따르지 않으면 좋은 부모가 될 수 없으며, 특히 가족과 함께하는 시간에 최선을 다하지 않으면 안 된다는 생각을 들게 한다. 그리고 모유 수유, 함께 자기, 직장 그만두기가 누구에게나 쉽게 내릴 수 있는 결정은 아니기에 소수의 사람만 누릴 수 있는 특권처럼 느껴지기도 한다.

종교학과 여성학 교수인 신시아 엘러Cynthia Eller는 애착 육아 방식을 시도하면서 느꼈던 비참한 마음을 자세히 써 내려간 에세이를 〈브레인, 차일드 매거진Brain, Child magazine〉에 기고했다.[5] 그녀는 "'자연주의(라고 쓰고 '올바르게'라고 읽는)' 육아에서 말하는 '제대로 보살핌을 받는 아기는 절대 울지 않는다.' 식의 접근은 초보 엄마에게 너무 비참한 기분을 느끼게 하는 잔인한 말인 것 같다. 아기가 투정 부리는 이유를 모두 엄마의 모성애와 자질 부족으로 치부해버리는 사고방식이다."라고 썼다.

시어스 부부의 핵심은 종교다. 그들은 《기독교 육아의 모든 것(The

Complete Book of Christian Parenting and Child Care)》에서 이렇게 썼다. "우리가 믿는 양육 방식은 하나님께서 아버지, 어머니, 자식의 관계를 위해 설계하신 방식이다. 이것을 우리는 '애착 육아'라고 부르는 방식이다. 우리는 이것이 하나님께서 당신의 자식들을 키우는 방식이라고 확신한다."

시어스 부부는 자신들의 말을 뒷받침하기 위해 검증된 과학보다 자신들의 믿음을 더 의지한다. 예를 들면 시어스 박사는 왜 애착 육아가 부모와 자녀들에게 가장 올바른 방법인지에 관한 정당성을 증명하는 방법으로 아프리카 부족의 사례를 든다. 아프리카 부족의 상황은 현대 미국 가정의 실정에 전혀 부합하지 않는다. 황당하게도 시어스 부부는 국제 육아 회의에서 두 잠비아 여성과 만나고 나서야 아기에게 의복이 얼마나 중요한지 깨달았다고 한다.

하버드 대학을 나온 산부인과 의사 아미 투테우르는 시어스의 이론을 비판하는 사람 중 한 명이다. 그녀는 시어스가 보편적인 미국 여성들과는 매우 다른 삶을 사는 사람들을 우상화하여 엄마들에게 비현실적인 기대를 하게 만들었다고 한다. "여자들에게 온종일 아이의 곁을 떠나지 말고 아이만 돌보라는 게 애착 육아입니다. 그들의 결론은 그게 전부죠."

그녀는 "그 잠비아 여성들은 부족의 생존에 도움이 되어야 했어요. 그래서 다른 일도 하면서 아이를 돌봐야 했어요. 어디서 무엇을 하든 그 환경에 맞춰서 육아가 이루어진 거죠. 그런데 애착 육아는 엄마는 육아만 해야 한다고 한정하고, 압박한다는 데 문제가 있어요. 물론 그걸 원하는 사람도 있지만요. 하지만 그렇게 하지 않는다고 해서 자식에게 죄를 짓는다고 생각할 필요는 없어요. 원시시대부터 엄마들은 항상 육아 외의 다른 일들을 했어요. 밖에 나가서 견과류와 열매를 찾는 일은 많은 시간이 걸렸죠. 아이들은 엄마 근처에서 흙을 만지며 놀거나 엄마 등에 업혀 있거나 했을 거예요."라고 말했다. 투테우르는 엄마가 아이들에게 딱 붙어서 시간을 보내야 한다거나 잠도 함께 자야 한다는 구시대적 발상은 이제 더는 우리에게 통하지 않는다고 주장한다.

그녀는 자신의 책 《푸시 백: 애착 육아의 도래와 죄책감(Push Back :Guilt in the Age of Natural Parenting)》에서 애착 육아를 '특권 철학'이라 정의했다.[6] 실제로 맥도날드에서 일하는 엄마가 아기 띠로 아기를 안고 출근할 수 있을까? 경제적 여유가 없는 엄마는 직장을 그만둘 수 없다. '자연주의' 애착 육아는 이런 여성들을 모두 자질이 부족한 엄마라고 한다. "아이들을 먹여 살리기 위해 월마트에서 일하는 히스패닉계 엄마들을 한순간에 나쁜 엄마로 만들어버리는 이런 방식들은 정말 잘못된 생각이에요. 저는 오래전부터 그렇게 생각했어요. 가난한 사람들이 제대로 먹지 못해 말랐던 시절에는 뚱뚱한 사람들이 동경의 대상이었지만, 이제 부유할수록 날씬한 세상이 됐어요. 가난한 사람들이 밭에서 일하느라 햇볕에 시커멓게 그을리는 동안 장갑을 끼고 양산을 든 채 유유자적 산책을 즐기던 부자들의 창백할 정도로 하얀 피부는 당시에 부의 상징처럼 여겨졌지만, 지금은 갈색 피부로 경제력을 과시하는 시대예요. 돈과 시간에 여유가 많은 사람만이 열대지방의 해변에서 태닝을 즐길 수 있으니까요. 우리 사회 곳곳에서 수많은 변화가 일어났어요. 원시인 다이어트의 유행만 봐도 그렇죠. 네안데르탈인은 멸종되었잖아요. 그런데 왜 그들의 식생활을 따라 하는 걸까요?"

일부 전문가들은 애착 육아의 증가가 페미니즘에 대한 거부감과 관련이 있다고 말한다. "20세기에 접어들자 세계 곳곳에서 마침내 여성들이 육아 부담에서 해방되기 시작했고, 이전에 비해 많은 정치적, 경제적 권리를 가지게 되었어요. 하지만 그런 큰 변화에는 반발이 뒤따르게 마련이죠, 여성은 집에 있어야 한다는 고정관념을 가진 보수주의자들이 그들의 반발심을 종교의 교리를 통해 표현한다고 생각해요. 그러나 그런 방식으로 진보적인 여성들을 설득할 수 없어요. 여성을 프레임 안에 가두려고 하면 안 되죠. 그들은 '자연주의' 엄마가 되기 위해서는 진통제 없이 질 분만을 하고, 어떤 대가를 치르더라도 모유를 먹이며, 애착 형성을 위해 온종일 아이를 안아주고 직장에도 절대 다니면 안 된다고 해요. 그리고 이런 엄마야말로 진정한 엄마라고 할 수 있다고 못 박죠. 이게 바로 프레임이에요." 투테우르는 이렇게 비판했다.

애착 육아가 반 페미니즘이라고까지 비약할 생각은 없다. 페미니즘이 여성의 자유로운 선택을 지향하는 만큼, 우리의 선택이 애착 육아라면 그것대로 존중받아야 한다. 그러나 어디까지나 여러 가지 육아 방식 중 선택할 수 있는 한 가지일 뿐이며, 애착 육아를 하지 않는다고 자신을 가족에게 헌신하지 않는 나쁜 엄마라고 느끼거나 죄책감을 느껴선 안 된다.

애착 육아를 비하하는 것이 아니라 균형이 필요하다는 의미이다. 나는 자의로 아이들에게 31개월 동안 모유를 먹였지만, 출산 직후 회복하는 며칠 동안에는 두 아이에게 분유를 먹였다. 또 첫째 아이와는 두어 달 함께 자기도 했지만 두 아이 모두 소거법으로 수면교육을 했다, 동네의 작은 가게나 지하철 계단을 다니기에는 아기 띠가 편해서 자주 사용했고 그 시간에 많은 행복감을 느꼈지만 유모차도 필요할 때마다 자주 이용했다.

시트콤 〈빅뱅 이론(Big Bang Theory)〉에 출연했던 배우 마임 바이알

릭은 애착 육아로 두 아들을 키웠다. 그녀는 〈타임〉 지와의 인터뷰에서 애착 육아를 "'모 아니면 도'라는 식으로 할 문제가 아니다."라고 꼬집었다.[7] 바이알릭은 신경과학 박사 학위가 있고 《아기 띠에 숨겨진 세상: 사랑스럽고 자신감 가득한 아이로 키우는 실생활 애착 육아법 (Beyond the Sling: A Real-Life Guide to Raising Confident, Loving Children the Attachment Parenting Way)》이라는 책을 썼다. "아이들과 함께 자는 사람들도 있고, 다섯 살이 될 때까지 아이에게 모유를 먹이는 사람들도 있으며 둘 다 하지 않는 사람들도 있다. 가장 중요한 원칙은 아이의 의견을 귀담아 듣는 것이다."

여러분이 애착 육아를 원하고 여건도 마련되어 있다면 훌륭한 결정이다. 여러분의 가족에게 효과가 있다면, 나도 함께 기뻐하겠다. 그러나 애착 육아를 해야 한다는 압박감에 어쩔 수 없이 시작했고 효과까지 없다면, 당장 그만둬라! 아이가 네 살이 될 때까지 함께 자고 모유를 먹이지 않더라도 여러분의 아이는 잘못되지 않는다.

논쟁이 끊이지 않는 '소거법'

아기를 밤새도록 잘 자게 하려고 방에 혼자 두고 아기가 울어도 내버려 두는 수면 교육법, 일명 '소거법'만큼 페이스북 육아 모임들로부터 극렬한 비난 세례를 받는 방식이 또 있을까? 나는 정반대의 두 수면 교육 방식을 직접 해봤고 온몸으로 느꼈다. 아이의 울음소리를 들으면서도 아무것도 할 수 없었을 때 내 마음도 찢어지게 아팠다. 아기들은 너무 너무 작은 데다 혼자서는 아무것도 할 수 없지 않은가! 엄마라는 사람이 문 밖에 쪼그리고 앉아 있어야만 하다니! 우는 아기를 달래주고 싶은 마음은 말 그대로 생물학적 본능인데 말이다!

"과학은 당신에게 본능과 다른 말을 합니다. 아기가 울면 본능적으로 '아기를 달래야 해'라는 생각이 들겠죠. 반응하지 않는 것은 정말 잘못된 일이라는 생각도 들고요." 임상심리학자이자 《잘 자는 아기: 수면 교육을 위한 핵심 가이드(The Good Sleeper: The Essential Guide to Sleep for Your Baby [and you])》를 쓴 자넷 케네디Janet K. Kennedy는 이렇게 말했다. "그러나 유아 사망률이 큰 폭으로 감소한 지 백 년도 채 되지 않았죠. 백 년 전만 해도 아기들은 살아남기 힘들었어요. 그래서 지금의 부모들이 가진 위험 감지 본능이 시대에 뒤떨어졌다고 말할 순 없어요. 지금은 예방접종도 하고, 안전한 잠자리를 마련해주는 방법도 알고 있죠. 푹신한 침구를 피하고 등에 업고 재우는 것만으로도 유아 사망률은 기하급수적으로 감소해요. 소아과에 가서 유아 건강 검진도 받아요. 이 모든 것이 아기가 무사히 유아기를 보내고 튼튼하게 자랄 수 있도록 우리가 만든 시스템이죠. 이 말은 밤에 아기가 투정을 부린다고 반드시 당신이 가서 도와줄 필요는 없다는 말이에요. 통상적으로 12주가 되면 아기 스스로 진정할 수 있게 되는데, 그 이후부터는 좀 다른 의도로 밤에 부모를 찾는 경우가 많다고 생각하면 돼요."

내가 소거법의 열성적 지지자임을 인정한다. 우리 아이들을 밤새 재울 수 있었던 방법이 바로 소거법이니까. 우리 가족에게는 놀라운 일이었다. 그렇다고 우리가 한 가지 방법에만 매달린 것도 아니며, 소거법을 시도한 첫날부터 잘 자게 된 것도 아니다.

에버렛에게 퍼버법을 시도했다가 실패한 우리는 소거법을 시도했고, 마침내 성공했다. 그러나 내가 복직하자 에버렛은 다시 밤에 깨기 시작했다. 그래서 우리는 4개월 차에서 6개월 차까지 함께 자면서 다시 잠을 푹 재우는 데 성공했다. 그러나 에버렛은 몸부림이 너무 심해서 걸핏하면 우리의 머리를 걷어찼다. 할 수 없이 다시 소거법으로 수면 교육을 했는데, 에버렛이 다시 아기 침대에서 혼자 잠을 잘 자는 데에는 하룻밤이면 충분했다.

둘째인 오토는 조금 달랐다. 우리에게 돈이라도 맡겨 놓은 듯이 육아용품을 사게 했다. 에버렛과 다르게 조금씩 며칠 울지 않고 한 번에 몇 시간 동안 울었다. 아기 침대에 구토까지 할 정도로 심하게 울어댔다. 그래서 우리는 수면 훈련을 그만두고 '베이비 멀린 매직슬립수트Baby Merlin Magic Sleepsuits'를 구해다 입혔다. 매직슬립수트는 속싸개와 아기 우주복을 섞어 놓은 모양새였다. 몇 달 후 오토가 생후 6개월쯤 되었을 때 다시 수면 훈련을 시도했는데 이번엔 효과가 있었다.

케네디는 "결국 부모들은 자녀가 괴로워하는 것을 참는 방법을 배워야 합니다."라고 말한다. "가끔 아기를 짜증 나게 하거나 울려야 할 때도 있죠. 그래서 단지 한 번 참는 것이 아니라 우리가 습득해야 할 기술이라 생각해야 합니다." 아주 어릴 때부터 아기에게 회복력을 가르치는 첫 훈육이라 생각하면 된다.

그 사례가 터무니없는 이유

이제 전문가들이 수면 교육에 관해 상반된 입장을 가지는 원인을 과학적 측면에서 살펴보자. 시어스 박사가 왜 수면 교육이 나쁜지, 왜 아기를 혼자 울게 하는 것이 '불안정한 애착'을 초래하는지를 주장할 때 인용한 연구가 몇 가지 있다. 나도 자세히 조사해보기 전까지는 그 연구 결과들 때문에 걱정스러운 마음을 느꼈다.

"루마니아 고아들 이야기도 못 들어봤어요? 그 아기들은 침대에서 혼자 우는 바람에 '안정적인 애착'이 전혀 형성되지 않았죠. 그래서 내가 수면 교육을 안 하려는 거예요." 내가 속해 있던 페이스북 육아 모임의 어떤 부모가 내게 보내온 메시지다. 루마니아 고아들의 이야기는 정말 충격적이다. 루마니아의 독재자였던 니콜라에 차우셰스쿠는 2차 세계대전이 끝난 후 인구가 감소하는 현상을 방지하기 위해 낙태 금지, 산아 제한, 이혼 금지 정책을 폈다. 마가렛 애트우드Margaret Atwood의 《시녀 이야기(Handmaid's Tale)》 같은 소설 속 이야기가 실제로 일어난 듯한 정신 나간 짓이었다. 여성들은 아이가 유산되는 것을 막기 위해 직장에서 임신 초기 상태를 확인하는 산부인과 검진을 받아야만 했다. 45세 이하의 여성들은 아이를 5명 이상 낳기 전에는 중절 수술을 받을 수 없었다. 아이가 없는 부부에게는 매달 세금을 부과했다. 고소득층은 이를 감당할 수 있었지만, 미혼모, 공장 노동자, 문제가 있는 가족처럼 저소득층에게는 큰 부담이었다. 그래서 원치 않는 출산이 기하급수적으로 증가했고, 경제가 무너진 절망스러운 상황에서 많은 아이가 부모에게서 버림받았다.[8] 1989년 루마니아의 공산주의 체제가 붕괴하기 시작할 무렵 루마니아의 고아원들에는 약 10만 명에 달하는 아이들이 수용되어 있었다.(그 열악한 시설에 수용된 아이가 50만 명 가까이 된다고 보도한 곳도 있다.)[9]

1990년에 〈워싱턴 포스트〉는 그곳의 실상을 이렇게 묘사했다. "국가에서 운영하는 고아원의 2층에는 꽉 막힌 방들이 늘어서 있고, 그 안의 철제 침대에는 아이들이 멍하게 누워 있거나 앉아 있었다. 간혹 우는 아이들도 있었지만 대부분 아무 소리도 내지 않았다. 철제 창살 안에 영문도 모른 채 갇혀 있는 모습은 흡사 동물 실험실 같았다. 복도 아래쪽의 철제 침대에는 영양실조와 질병을 앓고 있는 작은 아기들이 앙상한 뼈대를 드러내고 있었다. 그중 몇 명은 찌는 듯한 더위 속에서도 더러운 담요에 둘둘 말려 있었다. 푸르스름한 혈관이 비치는 정수리만 내놓은 아이도 있었다. 아이가 살아 있냐고 묻자 관리인은 덤덤하게 '당연하죠.'라며 담요를 홱 잡아당겼다. 뼈만 앙상하게 남은 작은 아이가 옆으로 돌아누우며 앓는 소리를 냈다."[10]

각 고아원에서 전염병과 방치로 1년 안에 사망하는 아기의 수가 40%에 달한다고 국제인권감시기구(Human Rights Watch)에 알린 한 구호단체의 의사는 "굶어서 죽고, 비위생적 환경 때문에 죽고, 아무도 돌봐주지 않아 죽고, 침대에 갇혀 있다가 죽었어요."라고 말했다. 아기들은 녹슨 양동이에 담긴 죽을 먹었고, 많은 아이가 헐벗었거나 개중에 뭔가를 입고 있는 아이들이 걸친 것은 온갖 오물이 묻은 누더기였다. 그리고 아이의 수에 비해 턱없이 적게 보급된 주사기를 반복해서 재사용하는 바람에 아이들 사이에 B형 간염과 HIV가 퍼져 나갔고 제대로 치료도 받지 못했다. (대신 수시로 항생제를 주사했다.)

직원들은 아이들의 이름조차 몰랐다. "의사의 말에 의하면 수갑을 너무 꽉 죄어 채워서 아이들의 손목으로 파고들었다고 한다. 우유병을 누더기 더미에 받쳐서 빨도록 했는데 우유병이 미끄러져도 누구 하나 바로 고쳐주는 사람이 없어서 너무 어리거나 스스로 젖병을 잡을 수 없는 아기들의 우유는 침대를 타고 바닥에 흐르고 있었다고 한다." 〈워싱턴포스트〉의 고발이 이어졌다. 일부 좀 더 자란 아이들은 도망가지 못하게 10~15명을 매트리스 하나에 함께 묶어 놓았다.[11]

당시 그곳에서 일했던 한 간호사는 당시 서너 살 아동들 상당수가 잘못된 정신 장애 판정을 받았다며 "아이들은 자극 자체를 받은 적이 없어서, 걷지도 못했으며, 말도 못 했다. 거기 있던 사람들이 아이들을 직접 떠먹여야만 살 수 있었다."라고 말했다. 아이들은 수시로 구타도 당했다. "나도 가끔 큰아이들이 소란을 피울 때는 때릴 수밖에 없었다. 그 아이들을 진정시키려면 그 방법뿐이었다. 오로지 물리적인 폭력만이 아이들이 경험한 자극의 전부였다."[12]

내가 이토록 가슴 아픈 루마니아의 고아들 이야기를 구구절절 늘어놓는 이유가 뭘까? 바로 이 아이들이 자란 환경과 현대 미국의 대다수 아이가 자라는 환경 사이에는 엄청난 차이가 있다는 점을 분명히 지적하고 싶었기 때문이다. 절대 다수의 아이들이 부모로부터 버림받고, 보호자로부터 방치되며 굶주림 속에 3년 동안 침대에 묶여 있는 경험을 절대 겪지 않는다. 그런데도 수면 교육을 하는 부모들은 아이를 방에서 한두 시간 혼자 울게 했다는 이유로 아이에게 루마니아의 비극적인 고아들과 같은 결과가 나올 것이라는 말을 듣는다. 하지만 루마니아의 고아와 우리 아이들 사이에는 공통점이 하나도 없다.

정해진 규칙도 빠른 방법도 없다

쥐의 핥는 행동에 관한 연구도 아이를 울리는 것이 얼마나 끔찍한 일인지 보여준다. 어미 쥐가 많이 핥아주며 돌봐준 새끼들은 성장 후에도 안정적인 활동 성향을 보였지만 어미 쥐가 핥아주지 않은 새끼들은 성장 후에도 예민하고 불안해 하는 모습을 자주 보였다. 과학자들은 새끼들을 바꿔서 각각 많이 핥아주는 어미와 그렇지 않은 어미에게 '입양' 시켰다. 생물학적으로 많이 핥아주는 어미의 새끼였더라도 덜 핥아주는 어미가 키우자 불안정한 행동을 보였다. 연구는 통상적으로 새끼가 독립하기 전 어미와 보내는 일주일을 관찰하며 진행됐다.

연구원들은 스트레스에 대한 예민성이 유전자와는 별개로 '후천적 영향'에 의해 많이 좌우될 수 있다고 추론하게 됐다. 스트레스를 받은 새끼들은 어미가 되어서도 새끼를 돌보는 일에 스트레스를 많이 받았고, 새끼들을 덜 핥았으며, 그렇게 자란 새끼들은 또 스트레스를 많이 받는 어미가 되는 악순환이 일어났다.[13]

이후 이 연구는 심리학 전문지인 〈싸이콜로지 투데이Psychology Today〉의 '울어도 내버려 두는 수면 교육법에 현혹된 부모들에 관한 보고서 (Parents Misled by Cry It Out Sleep Training Reports)'라는 기사의 근거로 활용되며 사회에 경종을 울렸다.[14] 노트르담 대학의 심리학과 교수 다르시아 나르바에즈Darcia Narvaez는 이 보고서에서 "아기가 울어도 내버려 두면 아기들은 외상 후 스트레스 장애(PTSD)와 스트레스 중독, 우울증, 정신 분열 등을 경험할 수 있다."라고 쓰고 있다. 그녀는 쥐 연구 결과를 사람에 대입하면서, 일주일 동안 새끼를 핥아주지 않는 어미 쥐와(참고로, 새끼는 어미가 핥아주지 않으면 똥도 못 싼다. 그러나 그들은 이런 쥐만의 특성을 무시한 채 인간과 동일시한다.) 아주 짧은 시간일지라도 아기를 울리는 엄마들을 동일시한다. 아동 정신의학자 데이비드 레튜 David Rettew는 저서 《유아의 기질: 특성과 질병을 바라보는 새로운 관점 (Child Temperament:New Thinking About the Boundary Between Traits and Illness)》에서 "동물의 연구 결과가 인간의 경우와 무관하다고는 할 수 없으나, 쥐 연구를 인간에게 일차원적으로 대응하여 단정적이고 자극

적인 주장을 하는 것은 불필요한 경각심과 오해를 불러일으킬 소지가 많다."라며 그 주장을 반박했다.[15]

나는 나르바에즈 박사에게 연락해 그녀의 주장을 자세히 들어보았다. 충분한 보살핌을 받지 못한 아기들이 더욱 스트레스를 받을 가능성이 크다는 그녀의 말에도 일리가 있다. 아이를 사랑하고, 먹이고, 보살피는 것이 아이를 행복하고 건강한 사람으로 성장시키는 데 중요한 역할을 한다는 것은 이 책의 핵심 원칙이기도 하기에 나도 그녀의 주장에 충분히 동의한다. "아이의 나이를 고려해야 해요. 나는 생후 6주밖에 안 된 아이를 밤새도록 혼자 울게 둔다는 부모들에게 이메일을 썼어요. 갓난아기에게는 매우 심각한 문제가 될 수 있거든요." 이 말에는 이견이 없다. 갓 태어난 아기를 밤새도록 울리면 안 된다. "충분히 사랑받고 자란 세 살짜리 아이라면 사정이 달라요. 그 아이는 부모가 늘 곁에 있다는 믿음이 있어요. 그러나 갓난아기는 그런 생각을 할 수 없죠."

부모가 해야 하는 수많은 일이 그렇듯, 수면 교육에도 정답이 없다. 그래서 미디어에서 떠드는 경고나 주장을 모두 정확한 규칙으로 받아들여서는 안 된다. 여러분이 잠을 제대로 자고 싶다면 그런 경고들 때문에 수면 교육을 포기해선 안 된다. 마음 가는 대로 결정해라. 믿을 만한 의사에게 조언을 받는 것도 좋다. 내 소아과 주치의는 생후 8주 이상, 몸무게가 4.5kg 이상이 되면 수면 교육을 시작하라고 조언했다. 그러나 나는 8주가 너무 이른 것 같아서 두 아이 모두 6kg이 넘은 14주쯤에 시작했다. 나는 자신감을 가지고 결정했고, 덕분에 우리는 더 행복한 부모가 되었다.

합리적인 사고가 가능한 성인이라면 보호자의 관찰 하에 아이를 어느 정도 울리는 수면 교육과 보호가 전혀 없는 상태로 방치되는 학대의 차이를 구별할 수 있다. 실제로 스스로 안정을 찾고 감정을 조절할 수 있는 능력은 아이가 반드시 배워야 할 기술이기도 하니, 그 능력을 키워준다고 생각해도 된다. 세 아이의 육아와 사업을 병행하고 있는 팸은 그녀의 가족이 수면 교육을 시작하게 된 이유를 이렇게 설명한다. "수면 교육은 우리가 아이들에게 처음으로 가르쳐준 거예요. 우리는 앞으로 언젠가 아이들의 수학 숙제를 도와줄 때 숙제를 대신해서 해주는 부모가 아닌, 시행착오를 통해 답을 찾아가는 아이로 키우는 부모가 되자고 다짐했어요. 수면 교육도 그런 양육 원칙의 일환이었죠. 자기 가족에게 맞는 방식을 선택하고, 그 방식이 효과가 없어질 때까지 계속하는 거예요."

당신이 아직도 수면 교육을 망설이고 있다면 18개월 이후에는 수면 교육이 더욱 힘들어진다고 한 내 소아과 주치의의 경고를 참고하길 바란다. 아이가 말을 할 수 있게 되면 수면 교육을 할 때 "엄마! 아빠!"라고 가슴 아프게 부르는 소리를 끊임없이 들어야 한다는 말이다. 그렇다고 방법이 아예 없다는 의미는 아니다. 수면 교육은 한 번 성공했다고 끝나는 일이 아니다. 14주부터 수면 교육을 시작했다 하더라도, 여행을 다녀오거나 크게 아프고 나면 늘 다시 수면 교육을 해야 한다. 그러나 아이가 클수록 수월하다. 그러니 수면 교육을 몇 살 안에 해야 한다든가, 시기를 놓치면 기회가 없다는 식의 의견에 신경 쓰지 않아도 된다. 당신과 가족에게 효과가 있는 것만 하면 된다. 정해진 규칙이나 빠른 방법은 없다.

아이를 밤새도록 재울 수 있는 마법은 존재하지 않지만, 나는 하나 찾은 것 같다. 모든 수면 교육은 적어도 한 가지는 공통으로 조언한다. 그것은 바로 규칙적인 반복이다. 수면 교육을 전적으로 믿든 안 믿든,

아기의 울음을 견딜 수 있든 아니든 상관없다. 전문가들은 모두 짧은 수면 준비 시간과 일관된 수면 일정을 만들어야 한다고 한목소리로 말하고 있다.

잘 자는 부모가 아이도 잘 키운다

우리는 이 장에서 수면 교육이 자녀에게 어떤 영향을 미치는지를 설명하는 데 많은 시간을 들였다. 이제 방향을 바꿔 아이들의 수면이 부모들에게 어떤 영향을 미치는지 이야기하려 한다.

당신은 분명 시간을 내어 이 책을 읽을 정도로 자신이 원하는 부모상에 가까워지려고 노력하는 헌신적인 부모다. 아이를 위해서라면 무엇이든 할 수 있기에 마지막 인내심을 짜내어 자신의 수면 부족을 버텨내고 있으며, 아이에게 규칙적인 수면 습관을 완벽하게 정립시켜주어야 한다는 데 불안감도 느끼고 있을 것이다. 천천히 심호흡하며 마음을 가라앉혀라. 이 일로 스트레스를 받아선 안 된다. 자신을 보살피고, 자신에게 관대해져야 한다.

잠을 안 재우는 것을 고문의 한 방식으로 사용한 데는 다 이유가 있다. 혹시 지금 수면 부족이 고문처럼 느껴진다면 더는 참지 않아도 된다. 녹초가 된 사람은 능력을 제대로 발휘할 수 없고, 육아는 단거리 달리기가 아니라 마라톤이다. 수면 부족 때문에 자신이 비참하게 느껴질 정도라면, 아이가 전기 콘센트에 손가락을 넣으려 할 때 몸을 던져 막을 수도 없을뿐더러 아기와의 교감이 긍정적일 수도 없다. 그냥 자러 가라. 그걸로 당신은 더 좋은 부모가 될 수 있다.

#당당한육아를위하여 실천하기

당신은 정상적으로 생활하기 위해 며칠 혹은 몇 주 정도 아이를 울리는 방식도 할 만하다고 생각하거나, 오후 3시가 됐든 새벽 3시가 됐든 아기를 보살피는 쪽이 더 낫다고 생각할 수도 있다. 어느 쪽을 선택하든 상관없다. 그리고 무엇보다 당신의 가족을 돌보는 데 최고의 전문가는 바로 당신이다. 어떤 방식이든지 당신에게 효과가 있으면, 그것이 잘못되었다고 말하는 페이스북 육아 모임의 의견 따위는 신경 쓰지 마라. 중요한 점은 언제든지 마음을 바꿔도 된다는 것이다. 기지도 못하는 갓난아기에게 무언가를 가르치는 게 가혹하다는 생각이 든다면 안 하면 그만이다. 반대로 너무 피곤해서 더는 참을 수 없다고 판단되면 이 장에서 열거했던 방법 가운데 하나를 시도해보라. 내가 아는 가장 현명한 여자 오프라 윈프리는 이렇게 말했다. "인생에서 바꿀 수 없는 것은 없다." 이 말은 분명 육아에도 해당하는 말이다.

5장

메리 포핀스가 되려 하지 말자

어린이집에 보내도, 보내지 않아도
아이는 잘 자란다

에버렛이 태어난 뒤 나는 직장을 그만두려고도 생각했지만, 우리에게는 그럴 만한 경제적 여유가 없었다. 그래서 15주 된 에버렛을 어린이집에 보내기 시작했다. 브래드와 나는 보육교사 3명이 18개월이 안 된 유아 9명을 돌보고 있는 인증받은 가정 어린이집을 골랐다. 선생님 두 분은 친절하고 따뜻했던 내 할머니를 떠올리게 했고, 나머지 한 분은 잔소리 많은 참견장이 큰언니 같았다. 어린이집은 우리 집에서 겨우 한 블록 떨어진 곳에 있었다. 차를 타지 않고 어디든 걸어서 갈 수 있는 도시에 사는 우리에게는 기분 좋은 보너스 같았다.

복직 후의 불안감 속에 나는 이전과는 180도 다른 직장 생활을 해야 했다. 회사가 원하는 대로 팀을 이끌어야 하는 중책을 맡아 아무런 사전 준비도 없이 디지털 상품을 발표하고 출장을 다녔으며 정기적으로 TV 생방송에 출연해야 했다. 그래서 에버렛이 10개월 됐을 때부터 남편은 직장을 그만두고 일주일에 3일 동안 에버렛을 도맡아 돌봤다.(나머지 이틀은 어린이집에 보냈다.) 내가 안정을 찾은 후에야 남편은 다시 컨설턴트로 취직했다. 우리는 다른 어린이집에 에버렛을 보냈다. 그 어린이집은 영어를 거의 쓰지 않는 20대 보육교사 3명이 유아 12명을 돌보는 인증 어린이집이었다.(덕분에 에버렛은 몇 달이 지나자 러시아어를 조금씩 하게 되었고, 보육교사들의 영어 실력도 더 좋아졌다.)

오토를 임신했을 때는 우리 집 반경 네 블록 안에 어린이집이 한 군데도 없었다. 남편과 나는 업무용 노트북에 젖병, 유축기까지 챙겨서 두 살 반짜리 아이와 갓난아기를 방향이 정반대인 어린이집에 각자 데려다주더라도 제시간에 출근하기란 사실상 불가능하다고 생각했다. 그래서 우리는 너무도 멋진 육아 도우미 앨리샤를 고용했다. 그리고 다른 이웃의 아이와 함께 우리 집에서 '육아 도우미 공유'를 시작했다. 오토가 생후 20주쯤 됐을 때 나는 다시 복직했고, 오토는 자신보다 겨우 두 달 먼저 태어난 베나와 함께 앨리샤의 보살핌을 받게 되었다.

에버렛은 네 살쯤 됐을 때 우리 동네에 있고 방과 후 돌봄교실도 운영하는 지역 공립학교 병설 유치원에 입학할 수 있었다. 나는 그때 대형 언론사에서 부사장으로 일하고 있었다. 오토가 두 살이 되자 마침내 남편의 컨설팅 회사에서 혜택을 받을 수 있게 되었다. 덕분에 나는 지금 여러분이 읽고 있는 이 책을 쓰기 위해 회사를 그만뒀다. 그래서 슬프게도 우리의 멋진 육아 도우미와 헤어지게 되었다. 우리는 에버렛이 '졸업'한 지 18개월밖에 안 된 그 어린이집에 오토를 '입학'시켰다.

당시의 상황은 지금 생각해도 정말 '혼돈' 그 자체였다. 5년 동안 수많은 변화가 있었고, 육아 방식도 수없이 바뀌었다. 하지만 우리가 일과 삶, 육아 계획을 매 순간 우리 가족에게 가장 적합하게 변화시키고 적응했기에 아이들이 잘 자랄 수 있었다는 것은 확실하다. 어떤 선택을 하더라도 육아를 고려해서 결정했다면 아이들은 잘 성장하게 된다. 일을 늘려도, 줄여도, 그만둬도, 아이는 괜찮다.

당신은 내가 이러한 결정의 어려움을 과소평가한다고 생각할 수 있겠지만, '결정'에 앞서 얼마나 많은 요소를 고려해야 하는지를 알고 있기에 당신이 느끼는 어려움을 충분히 이해하고 있다는 점을 알아주길 바란다. 육아에는 큰 비용이 들어가고 부모들은 그 비용을 마련하기 위해서 일해야 한다. 선택권을 가질 수 있고 결정할 수 있는 자체가 일종의 특권이다. 월급이 어린이집 비용보다 적어서 부모 중 한쪽이 직장을 그만두고 집에서 육아를 해야 하는 부모도 많다.

'수준 높은 돌봄'이란?

내가 항상 돌봐주지 않아도 아이들이 괜찮을까? 많은 부모가 하는 고민이다. 그렇다면 관련 연구를 자세히 살펴보자. 부모와 함께 지내도, 어린이집에 보내도, 육아 도우미를 고용해도, 혹은 세 가지 다 하든 간에 '수준 높은 돌봄'을 할 수 있다면 분명히 아이는 잘못되지 않는다. 그러니 자신이 메리 포핀스처럼 못 한다거나 그런 도우미를 고용하지 못했다고 걱정할 필요 없다!

국립 아동 보건 및 인간발달연구소(National Institute of Child Health and Human Development)는 15년 동안 1,000명 이상의 아동을 대상으로, 서로 다른 보육 환경에서 자란 아동들 사이에 어떤 차이가 있는지를 추적하는 획기적인 연구를 시행했다.[1]

이 연구로 '수준 높은 돌봄'을 궁극적으로 정의할 수 있게 되었다. 긍정적인 태도로 아이를 대하고, 긍정적으로 신체 접촉(손을 잡아주거나 안아주는 것)을 하며, 대화를 많이 나누고, 함께 노래와 독서를 하고, 옷 단추를 잠글 때 도와주고, 식기 사용을 가르치는 등 발달에 도움이 되는 적절한 활동을 하는 '긍정적인 보살핌'이 바로 수준 높은 돌봄이다. 보육 교사가 이런 일들을 규칙적으로 하면 아이는 건강한 몸과 마음을 갖게 된다.

그렇다고 해서 부모나 보육교사가 늘 이런 활동을 해야 한다는 뜻은 아니다. 우리도 인간이다. 피곤할 때도 있고, 바쁘거나 다른 일에 집중해야 할 때도 있다. 그래도 부모, 육아 도우미, 보육 교사 혹은 아이를 돌보는 누구든 아이를 돌볼 때 '긍정적인 돌봄'을 할 때가 많다면, 그게 최고다.

이마를 휘감은 갈색 앞머리를 한 테디는 사랑스러운 아기다. 텍사스에 사는 테디의 엄마 클레어는 생후 12주쯤부터 테디를 어린이집에 보냈다. "부모가 되기 전에는 태어나는 순간부터 체계적인 교육 방식을 아이에게 적용해야 한다고 생각했어요. 하지만 부모가 되고 나서 제가 배운 가장 큰 교훈은 태어나고 첫 한 달 동안 아이에게 안정감을 느낄 수 있도록 보살펴주고, 사랑을 전해주는 일이 가장 중요하다는 거예요. 테디가 처음 어린이집에 다닐 때 많이 느꼈죠."

클레어는 이제 21개월이 된 아들이 "환경 변화에 예민하지 않고, 누구와도 잘 어울려 놀아서 대견해요."라고 하면서 아주 어릴 때부터 어린이집에 다닌 덕분이라고 말했다. "낯가림이 정말 없어요. 엄마나 아빠 말고 다른 사람들한테도 사랑과 믿음을 줘도 된다는 사실을 느끼고 있는 거죠. 테디가 이런 것들을 이렇게 어릴 때부터 배울 수 있어서 참 좋아요. 인생을 좀 더 편안하게 사는 데 도움이 될 거예요."

생후 3개월짜리가 퍼즐 하나 제대로 맞출 수 있을까만, 많은 부모(나를 포함한)가 자녀를 어린이집에 보내려는 이유는 바로 '사회화' 때문이다. 어린이집에 다녔던 아이들이 학교생활에 더 잘 적응하고, 사회성이 약간 더 좋다는 결과를 발표한 연구도 있다.[2] 하지만 연구자들은 이 실험을 진행할 때 아이들이 그들의 말을 어떻게 이해했느냐에 따라 결과가 달라질 수도 있다고 인정했다. 그래서 이 연구 결과는 제한적으로 받아들여야 한다.

가정 환경이 보육 환경보다 중요하다

그럼 이제 이 장의 초반부에서 언급했던 국립 아동 보건 및 인간발달연구소의 연구를 자세히 살펴보자. 이 연구는 보육 환경이 아이들의 사회적, 정서적, 지적, 언어적 발달, 그리고 성장과 건강에 어떤 영향을 미쳤는지 알아보기 위해 1,000명의 아동을 대상으로 출생부터 15세까지의 보육 환경을 추적했다. 그 결과, 보육 기관의 교육은 아동의 발달이나 사회성에 거의 영향을 끼치지 않고 오히려 가정환경의 영향이 훨씬 더 많은 영향을 미친다고 발표했다.

게다가 이 연구는 "엄마가 키운 아이들과 다른 사람들의 보살핌을 함께 받은 아이들의 발달에는 차이가 없었다."라고 분명히 말한다. 비록 엄마들만을 대상으로 했다는 큰 결함은 있지만(이후의 후속 조사에서는 아빠들도 포함했다.) 그래도 미국 전역의 모든 소득 계층과 교육 수준, 다양한 인종의 가족, 한 부모 가정이나 이혼 가정 등을 모두 포함하여 실시했다는 점에서는 높이 평가할 수 있다. 이 연구는 "12개월 이상, 36개월 미만 아동들의 인지력과 언어 능력, 성취도를 조사해본 결과 집에서 엄마의 보살핌을 받고 자란 아이들과 어린이집에 다닌 아이들 간의 점수에는 차이가 없었다."라고 발표하기도 했다.[3]

이 연구는 육아와 관련이 있다고 여겨지는 다양한 특징의 장단점을 발견했다. 하지만 그 차이가 매우 작아서, '약간'이나 '다소' 같은 부사를 자주 쓰고 있다. 예를 들면 수준 높은 돌봄을 받은 아이들은 네 살 반까지 언어와 인지능력의 발달 정도가 다른 아이들보다 '다소' 높았다. 연구는 "그 연관성은 뚜렷하지 않다. 가정의 분위기와 부모의 성향이 보육의 질보다 아이의 발달에 더 큰 영향을 끼치는 예측 변수였다. 따라서 돌봄의 수준에 따른 차이는 가족 특성에 따른 차이에 비해서 작다는 것이다."라고 경고했다. 그리고 언어적, 인지적으로 다른 아이들보다 더 발달했지만, 그 아이들은 두 살 때와 유치원 때에는 또래보다 '약간' 더 반항적이었다. 하지만 또 세 살 때는 그렇지 않았다.

연구에 참여했던 한 연구원은 결과를 균형 있게 봐야 한다고 충고한다. 오스틴에 있는 텍사스 대학의 명예교수인 알리사 허스턴Aletha C. Huston은 〈슬레이트Slate〉라는 온라인 잡지와의 인터뷰에서 "연구는 이 아이들이 0.05%만큼 더 공격적이었다는 결과가 있는데, 이는 수준 높은 돌봄을 받은 모든 아이가 다 0.05%만큼 공격적이라는 뜻이 아닙니다. 연구에 참여한 아이들은 그런 식으로 반응했겠지만, 참여하지 않은 아이들의 수가 훨씬 많으니까요."라고 말했다.[4] 이 연구는 보육 환경으로 아이들의 미래 건강을 예측할 수 없다는 점도 알아냈다.

다시 한번 말하지만, 아이들이 열다섯 살에 보여준 모습은 가족이 육아에 참여했든 안 했든, 가족의 영향을 가장 크게 받은 것으로 나타났다. 또한 육아의 수준과도 상관이 없었다. "부모와 가족의 특성이 육아 환경보다 아동의 발달에 더 깊이 연관되어 있습니다. 부모와 가족의 특성을 보면 아동의 몇 가지 발달 결과를 미루어 짐작할 수 있어요. 보육 환경으로는 알 수 없는 것들이죠. 예를 들어, 부모가 교육을 많이 받고 소득도 높아 엄마의 부정적 감정에 적게 노출되어 정서적으로 안정된 가정의 아이들일수록 인지력, 언어 능력, 사회성이 발달했고 부모와도 더 사이가 좋았어요. 가족과 부모의 육아는 보육을 거의 받지 못했거나 전혀 못 받은 아이들에게 소중한 만큼, 충분한 돌봄을 받은 아이들의 행복에도 똑같이 중요합니다." 다시 말해 경제적으로 여유롭고 교육을 잘 받은 부모로부터 태어난 안정적인 가정의 아이에게 어디에서 보육을 받는지는 중요하지 않다는 의미다.

그러므로 아이를 화려하고 비싼 보육 시설에 보내지 못한다고 걱정할 필요 없다. 지금 이용하고 있는 시설에 대해서도 걱정하지 마시라. 사려 깊고 다정한 보육자와 당신(만약 배우자가 있다면 배우자도 포함해)이 최대한 따뜻한 사랑과 배려로 아이를 대한다면 아이들이 아무 문제 없이 잘 자랄 거라고 믿어도 된다. 이 연구는 "관찰하는 동안 엄마가 아이에게 더 세심한 배려와 즉각적인 반응을 보여주며 활발한 인지적 자극을 줄수록 아이들의 발달 결과가 더 좋았다"라는 사실을 찾아냈다.

더불어 여러분이 기억할지 모르겠지만, 이 연구는 우리 아이들이 잠을 잘 자게 된 비결이기도 했던 규칙적인 일상생활이 주는 장점을 제시했다. 연구자들이 작성한 내용은 다음과 같다. "일상을 규칙적으로 잘 계획하는 가족들, 책과 놀이 교구로 함께 노는 가족들, 집 안팎으로 활동(도서관에 가거나 문화 축제에 참여하는 것 등)에 많이 참여하는 가족들의 아이들은 사교성이나 인지능력이 더 많이 발달했다."[5]

어떻게 보육 비용을 낮출까

지금까지 수준 높은 돌봄의 중요성에 관해서 많은 이야기를 했지만, 비상식적으로 비싼 보육료 이야기는 거의 하지 않았다. 오토를 돌보려고 육아 도우미를 고용했고 어린이집 종일반에 에버렛을 보냈던 한 해 동안, 우리는 6,000만 원을 보육료로 지출했다. 나도 안다. 우리에게도 큰 부담이긴 했지만, 그 정도 비용을 낼 능력이 있다는 자체가 특권임을. 브래드는 내가 적절하게 예산을 짜는 데 도움을 줬다. 우리는 육아에 드는 비용을 매몰 비용이 아니라 투자라고 생각한다. 당신이 계속 일하고 싶거나 해야 할 필요가 있다면 육아에 비용을 지출하는 것으로 경력을 쌓을 수 있다. 육아에 쓰이는 비용을 감당하려면 수입이 늘어야 하고, 아이가 공립학교에 입학하면 보육비는 감소해야 한다. 확실히 우리도 그렇다.

에버렛은 지금 방과 후 돌봄교실만 다니면 되고, 오토도 어린이집에 있는 시간이 많이 줄었다. 그러나 우리는 학교가 쉬는 날이면 남편이나 내가 휴가를 내 직접 돌보고 있는데도 여전히 1년에 3,600만 원이라는 엄청난 돈이 든다. 오토의 어린이집 보육비는 1년에 2,600만 원인데, 미국 어린이집 평균 보육료인 약 1,400만 원의 두 배에 달한다.[6] 대학 등록금이나 다달이 내는 주택 담보 대출금보다도 많은 금액이다. 월 소득이 150만 원 이하인 가정은 월평균 약 100만 원을 보육비로 쓴다.[7] 2019년에 실시했던 브루클린에 사는 811명의 부모를 대상으로 한 설문 조사에 따르면, 육아 도우미의 시간당 비용은 평균 2만2천 원이었다. 도우미들은 일주일에 50시간을 일하고 연간 약 5,500만 원을 번 것이다. 육아 도우미의 전국 평균 연봉은 약 4,300만 원이었다.[9]

이렇게 비싼 보육 비용에도 부모들은 비용을 낮출 수 있는 여러 가지 선택사항을 고려하지 않고 있다는 생각이 든다. 예를 들어 육아 도우미 공유(nanny share)와 같은 형식의 보육은 부모와 도우미 모두에게 이득이다. 많은 아이를 돌보는 어린이집에 비해 좀 더 개별적 관리를 받을 수 있고, 육아 도우미를 독자적으로 고용할 때보다 비용이 상당히 저렴해진다. 또는 가정 어린이집을 고려해볼 수도 있는데, 규모는 작지만 비용이 저렴한 곳이 많다. 근무 시간을 유연하게 활용할 수 있는 직장을 다닌다면 재택근무를 함으로써 출퇴근 시간과 육아 비용을 동시에 절약할 수 있다. 브래드와 나는 항상 근무 시간을 조정해서 한 사람이 일찍 출근하고 일찍 퇴근하면서 아이들을 집에 데려오고, 늦게 출근하는 쪽이 아이들을 보육 시설에 데려다준다. 아니면 아이를 돌봐줄 수 있는 다른 가족들이 사는 곳으로 이사를 하면 보육비를 지출하지 않아도 된다! (물론, 그들이 공짜로 아이를 돌봐주겠다고 했을 때만 그렇다.)

육아 도우미와 어린이집, 어느 쪽이 나을까?

육아 도우미와 어린이집, 어느 쪽을 선택해야 할까? 첫째를 임신한 내내 이 질문이 내 머릿속에서 맴돌았다. 갈색 머리에 차분한 성격의 리사는 뉴저지에서 두 아이를 키우고 있었는데, 그녀에게는 육아 도우미가 신이 내린 선물 같았다. 리사는 "우리에겐 다 큰 아이가 있는 도우미가 있어요."라는 말로 이야기를 시작했다. "처음에 그녀가 운전을 못한다고 해서 약간 걱정스러웠어요. 하지만 당시 저는 복직을 코앞에 두고 있어서 절박했죠. 그래서 그냥 그녀를 고용했어요. 그런데 운전도 못 하는 우리의 도우미 선생님은 가족 모두에게 선물이라는 말로는 부족할 정도의 존재가 되었죠. 진짜 제가 만난 사람 중에 가장 친절하고 강인한 사람이에요. 지금은 제 애들이 열한 살, 열네 살이고, 저도 집에서 일하고 있어서 육아 도우미가 딱히 필요 없지만, 아직도 일주일에 하루는 우리 집에 와요. 솔직히 애들보다는 저한테 더 도움이 돼요. 선생님은 제 아이들에게는 세 번째 부모 같은 존재예요. 자메이카 농장에서 자라서 다른 문화를 가졌기에, 우리 아이들에게 다양한 방법으로 자극을 줘서 삶과 세상에 대한 관점을 넓혀 주었죠."

딸 하나와 갓 태어난 아들을 키우고 있는 매우 영리한 엄마인 안젤라는 출산 휴가 기간에 아이들을 어린이집에 보냈던 이야기를 내게 보내왔다. "우리가 어린이집을 선택한 기준은 비교적 평범했어요. 남편과 나는 둘 다 직장이 있어서 많은 어린이집을 둘러보고 여느 부모들과 똑같은 걱정을 하면서(비용 걱정, 딸아이를 낯선 곳에 보낼 수 있을까 하는 걱정) 자세히 살펴보았죠. 결국 편하게 다닐 수 있고, (비교적) 보육료가 저렴하며, 주변 지인들이 추천하는 곳으로 결정했어요. 하지만 결정에서 가장 중요하게 작용한 원칙은 나의 확신이었어요. 제 딸은 이제 믿을 수 없을 정도로 사교적인 아이가 되었고, 누구에게나 다가가 이야기를 나눌 수 있을 만큼 자신감 있는 아이로 자랐어요. 책 한 권을 다 읽을 때까지 앉아 있기도 하지만, 동시에 정신없이 뛰어다니며 풍부한 상상력으로 창의적인 놀이를 즐기기도 하죠. 예술과 음악을 좋아하고, 어린이집의 교육 방침 덕분에 이웃과 친구들을 잘 보살피는 아이가 되었어요. 물론 우리 부부도 딸아이에게 그런 가치관을 심어주기 위해 노력했지만, 아이가 일주일에 5일을 온종일 어린이집에서 보냈다는 사실을 생각하면, 아이에게 실질적인 영향을 끼친 사람은 보육 교사임이 분명하죠. 아이가 그곳에서 했던 모험과 같은 경험은 정말 놀라웠어요. 다양한 아이들도 만났어요. 우리는 교외로 이사를 했고 아이도 새 유치원에 다니게 됐어요. 저는 아이가 제대로 적응하지 못할까봐 많이 걱정스러웠어요. 하지만 말 그대로 아무 문제도 없었죠. 새로운 집, 새로운 학교, 새로운 친구들, 거리낌 없이 적응했어요."

다른 선택을 한 가족들도 많다. 고등학교 영어 교사 앨리슨과 경영대학원 교수 케빈은 현재 워싱턴 교외에서 여섯 살과 여덟 살 난 두 딸을 키우고 있다. "첫째 때는 육아 도우미를 고용했고, 둘째 때는 제가 1년 정도 휴직을 했죠." 앨리슨이 말했다. 앨리슨이 복직하고 나서는 두 아이를 모두 지역 유대인 커뮤니티 센터에서 운영하는 어린이집에 보냈고, 아이들은 초등학교에 입학할 때까지 그곳에 다녔다. "선택해야하는 순간마다 많은 걱정을 했지만, 저는 우리의 결정을 지금까지도 후회하지 않아요. 5년 동안 유대인 커뮤니티 센터와 함께했는데, 마지막날 아이를 데리러 갔을 때 얼마나 슬펐는지 몰라요. 그곳은 우리 가족이 처음으로 소속감을 느낀 곳이었고, 가족 모두가 사랑한 장소였죠. 아이들이 마지막 작별 인사를 하던 모습에서 아이들의 아쉬움을 엿볼수 있었죠."

어린이집에 보내는 것과 육아 도우미에게 맡기는 것은 각기 장단점이 있지만, 수준 높은 돌봄을 제공하는 어른과 함께 하는 한 아이가 잘못될 일은 없다. 육아 도우미는 아이를 일대일로 보살펴주고 관심을 준다. 아이들이 먹고 자는 것 같은 일상 활동을 아이들이 바라는 대로, 아이들의 특성에 맞게 조정할 수 있다. 어린이집은 더 체계적으로 아이를 돌본다. 보통 매일 정해진 일정표에 맞춰 점심을 먹고 낮잠을 잔다.

육아 도우미는 집안일도 도와준다. 출퇴근 시간이 오래 걸리는 출판사에서 임원으로 일하는 사라는 육아 도우미에게 깊은 고마움을 느꼈다. 사라가 고용한 도우미는 두 아이를 위해 요리를 하고, 학교 갈 때 도시락을 싸주고, 청소와 빨래는 물론 아이들의 등하교까지 책임져주었다. 사라는 가끔 필요한 식료품을 사러 가는 도우미에게 신용카드를 주기도 한다. "그녀 덕분에 우리의 부담이 적어지고, 우리 모두 주중에 쌓인 스트레스를 풀어야 하는 주말에도 집안일을 걱정하지 않아도 되니까 아이들에게 더욱 집중하게 됐죠."

아이가 아플 때도 도우미가 돌봐주니 부모는 출근할 수 있다. 어린이집에 다니는 아이가 아프면 전염 때문에 등원을 자제시키므로 부모가 육아를 위해 휴가를 쓰거나 다른 보호자를 찾아야 하는 곤란함을 겪게 된다. 그러나 도우미가 아플 때는 반대로 부모가 곤란해진다.

어린이집에 다니는 아이들이 특히 첫 1년 동안에 더 자주 아프다는 것은 어쩔 수 없는 사실이다.[10] 아이가 아프면 가족 모두가 아프다. 지금 이 문장을 쓰고 있는 순간 나는 장염(오토가 옮김)과 감기(에버렛이 옮김)에서 회복 중이다. 구토와 누런 콧물을 풀어낸 휴지로 가득했던 지옥 같은 한 주를 보냈다. 에버렛이 아기일 때 심한 장염에 걸린 적이 있는데, 그때 나는 종일 짜낸 모유를 수저에 떠서 에버렛에게 먹였다. 젖병으로 먹이거나 젖을 물리면 사방팔방에 토하고 난리가 날 게 분명했기 때문이다. 그러면 그 많은 빨래는 또 누가 해야겠나.

남편과 나는 에버렛이 어린이집을 다니기 시작한 첫 1년 동안 아이가 자주 아파서 매번 일을 쉬어야 했고, 정신적 충격도 받아서 내가 집에서 아이를 돌봤다면 아이가 절대 아프지 않았을 거라고 자책하기도 했다. 그러나 시간이 가면서 결국 아이의 면역체계는 강화되었고 잔병치레는 줄어들었다. 그리고 나니 이제 둘째가 어린이집에 들어갈 시기가 되어버렸다!

남편과 나는 아이들이 병에 걸리면 지금 안 걸려도 나중에, 언젠가는 걸리게 되어 있다는 합리적인 생각을 한다. 우리는 에버렛과 오토가 차라리 어릴 때 아프면 기껏해야 손가락 그림 그리기 같은 수업을 빼먹은 게 되지만 학교에 들어가고 나서 아프면 글자 읽기와 같은 중요한 수업을 놓치게 되고, 그게 더 큰 문제라고 판단했기 때문이다.

아이들을 집에서 가르치거나 커다란 비눗방울 속에서 키울 생각이 아니라면, 결국 아이들은 학교에 가서 수많은 세균과 접촉하게 된다. 연구 결과에 따르면 어린이집을 다닌 아이들이 면역력이 강화되어 학교에 들어가서는 오히려 병에 덜 걸린다고 한다.[11]

어린이집 대 육아 도우미 문제의 결론은, 당신의 우선순위와 가치, 그리고 당연히 재정 형편에 따라 선택해야 한다. 그러나 가장 중요한 것은 당신이 선택한 아이의 보호자를 당신이 편하게 대할 수 있어야 한다는 점이다. 예일 의과 대학 아동 정신심리학과 교수인 월터 길리엄 Walter S. Gilliam은 〈뉴욕타임스〉와의 인터뷰에서 "보육의 질에 관한 부분은, 실제적으로 아이와 아이를 돌보는 사람 사이의 관계로 결정된다. 아이들은 부모의 눈치를 본다. 그래서 어떤 선택을 하든지 당신은 아이를 돌보는 사람과 끈끈한 관계를 맺고 그 사람의 보육에 관해 신뢰하는 태도를 보일 필요가 있다."고 말했다.[12]

눈치 보지 않고 선택할 자유

아이오와 주 시더래피즈Cedar Rapids 부근에 사는 내 동생 캐시는 세 살

난 메러디스와 한 살짜리 놀란을 돌보기 위해 일을 잠시 쉬기로 한 결정에 조금도 후회하지 않는다. 비록 초반에는 이제 휴가도 못 가고 외식도 못 하는 것 아니냐며 가계 사정을 걱정하기도 했지만 말이다.

"딸이 태어나고 나서 복직해야 할 때, 난 내 딸과 떨어지는 게 힘들었어. 사람들은 처음엔 당연히 힘들다면서 시간이 지나면 점차 익숙해질 거라고 했지. 하지만 복직하고 나니 산후우울증이 찾아오고 말았어. 출산한 지 6개월이나 지나서 산후우울증에 걸릴 거라고 누가 생각이나 했겠어?" 캐시는 깔끔하게 정돈된 집에서 내게 말했다. "2년 반이 지나서 둘째 아들이 태어났어. 그런데 복직하고 나니 산후우울증이 또 오는 거야. 복직이 나에게는 행복이 아니라 큰 스트레스일 뿐이라는 생각이 번뜩 들었어. 아이들이 일어나기도 전에 출근해야 했고, 아이들이 잠자리에 들기 전, 겨우 한 시간 남짓 있는 그 소중한 시간을 직장에서 받은 스트레스 때문에 제대로 즐길 수 없었어. 정말 힘들었지. 그래서 막내가 6개월이 됐을 때, 그리고 내가 다시 직장에 나간 지 4개월 만에 두 아이를 어린이집에서 데리고 나왔어. 전업주부가 되기로 한 거야. 집에서 아이를 돌보겠다는 내 선택을 후회해본 적은 한 번도 없어."

그렇지만 캐시도 남편 브라이언이 직장에서 승진해 장시간 국제 출장이 불가피하게 된 상황에서는 그의 수입이 늘어나 가정 형편에 큰 도움이 됐음에도, 혼자서 해내야 하는 육아가 힘들었다고 했다. "처음에는 사람들이 내가 그동안 석사 학위를 따기 위해 투자한 그 비싼 수업료와 많은 시간이 모두 낭비였다고 생각할까봐 걱정도 많이 했어. 하지만 나는 지금 육아와 전공에 모두 도움이 되는 경험을 하고 있고, 다른 길을 선택했다고 해서 그동안의 내 노력이 사라지는 건 아니라고 생각해. 애들이 엄마한테 너무 달라붙어 있다고 말하는 사람도 있지만, 난 그런 말들을 칭찬으로 받아들여. 내 아이들은 내가 어렸을 때 느껴보지 못했던 안정감을 느끼면서 자랐으면 좋겠어. 내가 일을 포기하고 전업주부가 되기로 한 결정 때문에 이제 페미니스트로서 자격이 없다는 비난을 받게 될까봐 걱정한 적도 있지만, 사람들의 눈치를 보지 않고 원하는 선택을 할 수 있는 자유야말로 페미니즘이 추구해야 할 진정한 가치라고 생각해."

당신도 전업주부가 되고 싶다고? 좋다! 당신에게 그럴 여유가 있고 가족들에게 더 이로운 결정이라고 생각한다면 죄책감 따위는 느끼지 말고 직장을 그만두라. 퓨 리서치 센터Pew Research Center의 보고서에 따르면, 전업주부의 비율이 1994년에는 22%였으나 2014년에는 29%로 증가했고, 최근 몇 년 동안에도 꾸준히 증가하고 있다고 한다.[13]

부부 중 한 명이 육아를 전담하는 것을 선택할 수 없는 부부도 많다. 귀여운 금발인 브룩은 재능 있는 발레리나였으나, 나중에 해군에 지원했다. 그녀의 남편도 군인이다. 두 아이의 엄마인 브룩은 "육아는 복직 후에 나와 아이들이 편안하게 지내기 위해서 반드시 해결해야 할 어려운 퍼즐 같아요. 군인 가족이기에 지난 2년 동안 3개 주를 옮겨 다니며 살았고 내년 여름 즈음에 또 이사해야 할 것 같아요. 매번 아이들을 돌봐줄 기관을 알아보고 각 주의 육아 지원체계를 확인해야 할 뿐 아니라, 저를 안심시켜줄 육아 도우미도 찾아야 해요. 나는 해군과 프리랜서로 계약했기 때문에 아르바이트처럼 일할 수 있어서 대부분 내 일정에 맞춰 프로젝트를 선택하고 근무 시간도 조정해요. 그래서 일을 하지 않을 때는 아이들을 집에 데리고 있는데, 그러다 보니 육아 일정을 일정하게 짜기가 쉽지 않죠. 게다가 마지막 근무지에서는 어린이집 보육료와 학교 수업료가 너무 비싸서 내가 정규직으로 일하지 않고서는 아이들을 보낼 수가 없었어요."라고 말했다.

나는 노르웨이의 스탠퍼드 대학에서 실시한 연구에서 흥미로운 점을 발견했다. 이 연구는 생애 첫 1년 동안을 집에서 부모와 보낸 아이들이 학교에서 더 우수한 성적을 거두었다고 한다. 노르웨이는 성적을 1~6등급으로 나누는데, 등급 전체의 평균보다 집에서 돌본 아이들의 점수가 0.02% 정도 높았다.[14] 차이가 고작 0.02%에 불과하지만, 이것이 보살핌을 중시하는 노르웨이의 특이한 사회 제도와 관련 있다는 점에서 주목해볼 필요가 있다.

노르웨이는 육아 정책이 발달한 국가로, 부모들에게 유급 가족 휴가를 보장하며(엄마는 46주 동안 급여의 100%를 받거나 56주 동안 급여의 80%를 받고, 아빠는 그중 14주를 사용할 수 있다),[15] 높은 육아 보조금도 지원한다. 미국의 아이들도 태어난 직후부터 부모와 질 높은 교감을 하고 어렸을 때부터 좋은 보육 환경을 보장받으면 내신(GPA) 점수가 지금보다 훨씬 더 높아질 것이다.

아빠가 돌보는 게 어때서?

이제 부부 중 집에서 아이를 돌보는 쪽은 항상 엄마일 것이라는 고정관념을 버릴 때가 되었다. 지금은 과거보다 훨씬 많은 아빠가 일을 그만두고 집에서 아이를 돌보고 있다. 2012년에 실시한 조사에서 200만 명의 남성이 아이의 1차 양육자 역할을 하고 있다고 나타났는데,[16] 이는 1989년에 비해서 두 배에 가까운 수치였다.

파얄과 네이트는 아들 닐이 태어나기 전에 둘 중 누가 아기를 맡아서 돌볼 것인지 이야기를 나눴다. 네이트가 그 역할을 맡기로 했는데, 살림하는 아빠라는 성차별적 호칭 대신에 '주 양육자'라고 부르기로 했다. 파얄은 큰 보험회사의 임원으로 복직했다. 우리는 닐이 두 살이 되었을 때, 무더운 금요일 오후에 술집에서 만났다. 파얄은 창가에 앉아 와인을 홀짝이며 말했다. "그게 합리적이었지. 네이트는 연봉 4,800만 원의 교사였지만, 나는 경영학 석사학위도 있고 더 높은 자리까지 올라가고 싶었거든. 우리 사이에서는 내가 가장 역할을 해야 할 거란 걸 알고 있었지만, 싫지 않았어. 오히려 신선했지. 내가 왜 일을 포기하겠어? 난 집에 있을 성격이 아니야."

파얄의 부모님은 인도에서 미국으로 건너온 이민 1세대였고 여러 가지 조건에 맞춘 중매 결혼을 했다. 부모님은 두 사람의 결정을 쉽게 받아들이지 못했다. 파얄의 어머니는 여러 곳에서 일하며 항상 직업을 갖고 있었지만, 파얄과 남동생의 육아는 늘 어머니의 몫이었다. 그래서 부모님은 네이트가 일을 그만둔다는 소식에 곱지 않은 시선을 보냈다. "우리 부모님은 왜 나에게 1억 5천만 원짜리 경영학 학위를 버리고 집에 있으라고 할까?" 파얄은 이해할 수 없다는 듯 내게 말했다. 반면 네이트는 전혀 다른 분위기의 가정에서 자랐다. 영국인인 그의 부모님은 외동아들을 전적으로 지지했다. "네이트는 위험 요소를 판단하는 기준이 나와 완전히 달라. 나는 언제 어디서나 내 능력을 증명해야 한다는 압박감을 느끼지만, 네이트는 자신이 원하면 언제라도 새로운 직장을 구할 수 있다고 생각해서인지 일을 그만둔 뒤로 더 태평해졌어." 파얄은 네이트의 태도가 어떻게든 된다는 식의 '전형적인 미국 백인 남성'의 태도라며 씁쓸하게 말했다.

파얄의 출산 휴가가 끝날 때쯤, 두 사람은 주 양육자의 결정에 관해서 좀 더 깊은 대화를 나눴다. 그녀가 직장에 복귀하기에 완벽한 상태는 아니었지만 둘은 현실적 선택을 해야 했다. 누군가는 대출금을 갚아야 했고 그녀의 직장과 그곳에서 제공하는 건강보험이 필요했다. 두 사람은 아이를 위해 침실이 하나 있는 14평짜리 아파트에서 옥상이 있는 비싼 복층 집으로 이사한 상태였다. "우리에게는 경제적으로 별다른 대안이 없었어." 파얄이 말했다.

그래서 파얄은 모유 수유를 위해서 근처에 공유 사무실을 하나 구해 일주일에 4일 출근했다. 1년이 지나고 나니 네이트는 아들과 온종일 집에만 있는 것이 자신에게 도움이 안 된다는 생각이 들었고, 육아 도우미를 구할 수 있을 만큼만 벌 수 있는 직장을 구했다. 두 사람이 모두 '주 양육자'의 역할에서 벗어나자 오히려 그들의 관계는 더 좋아졌고, 주변 또래 아기들과 자주 놀게 해주는 육아 도우미 덕분에 닐도 즐겁고 행복하게 잘 자랐다. "우리 육아 도우미는 우리보다 좋은 보호자였어. 얼마나 마음이 편해졌는지 몰라, 우리 결혼 생활에 꼭 필요한 사람이야."라고 파얄이 웃으면서 말했다.

다른 부모들처럼 파얄과 네이트도 일과 삶의 조화를 좇고 있다. 2012년 퓨 리서치 센터의 '현대의 부모상(Modern Parenthood)'이라는 설문 조사 보고서에 따르면, 일과 육아의 병행이 어렵다고 대답한 남성의 비율이 여성만큼이나 높았다. (하지만 아직도 여성들에게만 공개적으로 이런 질문을 하는 게 현실이다!) 이 조사는 직장인 아빠의 48%와 직장인 엄마의 52%가 집에서 아이를 직접 돌보고 싶지만, 경제적인 여건 때문에 일을 한다고 전했다.[17]

어떻게 해도 비난은 있게 마련

나는 전업주부들만(그녀의 표현을 그대로 옮기자면, '진짜 엄마') 초대받을 수 있다며 내 아이들을 놀이 모임에서 제외한 여자를 잊을 수가 없다. 왜 좋아하는 일을 하면서 가족에게 필요한 돈도 번다는 이유로 그런 대접을 받아야 하는가?

내가 직장에 나간다는 이유로 느낀 수치심이나, 내 여동생이 직장을 떠날 때 느낀 수치심은 사회에 만연해 있는 육아에 대한 고정관념 때문이지, 갑자기 등장한 현상이 아니다. 우리 사회는 여전히 색안경을 낀 채 아이의 성별, 부모의 경제력, 인종 등 수많은 문제를 대하고 있다. 육아도 다르지 않다.

농업 사회에서는 가족 구성원 모두가 생산 활동과 육아를 쉽게 병행할 수 있었다. 소냐 미셸Sonya Michel의 저서 《아동의 이익과 어머니의 권리(Children's Interests/Mothers' Rights)》에는 "미국 원주민들은 갓 태어난 아기를 요람에 묶어 두거나 직접 만든 아기 띠에 넣어서 데리고 다녔다. 식민지 시대 여성들은 어린아이들이 벽난로에 빠지지 않도록 높은 의자나 방직기에 아기를 묶어 두었다. 중서부 평원의 개척자들은 아기들을 나무상자 안에 눕히고 쟁기에 묶어 놓았다. 남부 농장의 농부들은 밭 가장자리에 못에 박고 줄을 달아서 아이들을 돌아다니게 했다."라는 내용이 있다.[18]

그러나 이러한 육아 환경은 시장경제의 성장과 더불어서 변화를 겪게 됐다고 미셸은 쓰고 있다. 장인 한 사람이 한 켤레의 신발을 제작에서 판매까지 모두 감당하는 대신에 다른 가게에서 다듬어 놓은 재료를 사서 제작하고 판매는 또 다른 가게에 맡겼다. 그래서 더 많은 주문을 감당할 수 있게 되었고, 돈은 판매를 위탁한 상점에서 받게 되었다. 이처럼 시장의 방식이 변하자 사람들은 직장에서 일해야 했고 근무 시간과 작업환경을 마음대로 통제할 수 없게 되었다. 이는 특히 여성들에게 큰 영향을 끼쳤다. 더는 육아와 생산 활동의 균형을 유지하면서 돈을 벌 수 없게 되었으며, 따라서 가정에서의 역할이 축소될 수밖에 없었다. 여성들은 육아 때문에 생산성이 낮을 것이라는 편견 때문에 적은 임금을 받고 일하는 수밖에 없었다.

이러한 변화가 모든 가정에서 문제가 된 것은 아니다. 부유한 가정의 경우에는 남편의 넉넉한 수입만으로 충분했기 때문에 여성은 일을 그만두고 육아에만 전념하면 되는 일이었다. 그러나 저소득층에 해당하는 소수 인종이나 이민자들의 가정에서는 일을 그만두는 것 자체가 사치였다. 그래서 열악한 근무 환경에서 일하며 육아를 병행해야 했다. 결과적으로 일하는 엄마는 일도 육아도 제대로 못하며 그 아이도 바르게 자라지 못한다는 오명을 쓰게 되었다.

1920년대에 미국 아동국이 실시한 조사에 따르면, 부모를 따라 위험한 근무지에 가거나 부모가 일하는 동안 집에 방치된 영유아들이 다치거나 심지어 목숨을 잃은 사례들이 드러났다. 그러나 정부는 여전히 연방 차원의 육아 보조금 지급을 시행하지 않았고, 당시 남자 의사 대부분은 '지치고 피곤한' 엄마들이 아이들의 성장에 '방해'가 된다고 주장했다.

여성이 집에서 아이를 돌봐야 한다는 생각에 1930년대에 들어 대부분 주에서 '미망인 연금'이나 '엄마 수당'이란 명칭의 법이 제정되었다. 그러나 이런 '엄마 연금'을 받기란 쉽지 않았다. 특히 흑인은 더욱 어려웠다.(미셸 박사는 "흑인 여성들은 백인 여성들과는 달리 노동에 익숙하므로 육아를 위해 집에 머무르도록 해선 안 된다는 사회적 분위기가 있었다."라고 책에 썼다.) 한 세기가 바뀔 때쯤에 진보적 자선가들은 영유아를 돌봐주는 시설을 설립했지만 늘어나는 수요를 감당하지 못해 시설은 주먹구구식으로 운영되기 일쑤였다. 그 탓에 일하는 엄마를 부정적으로 바라보는 시선은 더욱 따가워지고 말았다.

대공황 당시 정부의 공공사업 진흥국은 비상 보육 기관을 설치해서 실직한 교사들을 고용했는데, 모든 계층의 사람들을 대상으로 무상 보육을 시행했다. 840만 명이 공공사업 진흥국에서 운영하는 보육 기관을 이용했는데, 고등교육을 이수한 교사들이 좋은 임금을 받으며 근무했기 때문에 제대로 된 보육이 이루어졌다. 잠시 육아에 관한 부정적인 여론도 수그러들었다. 그러나 2차 세계대전이 한창이던 시기라 교사들은 더 많은 돈을 벌 수 있는 직업을 찾아 떠나기 시작했고, 보육 기관도 쇠퇴의 길을 걷기 시작했다. 전쟁 때문에 많은 여성이 일해야만 했고 워킹맘에 대한 부정적인 여론도 다시 급증했다. 1942년에 한 라디오 프로그램은 워킹맘의 자녀들을 '열쇠 목걸이를 한 아이들(latchkey children)'이라고 불렀다.[19] 아이들이 학교를 마치고 아무도 없는 집에 혼자 문을 열고 들어가야 하는 가정을 조롱한 말이었다. 다른 언론들도 마찬가지로 워킹맘을 '이기적'이라고 표현했다. 아이들의 '모성 결핍'을 지적한 소위 전문가라 불리는 이들은 대부분 시대를 잘 만난 부유한 남성이었다.

전쟁이 끝날 무렵에 의회는 보육 관련 지원 사업을 중단시켰다. 공공사업 진흥국에서 설치했던 보육 기관들은 대부분 문을 닫거나 열악한 환경에서 겨우 운영 중이었다.

1960년대 초가 되어서야 존 F. 케네디의 정부가 여성의 지위에 관한 문제를 대통령에게 조언하는 대통령 직속 여성자문위원회를 설치하면서 보편적인 보육 지원을 다시 고려하게 됐다. 여성자문위원회는 여성들의 사회 활동이 보편화된 사회에서 정부의 보육 지원이 아이들의 발전과 사회 및 인종 통합에 도움이 될 수 있다고 제안했다. 그러나 케네디 정부의 계획은 결국 실패로 끝났다.

이후 페미니스트, 노동자 대표, 인권 운동가 대표, 유아 교육 관련자들이 3년에 걸쳐 마련한 보편적 보육 지원책은 의회에서 초당적 합의로 통과됐음에도 닉슨 대통령의 거부권 행사로 시행되지 못했다.[20] 레이건 대통령의 정책은 영리 목적의 어린이집 설립에만 도움이 됐다. 클린턴 정부의 보육 정책은 복지 개혁의 하나로 '가난한' 사람이나 '소수자'만을 대상으로 했다.

육아에 관한 부정적인 의식은 오늘날까지도 이어져 오지만, 18세 이하의 자녀를 둔 여성의 70%가 직장에 다니고[21] 5세 미만 아동의 61%가 정기적으로 보육 시설에 맡겨지는 것이 현실이다.[22] 미셸 박사는 "보편적이고 질 높은 공공 육아 정책을 펼치도록 부모들이 정부에 단합된 의견을 전달해야 하지만 이런 역사와 계층을 구분 짓는 현재 미국의 육아 정책 때문에 부모들의 단합이 힘들다."라고 썼다.[23]

엄마가 집에 있는지, 아빠가 집에 있는지, 할머니가 돌봐주는지, 아기가 어린이집에 가는지, 육아 도우미를 두고 있는지, 엄마가 일하는지, 아빠가 일하는지를 두고 우리가 서로를 비난하고 부끄러워하는 데 단 1초의 시간도 낭비할 필요가 없다. 우리가 할 수 있는 최선을 다해 가족을 위한 일을 하면 된다.

엄마에겐 가혹하고 아빠에겐 관대한 사회

캘빈과 그의 아내 벨지는 보스턴의 교외에서 초등학교 2학년인 아들과 유치원에 다니는 딸 아이를 키우고 있다. 아이오와 주에서 자란 캘빈은 교사가 되기 위해서 몇 년 전에 뉴욕으로 이사했다가 작가로 전향하면서 학교를 그만두고 보스턴으로 이사했다. 그는 아이티에서 이민 온 아내가 자신과 다른 대우를 받는 상황을 목격했다. 자신은 늘 늘어난 운동복 바지를 입고 수염도 깎지 않은 채 아이를 유치원에 데려다줬는데도 다른 엄마들에게 멋쟁이라는 소리를 들었는데 말이다.

"벨지와 친하게 지내는 엄마들이 벨지가 복직할 때 '나는 아이를 내버려 두고 일하러 가는 건 상상도 못 하겠어.'라는 말을 하더군요. 나는 왜 사람들이 항상 자기 생각만이 정답이라고 생각하는지 이해가 안 돼요. 직업은 그 사람의 정체성을 드러내는 중요한 부분이죠. 직장을 그만두면 그런 정체성을 다른 짓 하는 데 쏟아부어요. 저도 그런 사람들을 흉봤어요. 부모로서 역할을 하고 정체성을 내보이는 데 지쳐서 스스로 시간을 그렇게 보낼 거라고 결정한 것이라면 제가 상관할 바 아니지만, 그렇다고 자신과 다른 생각을 하는 사람들에게 곱지 않은 시선을 보내는 건 문제입니다."

벨지는 내가 '흑인 엄마의 모성'이라 부르는 문제도 겪고 있다. 딸을 낳은 지 얼마 되지 않았을 때 간호사가 벨지에게 아이의 엄마냐고 물었다. "벨지는 '내가 애 엄마가 아니면 뭐겠어? 젠장!'이라고 대답했던 것 같아요." 캘빈이 덤덤하게 말했다. 아이를 데리고 외출할 때는 벨지가 육아 도우미인 줄 아는 사람도 많다고 한다. "아내에게 시급이 얼마냐고 묻기도 하고 아이들에게 참 친절하다고 칭찬하기도 했죠. 벨지가 정말 동안이거든요. 그래서 저는 인종차별이 아니라 당신이 너무 어려 보여서 그런 거라고 백인의 변명을 하기도 해요. 특히 7년 전 첫 아이가 태어났을 때는 더했죠. 하지만 그런 편견이 우리의 삶과 정체성에 영향을 끼치진 않아요."

미국에서는 엄마들이 아빠들보다 더 가혹하게 비난받는다. 예를 들어, 700명 이상의 사람들을 대상으로 한 연구[24]는 자녀가 있는 양성 부부와 자녀가 없는 양성 부부, 대부분 백인 부부, 아이를 홀로 남겨두고 부모가 다친다든지, 아이를 돌보지 못하게 된다든지 하는 다양한 상황을 설정했다. 그런 다음 아이들이 지금 얼마나 위험한 상태에 있는지 1점부터 10점까지 평가해달라고 부모들에게 요청했다. 그 상황에서 엄마가 한순간이라도 한눈을 팔면 가혹한 비난을 받았지만, 같은 상황에서 아빠에게는 훨씬 관대한 잣대가 적용됐다. 확실히 남자가 일하러 간다고 해서 아이가 크게 위험해진다고 생각하진 않는 것 같다. 하지만 여자가 일하러 가서 아이를 혼자 두면? 당장에라도 큰 사고가 터진다는 듯이 소란을 피운다!

집에서 일하는 캘빈은 장난감 로봇이 널려 있고 한 번도 사용하지 않은 듯한 러닝머신이 접혀 있는 방을 사무실로 쓰고 있었다. "사람들이 먼저 저를 전문가라고 생각하는데, 굳이 내가 나서서 나에 대해서 이것저것 떠들 필요는 없죠. 그저 '전업주부 겸 작가'라고 먼저 말하고 다니지 않을 뿐이에요." 캘빈은 일과 관련해서 만나는 사람들에게 자신의 아이들 이야기를 하는 것을 망설이지 않는다. "아이들과 있을 때 업무 전화를 받으면 '지금 아이들을 데려다주고 있어요.'라고 말할 겁니다. 저는 신경 안 써요. 집에서 일하고 유연하게 계획을 조정할 수 있고 아이도 있는 사람은 많아요. 이상한가요? 그렇다고 내가 중요한 회의나 결정에 빠지는 것도 아니잖아요."

캘빈은 자신이 하고 싶은 일을 하고 벨지는 교사로 일한다. 그들은 "우리에게 주어진 환경에서 최선을 다하고 있어요."라고 말한다. "벨지는 건강보험처럼 좋은 복지와 상당한 월급을 받는 정규직이기 때문에 저는 제가 원할 때 일을 그만둘 수도 있어요. 반대로 미친 듯이 일해서 많은 돈을 벌 수 있는 능력도 있죠. 하루 쉬고 싶으면 그 누구의 허락도 받지 않고 쉴 수 있죠." 그렇다고 해도 이들도 육아와 집안일, 직장을 병행하는 데 어려움을 겪고 있다. "아직 힘에 부칠 때가 많아요. 다양한 변수가 있는 육아를 직장에 다니는 부모나 부부 중 한 명이 어떻게 해내고 있는지 모르겠어요. 쉬워 보일 수 있지만 어려운 일이죠."

#당당한육아를위하여 실천하기

결국 집에서 아이를 직접 돌볼지, 어린이집에 보낼지를 결정하는 것은 여러 가지 연구의 결과나 주변인들의 의견이 아닌 오롯이 당신의 가치 판단에 따른 결정이어야 한다. (선택권이 다양하다는 자체가 특권이다.) 어떤 결정을 내려도 자녀의 삶을 망가뜨리지 않을 테니 안심해도 된다. 미국 소아과학회의 '출생부터 유치원까지의 조기 교육과 보육의 질'이라는 보고서에는 다음과 같은 내용이 기재되어 있다. "보육자의 태도가 일관성 있고 건전하며 정서적인 안정감을 줄 때, 아이와 가정에 긍정적인 효과를 일으킨다."[25]

6장

타임아웃!

이성을 잃지 않고 훈육하는 법

양심 고백을 좀 하자면, 내가 이전에 훈육에 대해 완전히 잘못 생각하고 있었음을 깨달았다. 훈육이라는 단어는 아이를 으르고, 소리치고, 타임아웃(아이의 잘못된 행동을 중단시키고 조용한 장소로 격리해 생각할 시간을 주는 훈육법-옮긴이)을 시키고, 엉덩이를 때리고, 야단치는 행위만을 말하는 게 아니다. 훨씬 많은 의미가 담겨 있다.

훈육은 우리 아이들에게 긍정적인 행동과 성격을 만들어주는 교육법이다. 아이들이 옳은 행동을 했을 때는 칭찬을 해줘야 한다. 이는 나쁜 행동을 했을 때 심하게 야단치는 것보다 효과가 좋다. 우리는 훈육을 바라보는 관점을 완전히 바꿔야 한다.

그러나 나도 어떤 부분을 고민하고 있는지 알고 있기에 당신의 기분을 이해한다. 훈육 방법은 너무 다양하다. 지난 몇 년 동안 우리 사회의 훈육 방법은 매우 많이 바뀌었다. 마트에서 가득 찬 쇼핑 카트를 한 손으로 잡고 다른 한 손으로 바닥에 드러누워 생떼를 쓰고 있는 아이의 손에 들린 과자 봉지를 뺏으려는 모습을 주위 사람들이 모두 지켜보고 있는 기분이 드는 순간, 우리가 느끼는 스트레스는 엄청나다. 아이에게는 우리의 마지막 정신줄까지 놓게 만드는 뭔가가 있다. 징징대면서 짜증을 부리다가 가짜 눈물까지 짜내는 걸 보면 정말 어처구니가 없다.

햇살 좋은 일요일 오후, 브루클린의 한 놀이터에서 프리덤이라는 아빠를 만났다. 프리덤은 체크 무늬 셔츠를 입고 중절모를 쓴 말끔한 모습으로 여섯 명의 아이들을 지켜보고 있었다. 그중 넷이 다섯 살도 안 된 남자아이들이었다. 아이들을 돌보다가 부끄러웠던 적이 있었느냐는 내 물음에 그는 망설임 없이 대답했다. "내 아이 중 하나가 공공장소에서 울고 있다면, 모두가 아빠인 나를 못마땅하게 쳐다볼 겁니다. 사실 저는 좀 울도록 내버려 둬도 괜찮다고 생각하지만, 모두가 나름의 잣대로 저를 판단하겠죠. 그래서 훈육하는 걸 망설이지 않아요. 저를 보고 너무 심하게 훈육한다는 사람들도 있을 테고, 충분하지 않다고 생각하는 사람도 있겠죠. 그렇다고 때린다는 말은 아닙니다."

프리덤은 훈육에 관한 본인의 생각을 이렇게 밝혔다. '너무 심하게 훈육하는 거 아냐? 혹은 너무 내버려 두는 거 아냐?'라고 느껴질 때도 종종 있다. 공공장소에서 우는 아이는 모두의 관심을 끈다는 사실을 아이들은 알고 있다. 부모도 사람들의 시선을 의식한다. 그래서 훈육이 어렵다. 적절한 균형점을 찾기가 여간 어려운 게 아니다.'

그러나 아이들이 옳은 행동을 할 때 부모가 긍정적으로 힘을 실어주고, 아이가 나쁜 행동을 했다고 해서 끊임없이 소리를 지르거나 때리지 않는다면, 아이들은 바르게 자랄 수 있다.

분명히 말하지만, 나는 아이들의 정서나 신체에 학대에 가까운 충격을 주는 그 어떤 방식도 훈육이라는 명분으로 포장해 옹호하지 않는다. 제발 훈육이라는 명목으로 아이에게 욕을 하거나 정신적인 학대를 가하지 마라. 매일, 온종일 소리 지른다고 아이가 바르게 자라지는 않는다. 화가 났을 때 본능적으로 한 첫 행동이 폭행이나 욕설이었다면, 그건 분명 선을 넘은 행동이다. 그럴 때는 한발 뒤로 물러나 심호흡을 하며 냉정을 되찾아야 한다. 그러나 가끔 이성을 잃고 아이에게 소리를 지른다고 아이에게 문제가 생기진 않는다.

냉정하게 들리겠지만 아이에게 '쿨한 부모'나 '친구 같은 부모'가 되고 싶다는 생각에 훈육하길 꺼리면 안 된다. 과학적으로 부모가 아이들의 행동을 제한하는 규칙이 있을 때, 아이가 주변 상황을 예측할 수 있는 능력이 발달하며 삶의 문제에 대처하는 데도 도움이 된다고 한다. 나쁜 행동을 하면 그에 합당한 대가를 반드시 치러야 한다는 원칙을 알려주어야 아이의 통제력이 발달할 수 있으며, 문제에 맞닥뜨렸을 때 해결을 위한 능동적인 자세를 취하게 되고 회피하려는 경향은 줄어들게 된다고 한다.[1] 실제로 아이들은 자신의 행동에 따른 결과를 예측할 수 있을 때 안정감을 느낀다. 아이들은 그러한 안정감을 토대로 삶이 주는 시련에 대처할 수 있다. 회복력이 강한 아이로 기르는 것이 우리 모두의 목표 아닌가?

'떼쓰기 놀이'를 해보자

"사람들은 훈육이라고 하면 보통 야단치는 행위를 떠올립니다. 하지만 생각을 바꿔야 합니다." 예일대 심리학과와 아동 정신의학과 교수이자 예일대 육아 센터를 설립한 앨런 카즈딘Alan E. Kazdin 박사의 말이다. 카즈딘은 매우 공격성이 강하고 반사회적인 아이들과 그런 아이들 때문에 매일같이 터지는 문제를 감당해야 하는 가족들을 가까이서 지켜보았다.

카즈딘은 우선 부모들에게 자녀들이 가졌으면 하는 기질을 서너 가지 정도 생각해보라고 말한다. 정직한 아이로 자랐으면 좋겠다고? 그렇다면 먼저 우리가 본보기로 정직한 행동을 보여줘야 한다. 그런 다음 아이의 행동을 유심히 지켜보면서 정직한 행동을 할 때마다 칭찬해준다. 그러면 칭찬은 아이의 다음 행동에 반영되고, 아이가 자라면서 정직한 행동을 하는 기질은 점차 발달하게 된다.

카즈딘은 "아이스크림 가게 앞에서는 이런 게 잘 통하지 않을 겁니다."라며 농담처럼 말했다. 그래서 그는 '떼쓰기 놀이'를 추천했다. 처음에는 좀 이상하게 들릴지 몰라도 효과는 있다. 박사는 두 살만 먹어도 이 놀이를 함께 할 수 있을 거라고 장담한다.

집에서 아이와 함께 있는데 지루하다면 아이에게 떼쓰는 연기를 시켜보자. "이렇게 하는 겁니다. 자, 이제 내가 너희들한테 뭘 못하게 할 거야. 진짜는 아니야. 그냥 흉내만 내는 거야. 너희가 떼를 쓰면서 화가 나겠지? 그래도 엄마에게 폭력을 쓰면 안 돼. 폭력을 쓰지 않으면 네 점수표에 1점을 적을 거야." (점수표는 무시해도 좋다.) 카즈딘은 다음 단계로 "엄마나 아빠는 아이를 향해 몸을 숙이고 짓궂은 표정으로 미소를 지으세요. 웃는 게 중요합니다."라고 설명했다. 이것이 그저 '놀이'일 뿐이라는 편한 분위기를 만들 수 있기 때문이다. 놀이일 뿐이지만 아이들은 짜증이 나게 돼 있다. 그럴 때 웃음은 부모나 아이가 평정심을 유지하는 데 도움을 준다.

이제 아이에게 "오늘 밤에는 TV 시청 금지!"라고 말하면 된다. 그리고 아이가 폭발하는 걸 지켜보자.

카즈딘은 지금부터가 중요하다고 말한다. 이제 부모들은 세 가지 행동을 해야 한다. 첫째, 아이에게 과장된 말투로 칭찬을 해준다. "대단해! 정말 잘했어! 화가 나도 엄마에게 난폭하게 굴지 않았네!" 둘째, 아이와 하이파이브하고 머리를 쓰다듬는 등 행동과 스킨십으로 칭찬하자. 카즈딘은 "당신 가족에게 익숙한 어떤 스킨십이라도 좋다."고 말한다. 나는 아들의 어깨를 꼬옥 잡아주는 것을 좋아한다. 세 번째 단계는 다른 것으로 다시 놀이를 시작하는 것이다. "정말 잘했어. 그런데 과연 연속으로 두 번이나 성공할 수 있을까? 다섯 살이라도 연속으로 두 번 성공하기는 힘들 건데? 좋아, 그럼 다른 것으로 한 번 더 해보자."

카즈딘은 이 놀이를 1~3주 동안 가끔 하면 아이에게 떼쓰는 버릇이 사라지거나 크게 줄어든다고 말한다. 아이들은 화가 났을 때 폭주하지 않으면 칭찬을 받는다는 규칙을 알게 된다. "놀이에서 벌어지는 일들이 아이의 성격을 형성할 수 있어요." 아이가 떼를 쓰려고 할 때마다 "와, 놀이하는 것도 아닌데, 너 잘 참는구나! 멋져!"라고 말해주면 곧 '떼쓰기 놀이' 자체가 필요 없어지게 된다. "부모는 긴장하지 않아도 되고, 아이는 칭찬을 받게 되는 거죠. 문젯거리가 없어지는 겁니다. 카즈딘의 말이다. 카즈딘 교육의 핵심은 전제(Antecedents), 행동(Behaviors), 결과(Consequences)로 정리된다(줄여서 ABC).

스스로 질문해보자. 아이들이 좋은 행동을 했을 때 어떻게 칭찬해야 할까? 나는 아이들이 조용히 함께 놀고 있을 때 "와! 너희 둘이서 너무 잘 놀고 있구나. 둘 다 정말 자랑스러워!"라며 칭찬해주려다 망설인 적이 많았다. 그 말을 하면 힘들게 얻은 내 짧은 휴식이 끝나버릴 게 분명했기 때문이다. 아이들은 내게 달려들 테고, 그러면 또 뒤치다꺼리를 시작해야 하니까.

하지만 최근에는 아이들의 행동을 바로바로 칭찬하려고 애쓴다. 그런데 정말로 효과가 있다. 바로 지난 주말에 에버렛은 생일 선물로 받은 장난감 기차를 오토에게 스스로 양보했다. 그리고 오토는 에버렛에게 자기 간식을 나눠주었다.

"사람의 마음은 부정적인 행동에 더 쉽게 반응하죠. 우리는 아이들의 좋은 행동을 당연하게 받아들이는 경향이 있어요." 카즈딘의 말이다. 그 말대로 아이들이 말썽을 부릴 때 우리는 엄청난 관심을 퍼붓는다. 이는 아이에게 좋은 기질을 형성할 싹을 없애는 태도이다. 나쁜 행동을 했을 때 관심을 주고, 좋은 행동을 했을 때는 관심을 주지 않는 우리의 태도가 사실상 아이들의 나쁜 행동을 강화하는 것이다. 그 과정에서의 훈육은 효과가 약할 수밖에 없다.

나쁜 행동은 전염된다는 속설이 있다. 예를 들어 어린이집에서 한 아이가 다른 아이를 물기 시작하면 모든 아이가 무는 버릇을 가지게 된다는 말이다. 하지만 이 속설은 인과관계를 무시하고 있다.

"나쁜 행동이 전염되는 사례는 그리 많지 않아요." 비영리단체 차일드 마인드의 선임관리자이자 임상심리학자인 데이비드 앤더슨David Anderson 박사의 말이다. "보상이 있는 행동이 전염됩니다."

좋은 행동을 해도 별로 관심을 주지 않는 선생님이나 부모가 있다고 가정해보자. 하지만 나쁜 행동을 하는 아이는 모두의 관심을 받는다. 나쁜 행동을 할 때 관심 받을 수 있다는 사실을 알게 된 아이들은 곧 너나 할 것 없이 그 행동을 따라 하게 된다. 그래서 나쁜 행동이 전염된다고들 생각하게 되었다.

(그런데 미국 심리학회의 보고서를 보면 어린아이들 사이에서 무는 행위는 이미 평범한 행동이 되었으며, 어린이집에 다니는 아이들의 절반이 물린 경험이 있다고 한다.[2] 무는 행위는 정상이다. 뉴욕대학교 랭원 아동 연구 센터의 교육 담당 부이사장인 제스 샤트킨Jess P. Shatkin 박사는 〈야후! 육아〉와의 인터뷰에서 이렇게 말했다.[3] "어린이집에 다니는 유아들은 여러 가지를 이해할 수 있을 만큼 컸지만 자기 생각을 정확하게 표현하지 못하죠. 그래서 잡고, 물고, 때리는 겁니다." 유아들은 불만을 표현하고 관심을 받기 위해, 혹은 그냥 어떤 일이 일어나는지 보기 위해 친구들을 문다.)

앤더슨은 아이가 무는 행위에는 몇 가지 이유가 있다고 말한다. 첫째, 아이들에게는 물고 싶은 내적 욕구가 있다고 한다. 앤더슨은 이를 '작업치료사들이 가장 먼저 세우는 가설'이라고 말한다. 둘째, 무는 행동을 했을 때 관심을 받았던 경험이다. 셋째, 그런 행동이 불편한 상황을 피할 수 있게 해주기 때문이다. 예를 들어 아이가 음악 수업에 가고 싶지 않을 때, 그냥 누군가를 물어버릴 수도 있다. 그러면 남아서 조용히 색칠이나 하고 있을 수 있으니까.

아이들은 왜 떼를 쓸까

그런데 아이들은 왜 떼를 쓸까? 이는 아이들의 발달 상황과 부모들이 아이들의 변화에 어떻게 대처하는지에 많은 관련이 있다. 어린 동생이 생기면 부모는 첫째의 모든 행동을 통제한다. "이제 첫째 아이는 어느 정도 자랐고, 자기만의 개성과 의지, 좋아하는 음식 등 스스로 하고 싶은 걸 생각하기 시작합니다. 그러나 부모는 계속 어느 정도 통제하고 싫어 하죠. 아이는 정상적으로 취향과 기호를 만들어가고 있습니다. 부모들이 거기에 어떻게 대처해야 하는지 잘 모르는 거죠. 의지의 문제입니다." 카즈딘의 말이다.

'미운 네 살'이라는 말로 아이를 표현하지 마라. 카즈딘은 그것이 잘못된 속설이라고 말한다. "떼를 쓰거나, 청개구리처럼 뭐든지 반대로 하거나, 일단 싫다고 하고 보는 아이의 행동은 아이가 미운 나이가 됐다는 뜻이 아니라는 것이 요즘의 이해이다. 아이들의 그런 행동은 아이의 마음을 어지럽히는 무서움과 불만 같은 압도적인 감정들 때문에 어떠한 상황을 헤쳐나갈 아이의 능력이 무너졌다는 신호이다. '미운 네 살'이라는 말이 아이보다 어른의 입장이라는 인식이 더 많아졌다." 아동심리학자 앨리시아 리버만Alicia F. Lieberman이 〈애틀랜틱〉지에서 한 말이다.[4]

"심리학에는 '반응물(reactant)'이라는 용어가 있습니다. 사람들은 강제로 무언가를 시키면 그 반대의 행동으로 반응하죠. 그래서 무슨 일을 시킬 때는 아주 특별한 방법을 써야 합니다. 말 잘 듣던 아이가 이제는 코트를 입지 않으려 합니다. 그때 부모의 말을 듣게 하려면 어떻게 해야 할까요? '내가 입으라고 말했지!' 같은 말은 부정 반응을 악화시킬 뿐이죠." 카즈딘의 말이다.

아이들은 자신에게 선택권이 있다고 느낄 때 화를 낼 가능성이 작아진다. "인간이 어떤 일을 하길 바란다면 선택권을 주는 편이 훨씬 낫습니다. '빨간색 재킷이나 녹색 스웨터를 입어라. 외출할 거니까.'라고 말하는 거죠. 선택권을 줄 때 그 선택지 사이를 준수할 가능성이 훨씬 큽니다. 삶에서 선택권이 있다는 걸 아는 것은 선택하는 것보다 훨씬 중요하니까요. 통제를 인식하는 것은 정말 매우 중요합니다." 카즈딘이 말했다. "그리 어렵지 않아요. 과학이니까요." (이는 자녀들에게만 통하는 방법이 아니다. 배우자나 동료에게 '헷갈리는 선택권'을 주고 얼마나 빨리 여러분이 원하는 것을 선택하는지 지켜보라. 이것은 인간 심리학의 기본이다.)

유아들은 스스로 좋아하는 것이 무엇인지 배우는 과정에서 걷기, 말하기도 배우고 있다. "유아기에 되도록 많은 환경을 느껴보려는 행동은 본능에서 비롯됩니다. 두 살배기 제 아이도 자신의 환경을 어떤 벽이 가로막고 있다고 느낄 때 그 벽 너머로 환경을 확장하려고 모든 시도를 다 해보죠. 정상적인 반응입니다. 아이들이 자신의 환경 안에서 끊임없이 호기심을 갖고 세상이 돌아가는 모습을 보면서 그 환경에 적응할 수 있는 능력을 발전시키는 건 우리가 저 작은 인간에게 바라는 일이기도 하죠."라고 앤더슨 박사는 말한다, "그래서 아이들이 끊임없이 서랍이란 서랍은 모조리 열고, 가구 위로 기어오르는 겁니다."

아이들이 걷고 말하는 법을 배우는 동안 부모는 답답할 수도 있다. 아이들은 불편할 때 어떻게 해야 할지 모르기 때문에 짜증을 낸다. 리버먼은《유아의 감정(The Emotional Life of the Toddler)》이란 책에서 "만약 성인들이 유아가 가지는 감정을 모두 경험한다면 아마 정서적으로 엄청난 피로를 느끼고 쓰러질 것이다."라고 썼다.[5]

'쿨한 척'은 한계가 있다

나는 지난 45분 동안 요리하고, 아침을 먹고, 장난감을 치우고, 설거지하고, TV 채널을 800번쯤 돌리고, 아이들 옷을 입히고, 양치질을 해줬다. 여름 캠프에 갈 시간이 다 되었다. "왜 아빠가 같이 안 가? 난 아빠가 좋으니까 아빠랑 갈래!" 에버렛이 허리에 손을 올리며 말했다.

"그래? 근데 엄마는 안 좋아?"라는 내 물음에 "응. 아빠만 좋아."라고 대답하더니 캠프에 가기 싫은 이유를 백 가지 정도 혼자 실컷 떠들고는 이내 징징거리기 시작했다. 에버렛이 단지 캠프에 가기 싫어서 갖은 핑계를 대며 떼를 쓰고 있다는 걸 직감적으로 알 수 있었고, 더 심하게 보채기 전에 특단의 조치가 필요하다고 생각한 나는 "어서 신발 신어! 당장!"이라며 큰소리를 냈다. 결국 에버렛은 울음을 터뜨렸고 내 짜증도 덩달아 솟구쳤다.

소아청소년과 의사를 돕는 공인 임상 사회복지사 클레어 러너Claire Lerner는 내 반응이 권하고 싶은 반응은 아니었지만, 지극히 정상적이었다고 말한다. "아이들은 정말 화를 잘 돋우죠. '미워!'처럼 가슴을 찌르는 말은 기본이고 온갖 말을 떠오르는 대로 내뱉어요. 하지만 모두 무시해야 하는 미끼예요. 아이들이 관심을 끌려고 애쓰는 거예요. 우리도 모르게 우리의 반응을 보고 있어요. 그럴 때는 '실망했구나? 엄마는 괜찮아.'라는 식으로 말해주세요."

우리는 모두 그게 말처럼 쉽지 않다는 사실을 알고 있다. 그 순간에는 상황을 냉정하게 판단하기 힘들다. 그래서 러너는 스트레스를 받을 때 자신을 위해 외울 주문을 몇 가지 정하자고 제안한다. 그렇게 하면 그 순간에 본능적으로 감정이 격앙되는 사태를 피할 수 있다. "엄마가 떼쓰는 걸 겁내기 때문에 떼쓰는 게 매우 효과적인 전략이 된다는 사실을 에버렛이 알고 있네요. 그러니까 아이가 떼쓰는 걸 겁내서는 안 되는 거예요. 에버렛은 정말 영리한 꼬마 전략가네요." 러너가 말했다.

러너는 우리의 감정을 억제하기 위해 아이들을 '다룰 수 있는 대상'이 아니라 '전략적으로 접근해야 할 대상'으로 생각해야 한다고 지적한다. "아이를 다루려 하는 부모는 더욱 가혹한 징벌로 맞대응하려 하죠. 아이들은 그저 부모에게서 빠져나갈 기회만 엿보게 되는 겁니다."

근래에는 부모가 아이들의 가장 친한 친구가 되어주어야 한다는 생각이 사회 전반에서 좋은 반응을 얻고 있다. 그래서 어떤 상황에서도 자녀들을 훈육하지 않으려는 부모들도 있다. 영화 〈퀸카로 살아남는 법 (Mean Girls)〉에 나오는 레지나 조지의 엄마가 극단적인 예다. 그녀는 딸의 나쁜 행동을 눈감아주면서 "나는 그냥 엄마가 아니야. 쿨한 엄마지."라고 말한다. 아이는 인스타그램에 비슷한 옷을 입은 엄마와 함께 찍은 사진을 올리고는 '내 가장 친한 친구야'.라고 쓴다.

우리는 모두 쿨한 부모가 되고 싶어 하지만 규칙을 세우는 데는 방해가 된다. 러너는 사회복지사로 일하면서 몇 번이나 그런 사례를 보았다고 했다. 우리는 아이가 떼쓰는 걸 두려워해서는 안 된다. 몇 번 울리더라도 아이를 망치는 게 아니다. "행복한 아이들이 항상 행복한 일만 겪는 건 아니에요." 러너가 말했다. 그게 바로 정답이다.

"부모들은 평상시에는 좌뇌적 사고, 즉 합리적 사고를 합니다. 아이들에게 한계가 필요하고 그 한계가 있음으로써 아이들이 자기조절 능력과 실망과 좌절을 배울 수 있도록 도와야 한다는 사실을 알고 있죠. 아이가 무언가를 얻을 수 없을 때 대처할 수 있는 능력을 갖추길 바라고 그 능력을 발휘할 때 큰 사랑을 느끼죠." 러너가 말을 이었다. "그러나 아이가 그런 능력을 잃거나 불만을 표출하는 순간, 부모들은 우뇌적 사고를 시작합니다. 짜증을 내고 아이와 힘겨루기를 하려는 거죠. 그런 방식으로는 아이가 한계를 극복하도록 도와야 하는 부모의 역할을 제대로 수행할 수 없죠."

여러분이 그런 상황에 부닥쳤다는 생각이 들 때는 뉴저지에 사는 라아키처럼 그 상황에서 벗어나자. "제 딸을 상대하다보면 가끔은 차라리 나한테 타임아웃을 시켜서 제정신을 찾고 싶다는 생각이 들 정도예요." 라아키는 《슈퍼 사트야가 날 살렸어!(Super Satya Saves the Day)》라는 책의 주인공인 자신의 건강한 딸 사트야를 두고 이렇게 농담했다. 러너는 떼쓰기에 대처하는 부모의 자세를 진지하게 생각한다. "우리는 아이들에게도 생각할 시간을 줘야 하지만, 우리에게도 그 시간이 필요해요. 아이가 우리의 화를 돋울 때 잠시 시간을 가져야 해요. 그 시간은 정말 중요하죠." 레너는 이렇게 제안한다. "'아이패드를 돌려달라고 했는데 네가 돌려주지 않아서 엄마가 지금 좀 화가 나거든. 그래서 엄마도 이 일을 어떻게 해야 할지 잠시 생각을 좀 해야겠어.'라고 말하는 거죠. 쉽게 흥분하는 성격의 부모들에게 많은 도움이 될 거예요."

보너스 효과도 있다. "이렇게 하면 가끔은 아이가 지레 겁을 먹고 반응을 하기 전에 물러설 수도 있어요. 원하는 반응을 안 보여줌으로써 아이의 계획은 이미 실패인 거죠."

딸을 키우는 아빠인 채드가 딸에게 사용하는 전략은 이렇다. "저는 타임아웃 훈육법이 제 딸아이에게는 맞지 않는다는 걸 알게 됐죠. 아이는 더 화를 낼 뿐 무엇을 잘못했는지는 전혀 생각하지 않았어요. 그래서 저는 아이에게 어디든 가서 필요한 만큼 혼자 있다 오라고 말하죠. 이렇게 하면 보통은 결국 아이가 잘못을 사과하러 옵니다. 훨씬 더 침착하게 해결하게 됐죠. 아이 때문에 화가 나려 하면 저도 그렇게 해요. 저한테도 효과가 있죠. 사람들의 감정과 개인적 공간을 존중하는 방법을 가르치는 겁니다." 채드는 전 부인과 이혼 절차를 진행하는 동안 상담을 받았던 상담사로부터 이 아이디어를 배웠다고 한다.

부모의 일관성 있는 태도가 중요하다

우리 아이의 소아과 의사는 아이가 18개월 정도가 된 후부터 타임아웃을 시키라고 권장했다. 이 방법은 아이를 가둘 침대나 공간이 있으면 효과적이다. 하지만 두 살짜리 아이를 구석에 밀어놓고 타임아웃으로 반성하라고 하면 어떻게 될까? 오토는 그냥 웃으며 도망가버린다. 그래서 한 번씩 오토를 침실에 가둬두고 나오지 못하게 하는데 정말 대성통곡을 한다. 그럴 땐 나도 마음이 너무 아프다.

"반대 행동을 칭찬하지 않으면서 벌만 주면 정말 효과가 없어요." 카즈딘의 말이다. "벌은 나쁜 행동을 순간적으로만 억제할 수 있어요. 그렇다고 애를 때리면 나쁜 행동은 더 심해져요. 학대는 최악의 대응입니다. 어떤 부모들은 타임아웃을 시킨다고 합니다. 체벌보다 나을 수 있지만 좋은 행동을 자주 칭찬하지 않는 한, 이 역시 제대로 효과를 보기 힘듭니다." 즉, 아이들의 좋은 행동을 적극적으로 칭찬한다면 타임아웃이 더 효과적으로 작동할 것이라는 말이다.

타임아웃 대신에 #당당한육아를위하여 운동에서 권하는 방법을 알려주겠다. 아이가 말썽을 부리면 그냥 무시해라. 이스트 테네시 주립대 교수인 버트 뱅크스Burt Banks 박사는 잡지 〈부모(Parents)〉와의 인터뷰에서 "핵심은 아이를 완전히 무시하는 것"이라고 말했다.[6] "아이들의 잘못된 행동은 주의를 끌기 위한 도구일 때가 많습니다. 꾸지람으로 대응하면 아이들이 바라는 관심을 주게 되는 것이죠."

아이가 놀이터에서 다른 아이를 때렸을 때는 무시할 수 없다. 하지만 그 상황은 무시하지 않으면서 아이만 무시하는 방법으로 뱅크스의 훈육법을 적용할 수 있다. 곧장 아이에게 훈계하는 대신, 맞은 아이에게 달려가 많은 관심을 보여라. 일거양득의 효과가 있다. 나쁜 행동을 한 아이를 무시할 수도 있고, 맞은 아이가 괜찮은지 확인할 수도 있다.

아이에게 겁을 주는 것은 효과가 있다. 단, 뱉은 말은 끝까지 책임을 져야 한다. 당신이 진짜로 여름 캠프에 아이를 보내지 않을 작정이 아니라면 "너 장난감 정리 안 하면 내일 여름 캠프랑 박물관 견학 못 갈 줄 알아!"라고 소리치면 안 된다는 말이다. 결과 없는 으름장은 아무 소용이 없다. 진짜로 장난감을 쓰레기통에 던질 생각이 아니라면 "장난감 안 치우면 다 버린다!"라고 말하지 마라. 진짜 버릴 수 있다면 참 대단한 부모다.

실제로 효과를 보려면 이렇게 해야 한다. "자, 이렇게 하자. 넌 둘 중의 하나만 고를 수 있어. 네 장난감을 다 정리하면 내일도 가지고 놀 수 있어. 하지만 정리를 안 하면 장난감들을 저 높은 선반에다 올려둘 거야. 그러고 나면 네가 아무리 가지고 놀고 싶어도 못 가지고 놀게 돼." 러너가 제안하는 방식이다. 그런 다음 아이가 치우지 않은 장난감들을 투명한 통에 담아서 아이의 손이 닿지 않는 곳에 두기만 하면 된다. 이렇게 하면 당연히 아이들이 싫어하겠지만, 아이의 행동에 변화를 일으키는 동기가 된다. 다음 날 아이들이 블록 장난감을 찾을 때 "안 돼. 네가 치우지 않는 걸 골랐잖아. 오늘은 다른 걸 골라도 돼."라고 말한다.

다섯 살도 안 된 아이들이 셋이나 있는 켈리는 아들에게 이 방법을 써보기로 했다. "아이의 행동을 고치려고 꾸준히 노력했어요. 인형 뽑기 기계에 끊임없이 동전을 밀어 넣는 기분이었죠. 한동안은 아이의 미니카로 실랑이했어요. 아이는 제 말을 듣지 않으면 미니카들을 빼앗길 테지만, 말을 잘 들으면 다시 돌려받을 수 있었죠. 칭찬스티커도 써봤지만 아이는 별로 관심이 없었어요. 아이에게 좀 더 바로 와 닿는 뭔가가 필요했죠."

협박성 육아 대신에 할 수 있는 다른 방법이 있다. 행동과 시간을 연결하는 방법으로, 색깔이 바뀌는 타이머나 시계를 이용하여 애를 먹이는 아이에게 계속 그렇게 하면 좋아하는 걸 할 시간이 줄어든다는 걸 직접 보여주면 된다. 우리는 아이들에게 저녁 7시 40분이 되면 잠자리에 들어야 한다고 말한다. 그리고 저녁 8시에는 불을 끈다. 아이들은 그 20분 동안 잠옷으로 갈아입고 이를 닦고 책을 읽는다. 하지만 아이들이 말썽을 부리면 책을 읽는 시간이 줄어든다. 우리는 저녁 8시가 되어 색이 변한 시계를 가리키면서 아이들이 책을 덮고 잘 시간이 됐다는 걸 이해시킬 수 있다. 아이들이 우리 말을 잘 듣고 잠옷을 빨리 입으면 책을 읽을 시간이 늘어난다.

아이들이 한계에 대처하는 법을 배움으로써 삶을 살아가는 데 반드시 필요한 능력을 발전시키게 된다. 아이들을 제한하지 않는다면 그 순간에는 아이들의 짜증을 피할 수 있고 아이도 '행복'해 하겠지만 어른이 되어 한계에 부딪히게 되면 어떤 일이 일어날까? 레너는 "아이들에게 행동에는 결과가 따른다는 원리를 익히게 하는 것이 목표"라고 말한다. "실제 세상이 돌아가는 방식이죠. 좋은 일을 하면 승진도 하고 사람들에게 좋은 평가도 받으면서, 더 많은 시간을 쉴 수 있는 거예요."

나는 아이들이 잠들기 전에 하는 부탁들을 대부분 들어주지 않는다. 아이들은 항상 간식을 더 먹고 싶다. 쿠키를 달라, 우유 한 잔 더 달라 하면서 끝없이 잠자리에 들어야 할 시간을 늦추려 한다. 레너는 잠자리에 들기 전에 간식을 만들어 '마지막 음식'이라고 못을 박으라고 한다. 아이가 싫다고 해도, "이제 자야지!"라고 말하고, 말이 끝나기가 무섭게 비명을 지르더라도 반응을 보이지 마라. "아이의 투정에 마음이 약해져서 한번 받아주기 시작하면, 아이는 떼만 쓰면 음식을 더 먹을 수 있다고 생각할 겁니다. 아이들은 그렇게 환경에 적응합니다. 그러니 부모는 마음이 불편하더라도 참아야 합니다. 힘들겠지만요." 레너는 규칙을 바꾼 첫날에 보이는 아이의 투정은 지극히 정상이라고 덧붙였다.

소리 지른 걸 잘했다고 할 순 없지만

"소리를 지른다는 건 정말 자연스러운 겁니다. 베개를 집어 던지고 싶을 만큼 나를 미치게 하지 않았다면, 그건 아이가 본분에 최선을 다하고 있지 않다는 의미입니다." 시카고에 사는 아빠 채드가 말했다.

이미 늦었는데 세 살짜리 아이에게 혼자 외투를 입으라고 싸우고 있을 시간과 힘이 없어서 아이에게 버럭 짜증을 냈다고 하자. 그렇다고 자책하지 마라. 가끔 아이들에게 화를 내는 것은 아주 정상이다.

"부모도 인간이고, 인간이 느끼는 정상적인 감정을 부모도 느낀다. 때로는 그 감정들이 육아 스트레스와 결합하여 부모가 큰소리를 내게 한다." 시카고 전문 심리학 학교의 심리학자이자 교수인 앨리샤 클라크Alicia Clark 박사는 〈패스트 컴퍼니Fast Company〉에 이렇게 말했다.[7] "우리가 부모로서 불만을 표시하는 방법에 관해 이야기하지 않는다면 우리는 그런 불만에 제대로 대비하지 못하고 아이에 대한 포용력을 잃을 수도 있다. 소리 지르는 건 괜찮지만 절대 아이에게 인신공격을 해서는 안 된다. '지금 당장 신발 신어!'와 '넌 누굴 닮아 그렇게 버릇이 없니? 당장 신발 신어!'에는 큰 차이가 있다."

내 성장 환경이 나쁜 편이었기 때문에 내 아이들에게는 소리를 지르지 않으려고 노력했다. 하지만 아이들은 내가 어릴 때와는 굉장히 다른 환경에서 자라고 있다는 생각이 들었다. 그 뒤로는 가끔 아이들에게 목소리를 높이거나 잔소리를 심하게 해도 그다지 큰 죄책감이 들지 않았다. 너무 자주 소리를 지르고 있다는 걸 스스로 느꼈을 때는 마음을 진정시킬 수 있는 주문을 외우거나 한숨을 크게 내쉬었고, 손가락을 세 번 정도 튕기기도 했다. 그러면 화를 참는 데 도움이 되었다.

"효과적으로 훈육하는 데 있어서 가장 큰 걸림돌은 인내심입니다. 우리는 자신을 스스로 규제하고 심호흡을 하면서 반응하지 않는 능력을 엄청나게 단련해야 합니다. 그래서 잠시 시간을 내어 우리의 감정을 잘 관찰한 뒤 더 효과적인 반응을 선택해서 행동으로 드러내야 합니다."라고 러너가 말한다.

데이비드 앤더슨David Anderson 박사는 "유아들은 벽에 부딪혔을 때 강한 감정 표현으로 반응을 보이는 경우가 많습니다. 이때 부모들은 자신의 감정을 통제할 수 있도록 노력해야 합니다. 이것은 아주 중요합니다. 불을 물로 꺼야지 기름을 부으면 안 되니까요. 유아들이 원하지 않는 행동을 할수록 부모들은 더욱 이성적일 필요가 있습니다."라고 덧붙였다.

그리고 혹시나, 아이에게 소리 지르는 것이 어쩌면 한참 후에 우리 아이들에게 도움이 될지도 모른다. "직장에서 상사에게 보고해야 할 때처럼 경쟁이 치열한 상황에서는 섬세하고 민감한 사람들과 다른 스타일을 보일지도 모른다." 심리치료사이자 《삶이 공평하다고 대체 누가 말했나?(Whoever Said Life Is Fair : A Guide to Growing Through Life's Injustices)》의 저자 사라케이 코헨 스멀렌스SaraKay Cohen Smullens는 〈패스트 컴퍼니〉에 이렇게 말했다.[8] "그래서 우리 아이들이 자라는 동안 사랑과 통제, 방목이 균형을 이룰 수 있도록 해야 한다. 아이는 그 토대 위에서 두 발로 서는 법을 배우고, 언제 목소리를 높여야 하고, 언제 목소리를 높이는 게 도움이 안 되는지 배운다."

물론 정서적 폭력을 행사해서는 안 된다. 가끔 화를 내는 것과 정서적 고통을 주는 행위는 완벽히 다르다. 정서적 폭력은 부모와 아이가 대화를 나누다가 점점 언성이 높아지고, 내 감정으로 아이의 감정을 찍어눌러 아이를 마음대로 통제하겠다는 목적으로 시작되는데, 이는 아이에게 극도의 불안감을 느끼게 하거나 외상 후 스트레스 장애로 이어지기도 한다. (말할 필요도 없겠지만 굳이 한 번 더 강조한다. 물리적, 성적, 정서적 폭력은 반드시 당신의 아이를 망친다.) "큰 소리는 경고의 의미가될 수도 있지만 다른 사람의 마음을 다치게 하는, 공격적인 성향의 실제적인 표출이기도 합니다. 반복될수록 무감각해지기도 합니다. 하지만 소리치는 행위 자체가 폭력적이거나 타인을 무시하거나 감정에 지배됐다는 의미는 아니죠. 이는 정상적인 감정 표현의 일부이며 효과적인 훈육 수단이 될 수도 있어요. 따라서 부모를 포함해 그 누구에게도 무조건 금지할 수는 없습니다." 클라크의 말이다.

때론 협상도 필요하다

빅터는 아들 엘리엇과 함께 우리 집에 놀러 왔는데 집에 갈 시간이 되자 안 좋은 상황이 펼쳐졌다. "자, 아들, 이제 집에 갈 시간이야." 빅터는 현관 앞에 쭈그려 앉아 울고 있는 두 살배기 아들과 똑같은 표정으로 말했다. "집에 가서 밥 먹어야지. 매일 저녁을 먹어야 하는 거 알잖

아. 안 먹으면 배고플 거야. 그러니까 이제 뚝 하자. 응? 제발 그만 울어. 쿠키 먹을래? 프레첼 줄까? 집에 가서 마카로니 치즈 해줄까? 아니면 치킨 너깃? 좋아. 이제 신발 좀 신어볼까? 싫어? 우리 집까지 걸어갈래? 신발 안 신으면 못 걸어간다."

왜 우리는 아이가 떼를 쓸 때 저렇게 말을 많이 할까? 아이는 절반도 이해하지 못할 텐데 말이다. 희망 때문이다. "부모들을 보면 모두 아이에게 어느 정도의 환상을 품고 있다고 생각해요. 아이가 울음을 그치고 이렇게 말할 거라고 말이죠. '엄마, 엄마가 저 서랍 안에 들어가지 말라고 네 번이나 말했죠? 바닥에 밀가루를 뿌린 걸 저도 후회하고 있어요. 이제 저는 발전적으로 다시 장난감이나 가지고 놀게요.'" 앤더슨 박사가 웃으며 말했다.

주의해야 할 것이 있다. 식료품 가게에서 차분하게 장을 보면서 채소의 이름을 죽 읊어주는 것과 아이가 떼를 쓰고 바닥에 뒹구는데 길게 이야기하는 것은 하늘과 땅 차이이다. 어떤 연구에서는 아이와 함께 일상을 보내면서 때때로 길게 이야기하는 것은 좋은 효과가 있기도 하지만, 아이가 짜증 낼 때는 적절하지 않다고 한다. 짜증이 난 유아에게 많은 말을 던지게 되면 그저 아이가 짜증 내는 시간을 길어지게 만들 뿐이다. 그러니 편하게 마음먹고 최대한 말을 줄여라. "이건 상식이기도 해요. 인간이 다른 인간과 관련해서 하는 모든 행동은 인간의 발달 단계 모두에서 이치에 맞는 행동입니다." 앤더슨 박사의 말이다. 어른들끼리 다툴 때 불필요한 말을 줄이고 내가 무엇 때문에 화가 났는지를 솔직하고 간결하게 전달하는 게 가장 효과적인 방법임을 다들 알고 있다. 나를 진정시키려면 넌 백 가지 중에서 선택해야 한다는 투로 혼자 길게 떠들어서는 안 된다. "떼쓰고 짜증 내는 아이를 달래기 위해 해야 할 일은 아이에게 단 한마디도 하지 않는 거예요."

아이가 흥분 상태일 때는 간단하게 몇 가지만 물어라. 많은 요구를 하지 마라. 예를 들자면 "공원에 가고 싶으면 샌들이나 운동화를 신어. 아니면 여기 앉아서 잠깐 안고 있자." 그러고는 잠깐 멈춰야 한다. 앤더슨 박사는 "우리가 아이에게 해줄 수 있는 일은 아이에게 자신의 감정을 느낄 기회를 주는 겁니다. 아이들 스스로 상황에 대처하는 대응 기제를 발동시키도록 하는 거죠."라고 말한다.

이 방법은 아이의 격렬한 감정을 억누르기 위함이 아니다. 아이들에게 스스로 기분을 풀고, 침착하게 자신의 감정에 대처하는 방법을 익히게 하는 것이다. 이 아이들이 미래에 만날 직장 동료나 배우자는 우리에게 고마워해야 한다. "어른이 됐을 때 필요한 기술 중 하나는 자신의 감정을 파악하고, 대처하고, 상대방에게 자신의 감정을 긍정적으로 전달하는 능력입니다." 앤더슨의 말이다. "어른들도 물건을 던지고 발로 차고 고함을 지르지 않았으면 하는 게 저희의 바람입니다."

가끔은 뇌물로 달래보자

고백하자면, 아이가 떼쓸 때 나는 뇌물로 달래는 걸 좋아한다. 다행스럽게도 뇌물이 그리 나쁜 방법이 아니라고 한다. "부모와 아이를 모두 만족시키기 위해 뇌물을 주는 훈육법은 윈윈전략이다."《평온한 부모, 행복한 아이들(Peaceful Parent, Happy Kids: How to Stop Yelling and Start Connecting)》의 저자 로라 마크햄Laura Markham은 이렇게 말했다. "'보상'을 미리 제공함으로써 모두에게 좋은 상황을 만드는 해결 방안을 찾을 수 있다."9

이 방식을 쓴다고 해서 당신이 아이에게 보상을 노리고 말썽을 부리라고 부추기는 것은 아니다. 예를 들어 불만 없이 엄마의 말을 잘 들으면 아이스크림을 사줄 거라고 미리 말해둔다. 그리고 아이들이 말썽을 부리기 시작하기 전에 아이스크림을 떠올리게 하라. 다시 말해, 아이들이 쇼핑몰 탈의실에서 떼를 쓰기 전에 미리 아이스크림 이야기를 하라는 말이다. 반대로 하게 되면 아이들은 좋은 행동에 대한 보상이 아니라, 떼를 썼기 때문에 아이스크림을 얻은 거라고 착각하게 된다.

이 방법에도 함정은 있다. 당신이 원하는 행동을 아이들이 했다고, 그럴 때마다 매번 아이에게 장난감이나 선물을 주면 스스로 만든 덫에 빠지는 꼴이 된다. "부모의 바람에 아이가 협조하는 자세를 만드는 과정은 복잡한 일이다. 단순하게 한 가지 방식을 반복한다고 형성되지 않는다. 협조는 감정에 이끌려 이뤄지며, 그 순간에 아이의 감정과 부모의 감정이 얼마나 연결되었는가에 달려 있기 때문이다. 보상을 습관화해버리면, 시간이 지나도 계속 보상을 줘야 한다는 뜻이다. 게다가 아이는 이 새로운 게임의 규칙을 빠르게 배워 더 열심히 부모와 흥정하려하게 된다. 그러면 여러분은 빼앗기는 데 익숙해져야 한다." 마크햄이 〈사이콜로지 투데이Psychology Today〉에 쓴 글이다.[10] "좀 더 나아가자면, 당신은 눈앞의 적신호를 무시한다. 아이들이 당신에게 협조하는 데 매번 장난감이 필요하지 않을 수도 있다."

마크햄은 아이와 같이 신나게 정신없이 놀아주거나 매일 함께 할 수 있는 다른 활동을 찾아 보상을 대신하는 게 좋다고 충고한다. "저는 아이와 여러분이 더 깊은 관계를 맺는 활동이 아이에게 매우 큰 동기부여가 될 거로 생각합니다. 부모와 함께 하는 시간이 많아진 아이는 보상을 요구하지 않게 됩니다. 진정으로 원하는 보상은 여러분이니까요."

훈육으로써의 '체벌', 그 뿌리 깊은 논란

아이가 말대꾸할 때마다 엉덩이를 때리는가? 엉덩이를 때리는 게 첫 번째이자 유일한 훈육 방법인가? 이 두 질문에 관한 여러분의 대답이 "그렇다"라면 이제 다른 방식을 찾아야 한다. 여러 연구 결과에서도 분명히 밝혀졌듯이 아이를 매일 때려선 절대 안 된다. 미국 소아과학회 (AAP)는 이를 강력히 권고하고 있으며 연구 결과에서도 가혹한 체벌이 아동에게 부정적 인지를 발달시키고 이로 인해 각종 부작용이 발생한다고 밝혔다.[11]

하지만 당신이 극도로 스트레스를 받아 폭발하기 직전의 상황이라고 가정해보자. 그때 아이를 때렸다면? 이 같은 상황은 내 친구 캐서린이 두 살짜리 딸 조이와 단둘이 비행기를 타며 벌어졌다. 조이는 비행기 안에서 내내 말썽을 부렸다. 소리를 지르고 좌석을 기어오르고, 바닥에 장난감을 내던졌다. 대부분은 잠을 제대로 못 잔 아기들이 좁은 비행기 좌석에 몇 시간째 앉아 있게 되면 하는 행동이었지만. 캐서린이 비행기 창 막이를 열려고 몸을 돌렸을 때 조이는 결국 엄마의 등을 깨물었다. 참기 힘든 쓰라림과 함께 캐서린은 이성의 끈을 놓아버렸다. 캐서린은 자신도 모르게 조이의 등을 후려쳤다. 하지만 곧바로 후회가 몰려왔다. 캐서린은 자기가 아이에게 큰 정신적 충격을 주었을까봐 엄청나게 걱정하면서 나에게 문자 메시지를 보냈다.

가끔 한 손찌검, 특히 갑자기 화가 솟구쳤을 때나 아이가 찻길로 뛰어들 때처럼 위험한 행동을 하려고 했을 때 한 손찌검 때문에 아이를 망치지는 않는다. "부모들은 대부분 아이의 잘못된 행동을 변화시키기 위해 엉덩이를 때리거나 비슷한 체벌을 해봤을 거예요. 우리가 지금 말하고 있는 체벌은 '악성 체벌'입니다. 감정 조절이 안 되는 부모가 공포로 아이의 행동을 멈추게 하고 통제하기 위해 때리는 거 말이에요." 앤더슨 박사의 말이다. 벨트로 때리거나 채찍질하는 건 다 옛날 일이라고 생각할 수도 있지만 지금도 그런 식의 체벌을 하는 부모가 있다. 내가 〈야후! 육아〉에서 진행했던 설문 조사에서 50%의 엄마들이 엉덩이 때리기 정도는 괜찮다고 말했다.

〈야후! 육아〉에서 같은 조사를 인종 별로 진행했더니 결과가 확연히 달라졌다. 아시아인 엄마들의 39%, 흑인 엄마들의 65%가 괜찮다고 동의했다. 백인 부모와 라틴아메리카계 부모들은 체벌로 훈육하는 방식에 회의적인 반응을 보였다.[12]

나는 백인 여성이기에 나와 다른 문화 전체를 성급하게 판단하지 않도록 조심한다. 하지만 일부 전문가들은 각 문화에 따라 체벌을 대하는 태도가 다르다고 말한다. "중국인들은 아이를 너무 사랑하니까 때린다고 말한다. 더 심하게 때릴수록 더 사랑한다는 뜻이라고 한다." 중미 기획 위원회(Chinese-American Planning Council)라는 비영리단체의 전무이사 데이비드 첸David Chen이 〈뉴욕타임스〉와의 인터뷰에서 한 말이다.[13] 또한 뉴욕시 교육부의 심리치료사 패트릭 소Patrick So는 "아시아에서는 아이가 부모의 재산으로 여겨진다. 그래서 부모는 원하는 대로 아이에게 무엇이든지 할 수 있다고 생각한다. 하지만 서양 문화에서는 어림도 없는 생각이다."라고 말했다. 《어제의 낡은 것들(That Mean Old Yesterday)》의 저자이자 비폭력적 훈육을 지지하는 단체를 설립한 스테이시 패튼Stacy Patton은 흑인 부모 중에는 "아이를 제대로 키우기 위해서는 신체적 폭력이 필요하다."고 믿는 부모들도 있다고 썼다.[14]

"흑인 사회에 긍정적이고 비폭력적인 훈육법을 가르치는 활동가로 살아오면서 부모들과 종교 단체로부터 많은 반발을 샀다. 많은 이들이 아이를 때려야 집 밖에서 말썽을 일으키지 않는다고 생각한다. 그러지 않으면 결국 폭력 조직의 희생양이 되거나 경찰의 총에 맞을지도 모른다고 말이다. 그들은 흑인 아이가 선을 벗어나면 백인 아이보다 더 위험하다고도 말한다. 흑인 부모들은 미국에서 흑인으로 살려면 가혹한 현실에 대비할 수 있도록 아이들을 더욱더 강하게 키워야 한다고 말하기도 한다." 패튼이 쓴 글이다.

오스틴에 있는 텍사스 대학교에서 체벌에 관한 연구를 이끄는 엘리자베스 게르쇼프Elizabeth Gershoff는 체벌에 관한 믿음이 지역에 따라 다르다고 한다. 더 보수적으로 종교를 믿는 가족들이 아이들을 때릴 가능성이 크다는 것이다. 게르쇼프는 "그 부모들은 종교적 신념이 매우 강하며, 성경을 자기식으로 해석해 체벌이 좋은 방식이라 생각한다. 심지어 반드시 때려야만 한다고 믿는다." 게르쇼프는 CNN과의 인터뷰에서 이렇게 말했다.[15]

엉덩이를 때리거나 회초리를 이용한 체벌은 19개 주를 제외한 모든 주에서 금지되었다. 하지만 1977년 대법원은 그것들이 '잔인하거나 특이한 처벌'이 아니라고 판결했고, 덕분에 여전히 미국 전역에서 널리 시행되고 있다.[16] 연방 정부의 자료에 따르면 미국의 공립학교에서는 30초마다 1명꼴로 체벌을 받는다고 한다.[17]

1992년 유엔 인권위원회는 범죄에 대한 처벌이든 교육적 처벌이든 훈육의 방식이든, 아이에게 체벌은 과도하며 이에 반대한다는 성명을 냈다.[18] 2006년 유엔 아동권리위원회는 체벌이 '아동 폭력을 합법화'하는 도구라 선언하고, 이를 불법으로 규정하기 위한 '입법, 사법, 행정, 교육적 조치'를 요구했다. 이 위원회는 192개국이 지지한 조약으로 설

립되었는데, 당시 유엔 회원국 중 미국과 소말리아만이 비준하지 않았다.[19]

〈야후! 육아〉에서 거의 6년 동안 편집자로 일하는 동안, 엉덩이 때리기라는 주제는 항상 논란이 되었고, 사람들은 격렬한 찬반 논쟁을 벌였다. 내가 〈굿모닝 아메리카Good Morning America〉라는 방송에 출연해 체벌을 노골적으로 비난하지 않았더니, 트위터는 나를 비난하는 사람들의 의견으로 가득 찼다. 개인적으로는 엉덩이 때리기를 찬성하지 않는다. 하지만 진실만을 알려야 하는 언론인으로서 말하자면, 남들과 비슷한 유년기를 보내는 아이가 가끔 등짝을 몇 대 맞았다고 해서 반드시 심각한 악영향으로 망가지게 될 거라는 생각에 동의하기는 어렵다.

당신이 나와 비슷한 또래라면 아마도 어린 시절 엉덩이를 맞을 때 있었던 재미있는 기억이 한 가지 정도는 있을 것이다. 레베카도 그렇다. 그녀는 사남매로 자라면서 있었던 재미난 일화를 페이스북을 통해 내게 보내주었다. "우리 넷은 쓰레기장이 된 놀이방을 청소해야 했지만, 느긋하게 장난만 치고 있었어. 저질러놓은 게 너무 많아서 엉덩이를 맞는 건 피할 수 없었지. 엄마가 한 번 왔다 가시고 나자 오빠가 말했어. 우리의 소중한 엉덩이를 지키자고 말이야. 그래서 엄마가 다시 오기 전에 바지 안에 동화책을 넣었어. 엄마가 다시 오셔서 엉덩이를 때리려다 네모난 우리 엉덩이를 보시고는 터져 나오는 웃음을 참느라 고생하시는 걸 봤어."

이처럼 가끔 매를 맞았던 건 웃고 넘길 수 있지만, 아동학대에 가까운 잦은 손찌검과 체벌은 매우 심각한 문제이며 결코 웃을 일이 아니다. 만약 모든 훈육 방식이 아이를 때리려고 위협하거나 실제로 때리는 것으로 이어진다면 장기적으로 분명히 부정적 결과를 가져올 것이다.

미국 심리학 학회는 잦은 체벌이 아이의 공격성 증가, 반사회적 행동 유발, 신체적 상해, 정신 건강 문제를 초래할 수 있다고 말한다.[20]

"체벌을 해도 아이가 말을 듣지 않으면 부모들은 체벌의 수준을 높여야겠다고 생각한다. 그래서 체벌이 매우 위험한 것이다." 게르쇼프 박사는 미국 심리학 학회 웹사이트에 게재한 논문에서 이렇게 말했다.[21] "맞지 않았다고 해서 거리에 나가 가게를 터는 아이는 없다. 체벌은 아이가 사물을 생각하고 느끼는 방식에 간접적으로 영향을 끼치고 변화시킨다. 나중에 자신의 아이에게도 체벌하게 되고, 때려서 문제를 해결해도 된다고 믿게 되어버린다."

하지만 모든 연구자가 체벌을 그렇게 부정적으로만 보는 것은 아니다. 자주 일어나지만 않는다면 말이다. 오클라호마 주립 대학교에서 부모의 훈육 방식을 연구하는 로버트 라젤러Robert Larzelere 교수는 모든 체벌에 반대하는 미국 심리학 학회의 권고를 반박했다. 그는 여기서 다시 한번 상관관계와 인과관계의 문제를 거론하며 미국 심리학 학회의 연구에 대한 타당성을 지적했다.

"이 연구는 적당한 체벌과 지나치게 가혹한 폭력 수준의 학대를 구별하지 않고 있다. 체벌이 하나의 훈육이 아닌, 심한 충격을 가하는 폭력이거나 오로지 체벌로만 훈육할 때 나쁜 결과가 나오는 것이다." 라젤러의 말이다.

라젤러 교수는 '조건부 체벌'을 권한다. 이 방식은 2세에서 6세까지 아이에게 적용할 수 있는 훈육 방식인데, 아이가 타임아웃과 같은 상대적으로 가벼운 벌을 어기고 나서만 엉덩이 때리기 같은 체벌을 사용하는 것이다. 라젤러는 2005년에 〈아동과 가족의 임상심리학 연구(Clinical Child and Family Psychology Review)〉라는 학술지에 훈육과 관련된 26개의 연구를 종합적으로 분석한 보고서를 기재했다. 이 보고서에 따르면 '이유 묻기', '권리 박탈', '타임아웃' 등 부모들이 주로 사용하는 열세 가지의 훈육 방식 중 열 가지보다 조건부 체벌이 아이의 반항이나 반사회적 행동을 감소시키는 데 더 효과적이었다고 한다.

게르쇼프는 그래도 우리가 아이들을 주기적으로 때리는 행동은 금해야 한다고 말한다. "체벌의 부정적 효과를 드러낸 연구는 수백 개나 되지만, 긍정적 효과를 말하는 연구는 한 손에 모두 꼽을 수 있어요. 아쉽게도 훈육에 관한 연구는 상관관계에 의존할 수밖에 없습니다. 실험을 위해 부모와 아이에게 특정한 훈육을 강요할 수 없으니까요. 그렇다고 해서 지금까지 밝혀진 연구 결과를 모두 무시해서는 안 된다고 생각합니다."

#당당한육아를위하여 실천하기

아이와 친구처럼 지내겠다거나 당장 엉덩이 때리기에 의지해야겠다고 생각하지 마라. 너무 무리하지 마라. 결점이 없는 부모도 없고, 완벽한 아이도 없다. 우리는 모두 화를 낸다. 아이들도 모두 떼를 쓴다. 모두의 삶에 일어나는 당연한 일이다. 적절한 경계선과 기대치를 설정하고, 되도록 평정심을 유지하도록 노력하자. 감정이나 신체에 가하는 훈육이 폭력이라는 선을 넘지 않는 한, 당신은 아이들을 망치지 않는다.

7장

전자기기, 어떻게 활용해야 할까?

우리는 어차피 아이에게서 영상기기를 빼앗을 수 없다

"TV 봐도 돼요?" 내가 집에서 아이들을 돌볼 때 귀에 딱지가 앉을 정도로 듣는 말이다. 우리 시대의 부모들은 자녀가 전자기기를 가지고 놀거나 전자기기로 영상을 보는 모습에 유난히 죄책감을 느끼고 있다. 전자기기가 아이들의 집중력과 사회성에 문제가 되고, 아이들이 무섭거나 외설적인 정보를 접하게 됨은 물론 인터넷이 가진 수많은 잠재적 위험에 노출될까봐 두렵기 때문이다.

하지만 우리 아이들이 전자기기에 노출되는 게 두렵고 싫은 부모의 마음은 내가 휴지 하나도 앱으로 주문하는 현실과 완전히 모순된다고 할 수 있다. 아이들이 영상을 보는 시간을 제한해야 한다는 시대에 뒤떨어진 조언은 현실과의 괴리 때문에 오히려 부모들의 스트레스만 가중시킬 뿐이다.

이 시대의 흐름을 잘 파악한 미국 소아과학회는 다행히 권고의 수준을 낮춰서 발표했다. 하지만 이런 권고 사항을 만드는 데 참여한 의사들조차도 그들의 환자나 아이들에게는 그들의 권고 사항을 지키지 않을 때가 많다. 나는 우리 세대가 스마트폰 중독이 우리의 삶과 아이들에게 미치는 영향을 이제 막 이해하기 시작했으며 그 해결책을 찾으려는 여정의 시작점에 서 있다고 생각한다.

"우리가 매일 접했던 기술이 이제는 일상에 '반드시' 필요한 존재가 됐지만 큰 문제가 되진 않습니다. 가끔 우리도 스마트폰에 빠져 있을 때가 있잖아요. 전자기기가 아이에게 반드시 해롭다고 할 순 없습니다." 일리노이 주립대학교 교수인 브랜든 맥다니엘Brandon McDaniel 박사가 말했다. 그는 스마트폰으로 인해서 타인과 보내는 시간이 줄어드는 현상을 일컫는 이른바 '기술 간섭(Technoference)'이라는 현상을 연구했다. ('기술 간섭'에 대해서는 이 장 후반부에서 자세히 다룰 예정이다.) 맥다니엘 박사는 기술 간섭 현상에 대해 '장기적인 기술 간섭은 해로운 효과'를 일으킬 수 있다고 했다. 아빠가 집에 와서 트위터만 한 시간 동안 보면서 아이에게 직장에서 스트레스를 너무 많이 받아서 그렇다며, 아빠가 너를 사랑하지 않는 건 아니라고 아무리 말해도 아이는 이해하지 못한다.

"그렇다고 우리가 죄책감을 느낄 필요는 없습니다. 이것이 지금 우리가 사는 세상의 현실인걸요. 지금껏 모든 세대가 서로 다른 이유로 시험대에 올랐죠. 지금 우리 세대가 시험대에 오른 이유는 스마트폰입니다. 우리가 스마트폰에 빠져드는 이유를 어떻게 아이들에게 이해시킬 수 있을까요? 스마트폰보다 아이와 놀아주는 걸 우선할 수 있을까요? 과연 우리가 스마트폰으로 하던 모든 일을 그만둘 수 있을까요?" 맥다니엘 박사의 말이다.

차단할 수 없으면 제대로 활용하자

부모들이 자신을 스스로 '기계치' 혹은 '기계 전문가'라고 부르게 되었고, 이는 점점 '서로를 판단하는 기준'이 되었다. 2016년 미국 소아과학회가 아동의 영상 시청에 관한 권고 사항을 만들 때 참여했던 미시간 대학교 소아과 의사 제니 라데스키Jenny Radesky 교수는 뇌과학 연구를 후원하는 다나 재단(Dana Foundation)에 이렇게 말했다. "너무 많은 사람이 각자의 목소리를 내는 바람에 부모들이 영상 시청에 관한 연구 결과를 받아들이기에 앞서 죄책감부터 느끼고 있다. 그것이 진짜 문제다."[1] 애플의 공동 창업자인 스티브 잡스마저도 자기 아이들은 아이패드를 안 본다고 자랑하듯 말했다고 하니,[2] 길게 설명하지 않겠다.

상식적으로 생각해보자. 2020년에 사는(그리고 이후의) 부모들이 아이들을 영상물로부터 온전히 보호하는 것은 절대 불가능하다. 그렇다고 아이들에게 스마트폰 게임 시간을 하루에 10시간씩 주어서는 안 된다. 이 장에서는 절대 아이를 망치지 않도록 적당한 균형점을 찾는 데 도움이 되는 간단하고 부담 없는 방법을 소개하겠다. 그리고 아이들과 하루 24시간 놀아줄 계획을 세우지 않아도, 나이대에 상관없이 모든 아이가 좋아할 만한 마법 같은 TV 프로그램을 찾지 못하더라도 우리가 자신을 최악의 부모, 무능력한 부모라고 생각하지 않도록 하겠다.

아이들이 TV를 보는 시간과 빠져드는 컨텐츠, 이 두 가지 요소에 초점을 맞춰 단순하게 생각해 보자.

미국 소아과학회는 18개월 미만의 유아에게는 영상통화 정도만, 2세에서 5세까지 어린이는 하루에 한 시간만 영상을 접할 수 있도록 하라고 권장한다. 이것은 꼭 지켜야 하는 규칙이 아니다. 예외는 얼마든지 있다. 아이와 함께 비행기를 타고 있다면 그 제한은 비행기 창밖으로 던져버려도 된다. 여러분의 정신 건강을 지킬 수 있다면 얼마든지 영화를 보여주고 앱을 가지고 놀게 해줘라. 업무를 해야 하거나 집안일을 해야 할 때, 혹은 잠시 멍하니 혼자 있고 싶을 때 보여주는 몇 개의 어린이 프로그램은 아무 문제도 일으키지 않는다. 또 아이와 함께 식당에서 밥을 먹는데 아이들이 지겨워하거나 말썽을 부린다면 틈틈이 스마트폰을 쥐어주고 자리에 계속 앉아 있게 유도해도 괜찮다고 생각한다. 우리도 따뜻한 식사를 하고 좋은 대화를 나눌 자격이 있다! 우리는 주말이면 오토가 낮잠을 자는 동안 에버렛에게 영화를 보여줬다. 누구에게나 평화로운 오후 시간은 필요하다. 다만 아이들이 일주일 동안 영상을 보는 전체의 평균 시간에 주의하자. 주말에 영상을 많이 봤다면 주중에는 장난감 놀이나 마당에서 놀게 하는 것이 좋다.

전문가들은 아이들이 보는 영상물의 수준이나 내용을 확인하라고 충고한다. 유튜브를 못 보게 하라는 말이 아니다. 아이들에게 지금 무엇을 보고 있는지 묻고 영상을 보는 전후에 아이들과 그 영상물에 관해 이야기를 나누려는 노력이 필요하다. 나는 그저 장난감 상자를 여는 지루한 영상에서도 아이들을 가르칠 수 있는 순간이 있다는 사실을 발견했다. "저 차는 어떻게 움직이는 거야? 저 트럭은 무슨 색이지? 저 아이는 지금 기분이 어떨까?" 하지만 이것은 무조건 따라야 하는 강요가 아니다. 그 이유는 조금 후에 설명하겠다. 우리 아이들이 보는 시시콜콜한 영상물 하나하나마다 쉬지 않고 퀴즈를 낼 필요가 없다. 대신 'PBS키즈'와 같은 검증된 앱이나 채널의 도움을 받을 수도 있다.

아이들의 영상물과 소통할 방법을 곰곰이 고민해봄으로써 창의력인 해결책을 찾을 수 있다.《왜 나는 네가 될 수 없니?》(Why Can't I Be

You)》처럼 매력적인 제목을 가진 소설들을 여러 권 쓴 청소년 소설 작가 멜리사Melissa는 딸아이를 즐겁게 하면서 자신의 정신 건강도 지킬 수 있는 혁신적 방법을 찾아내 개성 있는 육아를 하고 있다. 그녀는 육아 계획의 중심에 다섯 살 딸아이가 가장 좋아하는 애니메이션 〈옥토넛 Octonauts〉을 뒀다. 회가 끝날 때마다 옥토넛의 주인공들은 '임무'를 통해 배운 내용을 담아 '탐험 보고'라는 노래를 부른다. 에너지가 넘치고 나이에 비해 깜찍한 멜리사의 딸 준은 오후 내내 엄마와 함께 거실에서 인터넷으로 찾아본 자신만의 '탐험 보고'를 그리고 색칠한다.

멜리사는 두 딸과 재미있게 놀고 싶었지만 아이들 장난감으로 노는 걸 별로 좋아하지 않았다. 그래서 자기들만의 게임을 만들어냈다. 매일 깊이 알고 싶은 단어나 어떤 사건, 사람 등을 찾는다. 학교든 직장이든, 아니면 그냥 동네를 산책하다가 발견한 무엇이든, 어떤 주제라도 상관없다. 그런 다음 저녁 식사를 한 후 30분 동안 함께 그 주제를 인터넷으로 찾아본다.

분명한 사실은 아이들이 커가면서 영상을 보는 시간도 점점 변한다는 것이다. 또 동생이 생겨도 상황이 달라진다. 에버렛은 두 살이 될 때까지 그 어떤 영상도 보지 않았는데, 동생 오토는 태어나자마자 넷플릭스를 봤다. 아이 둘을 키우다보니 어쩔 수 없는 현실이었다. 하지만 난 그 일에 죄책감을 느끼지 않는다. 영상을 보여줌으로써 내 삶은 안정을 찾을 수 있다. 그러니 우리는 최대한 적절하게 미디어를 소비하도록 노력하면 된다.

"부모가 너무 힘들어서 자기 대신에 아이에게 태블릿을 주면, 아이는 이 무생물체와 단둘이 있게 된다. 태블릿과 아이의 관계는 서로에게 좋은 영향을 주는 대인관계와 다르다. 그래도 가끔은 영상물에 아이를 맡겨도 괜찮다. 나는 책이나 장난감처럼 태블릿을 갖고 놀게 하는 부모와 아이들을 본 적 있다. 부모가 다른 일을 하는 동안 아이가 혼자 놀 수 있도록 했다. 그러나 전자기기가 부모와 아이의 유대감을 대신할 수는 없다." 아동 심리학자 앨리시아 리버만Alicia Lieberman은 〈애틀랜틱〉에 이렇게 썼다.[3]

기술이 발달하면 기능도 진화한다

남편 브래드와 나는 지난 몇 년에 걸쳐 아이들에게 영상을 보여주면서 좀 더 편안하게 마음먹자고 생각하게 됐다. 우리와 생각이 같은 연구자들도 있다. 2016년 10월 미국 소아과학회는 '두 살이 되기 전에는 어떤 영상물도 보여주지 말라.'에서 '18개월 전후부터는 영상물을 약간씩 접해도 괜찮다.'고 영상 시청에 관한 권고 사항을 완화했다. 또한 영상통화는 나이에 상관없이 해도 괜찮다고 발표했다.[4]

그런데 왜 미국 소아과학회의 권고가 완화됐을까? 이 권고 사항을 만드는 데 참여한 제니 라데스키 박사는 몇 가지 이유를 들었다. 가장 큰 이유는 이제 어디서나 영상을 볼 수 있는 환경이 되었고, 아이가 두 살이 될 때까지 영상을 접하지 못하도록 부모가 완벽하게 막기란 현실적으로 불가능하기 때문이라고 한다.

"논란이 많은 주제라는 건 알고 있습니다. 아주 난리도 아니죠. 이런 논란들 때문에 부모들이 죄책감을 느끼고 있습니다. 미국 소아과학회는 이 권고 사항을 지시하는 방식이 아닌 행동을 교정하는 데 참고할 수 있는 실용적 권고안이 되길 바랐습니다." 라데스키 박사가 내게 말했다. 박사는 의사들의 권고 사항이 수년에 걸친 정밀 의학적 과정을 통해 발전해왔다고 설명했다. 정밀 의학이란 '이 방법이 당신에게 효과가 있습니까?', '이 치료 계획에 참여하시겠습니까?' 등의 질문을 통해 수집한 데이터를 기반으로 하는 개개인에게 맞는 표적 치료를 말한다.

"의과 대학 시절이 떠오르네요. 당시 왜 약물이 듣지 않을까 하는 생각만 하다가 순간 참 바보 같은 질문이라고 생각했었죠. 왜 당시에는 그 가족에게 효과가 있을지 없을지 자세히 알아보지도 않고 처방했을까요? 지금은 소아 의술이 참 많이 발전했어요." 라데스키 박사가 말했다. "시간이 흐르면서 소아과 의사들은 특히 아이가 가족력에 많은 영향을 받는다는 점을 이해하게 되었죠." "의학이 덜 강압적이고, 더 현실적으로 변했다는 말씀이신가요?" 내가 물었다. "바로 그거예요." 그녀는 웃으며 대답했다.

그렇다면 의사들은 왜 두 살이 안 된 아이들이 영상을 봐도 괜찮다고 할까? 한 연구는 18개월 정도 된 아이들이 영상물을 볼 때 부모가 곁에서 함께 보고 가르친다면 TV와 같은 매체에서 새로운 단어들을 배울 수 있다고 밝혔다. 이 연구는 영상 시청이 '수동적' 행동이라고 했던 예전 연구들이 잘못되었음을 증명했다. 미디어는 몇 년에 걸쳐, 그저 화면을 보고 있어야 하는 TV에서 알파벳을 가르치는 앱으로 진화했고, 상호작용이 가능하도록 발전했다는 점은 누구나 알 수 있는 사실이다.

하지만 이 새로운 연구에도 결함은 있다. 아무리 좋은 연구를 위해서라도 아이들을 실험체로 쓸 수는 없으니까. 라데스키 박사의 설명대로 새로운 연구는 과학자들이 특별하게 고안해낸 비공개 앱을 통해 진행되었다. "실험실 연구가 실제 현실과 단절되어 있다는 한계를 여기서 알 수 있는 겁니다." 라데스키 박사가 말했다.

라데스키 박사는 아동 발달 전문가들이 디자인한 'PBS키즈' 앱처럼 광고가 포함되어 있지 않고 시끄러운 소리가 나오지 않으며, 자극적이지 않은 앱을 추천한다. "아이가 앱을 사용할 때 부모가 옆에서 이해를 도우면서 '이건 다니엘 타이거Daniel Tiger 앱이야. 지금 우리가 이 곡을 어떻게 연주했지? 여기 봐! 여기 드럼이 있네?'라고 말하는 겁니다. 바로 그때가 아이들이 미디어로부터 무언가를 배울 수 있는 순간이죠."

부모와 함께 보면 아이들은 훨씬 더 많은 것을 배울 수 있지만, 에피소드 하나하나마다 아이와 억지로 대화를 나눌 필요는 없다. 그것은 정말 힘든 일이다. 그냥 가끔 이런 말을 해주면 된다. "와, 저기 굴착기가 있네. 〈타요〉에서 봤지?"

아이와 소통할 때마다 교육적인 내용을 완벽하게 전달하기 위해 애쓰지 않아도 된다. "우리는 아이들이 ABC를 배우는 데 너무 지나치게 집착합니다. 어린 두뇌가 새로운 단어나 문자, 색깔 등을 미디어로부터 효과적으로 배우려면 어느 정도 반복 학습이 필요하지만, 그게 다는 아니에요. 부모는 아이가 매일 똑같은 놀이를 반복하지 않고 밖에 나가서 모래성을 쌓으면서 놀길 바라는 마음과 집중적으로 하나를 가르치고 싶은 마음 사이에서 아슬아슬하게 줄다리기하게 됩니다. 여러분은 어렸을 때 무엇을 하면서 놀았죠? 그렇게 아이들과 함께 놀아보세요. 그러면 육아가 더 재미있어질 거예요."

라데스키 박사는 실제로 아이들이 영상물을 보는 데 기겁하는 가족들도 봤고, 반대로 너무 지나치게 방관하는 가족들도 봤다. "아이들이 작은 화면으로 영상을 보는 모습에 기겁하는 부모를 보면, 솔직히 '미친 거 아니야? 저 정도면 집착이야'.라는 생각이 들어요." 라데스키가 농담처럼 말했다. 하지만 그녀는 반대로 아이가 충분히 잠을 자지 못해서 걱정이라는 부모도 만났다. 그녀는 문제가 무엇인지 한눈에 알아차렸다. 아이가 밤에 끝없이 영상을 보고 있었기 때문이었다. "그 부모들은 '저도 맨날 TV를 보면서 컸어요. 그러니 내 애한테 밤에 유튜브 보지 말라고 말하지 마세요.'라고 하더군요." 이것이 라데스키 박사조차 자신이 참여해서 만든 미국 소아과학회의 권고 사항을 자주 언급하지 않는 이유이다. "부모들에게 권고 사항이라고 말할 때보다 내 의견이라고 말하는 게 효과적이죠. 그래서 저는 '아이의 수면 부족을 걱정해서 저를 찾아온 건 부모님이세요. 그러니 함께 미디어를 보여주는 목적이 뭔지부터 생각해봅시다.'라고 말했어요." 권고 사항을 안다고 다 해결되지 않는다. 그러므로 당신이 신뢰하는 의료진과 자신의 이성적 두뇌를 활용해 대화를 나누자. 불편해할 이유가 없다.

라데스키 박사는 자신의 아이에게 고민 없이 영상을 보여준다. "저는 축구를 아주 좋아하는 여덟 살짜리 아이가 있어요. 아이는 〈역대 최고의 골 장면 베스트 10〉 같은 영상을 자주 봐요. 축구 콘텐츠는 무궁무진하죠. 아이한테 '좀 있다가 엄마가 전화를 받아야 하는데, 30분만 더 보고 나가서 놀까?'라고 말하면 돼요. 그런데 자폐증은 좀 다르게 생각해야 해요. 좋아하는 주제를 몇 시간씩 계속 보고 있으면 자폐증이라는 발달 장애가 올 수밖에 없어요. 이런 무궁무진한 콘텐츠가 다른 아이들에게는 좋은 친구가 될 수 있지만, 자폐증을 앓고 있는 아이에게는 독이 될 수 있죠. 이런 각자의 상황을 권고 사항에 다 담기란 정말 힘들어요. 그래도 권고 사항이, 20분의 상담 시간 동안 소아과 의사가 할 수 있는 모든 말을 담기 위해 고군분투했다고 생각해요."

앞서 말했듯이, 미국 소아과학회는 18개월 미만의 유아들은 영상통화만 해야 한다고 권고했다. 내 친구 맥스와 알렉스에게는 앤드류라는 말썽꾸러기 아들이 있다. 맥스의 어머니는 세인트루이스에 사시고 알렉스의 부모님은 텍사스에 사는데, 맥스와 알렉스는 앤드류가 태어났을 때부터 할아버지, 할머니와 매일 영상통화를 했다.

"스카이프Skype와 페이스타임FaceTime은 정말 최고예요. 애들이 더 어렸을 때부터 해주지 못해서 미안할 뿐이죠. 특히 출장 갔을 때는 정말 유용해요." 사회복지사 클레어 러너가 말했다. "다른 사람과 연락하고 싶을 때나 엄마가 멀리 계실 때 사진을 보내고 답장을 쓰는 건 물론이고 서로 대화할 수도 있어요. 정말 멋진 일이죠?" 러너의 직장 동료들은 자주 출장을 간다. 그녀는 분리 불안이 심했던 한 여자아이를 떠올렸다. "그 아이의 엄마는 아프리카로 출장을 가야 했는데, 가기 전에 아프리카 지도를 살피고 조사한 다음, 그곳에 도착하자마자 페이스타임을 사용했죠." 페이스타임 덕분에 딸은 분리 불안이 덜 겪었을 뿐만 아니라 엄마가 갔던 지역을 속속들이 알게 되었다.

페이스타임이나 영상통화를 해도 괜찮다고 해서, 발전에 도움이 되지 않는 비대화형 영상을 보는 시간과 혼동해서는 안 된다. "모든 것은 적당히 할 때가 가장 좋아요. 아이들이 현실에서 여러 가지를 경험하게 하고 싶지 않나요? 놀고, 역할극도 하고, 휴식하고, 아이들만의 재미를 만들어야 해요. 영상 시청도 이런 경험 중에 작은 한 부분이죠."

전자기기 사용 규칙, 부모도 지켜야 한다

우리는 스마트폰에 파묻혀 산다. 그러나 이를 깨닫지 못한 채 아이들이 손에 들고 있는 전자기기만 걱정하고 있다. 미국 성인들이 하루 동안 스마트폰을 보는 횟수를 모두 합하면 약 90억 번에 달한다.[5] 아이들은 본능적으로 부모의 습관적 행동을 따라 한다. 스마트폰은 이미 우리의 일상에서 떼려야 뗄 수 없는 존재감을 가지고 있다. 그럼 어떻게 하면 스마트폰과 우리의 일상에 경계를 만들 수 있을까? 사람들과 소통하고, 역할을 제대로 해내고, 휴식을 취하는 일상에서 전자기기와 건강한 균형을 이룬 모습이야말로 아이들에게 좋은 본보기가 될 것이며 전자 기술이 더 발전하고 보편화될 세상에서 아이들이 가져야 할 삶의 기술이라고 할 수 있다.

부모의 스마트폰 중독이 아이들에게 어떤 영향을 미치는지는 항상 많은 관심을 끄는 주제였다. 2017년을 떠들썩하게 했던 한 연구는 전자 장비가 부모와 아이 사이의 소통을 막는 사례를 두고 '테크노퍼런스 Technoference'(기술간섭)라는 신조어를 만들어냈다. (개인적으로 '아주 어린 아이들을 돌보는 데 지친 부모들의 휴식처'라고 부르길 바란다.)

일리노이 주립대학교와 브리검영 대학교의 교수들은 테크노퍼런스에 관한 연구를 완성했다. 연구 대상 가족들은 모두 이성애자였고 대부분 백인이었으며, 결혼했으며 충분한 교육을 받았고 미국의 평균보다 조금 더 부유했다. (연구 대상이 결과에 큰 영향을 미치기 때문에 이러한 세부사항을 미리 밝힌다.) 대상자들에게는 다음과 같은 질문이 담긴 설문 조사가 이메일로 전송되었다. (1)휴대폰에 새로운 메시지 알림이 뜨면 당장 확인해야만 직성이 풀린다. (2)휴대폰에 전화나 메시지가 올지도 모른다는 생각을 자주 한다. (3)휴대폰을 너무 많이 사용한다고 생각한다. 대상 엄마들과 아빠들은 이 항목에 동의하는 정도에 따라 점수를 매겼다. 그랬더니 엄마들의 40%와 아빠들의 32%가 휴대폰 사용에 문제가 있다는 결과가 나왔다.

이 연구는 아빠보다 엄마의 휴대폰 사용 습관이 아이들에게 부정적 영향을 더 많이 미친다고 밝혔다. 연구자들은 아이들이 아빠보다 엄마와 더 많은 시간을 보내기 때문에 나온 결과라고 생각했다. 하지만 당신이 이 결과에 숨겨진 행간을 읽을 수 있고, 일반적으로 여성이 남성보다 자신에게 더 엄격하다는 가정을 해보았다. 엄마들은 '완벽한 엄마'가 되고 싶은 마음에 그에 반하는 휴대폰 사용 같은 행동을 더 엄격한 잣대로 판단했을 가능성이 크다. 남자들은 보통 자신에게 여성만큼 엄격하지 못하다. (이 연구는 연구자들이 연구 대상 부모의 행동을 객관적으로 관찰하는 대신 부모들에게 스스로 자신의 행동을 판단하도록 했다.)

나는 연구자 중 한 명인 브랜든 맥대니얼Brandon McDaniel 박사를 만나 이 연구에서 대상 여성들이 자신을 더 엄격하게 평가했는지 물었다. "그건 모릅니다. 그럴 수도 있고 아닐 수도 있죠. 가능성은 있습니다. 저는 우리 문화 전반에서 엄마의 정체성이 아빠와는 대조적으로 큰 역할을 한다고 생각합니다. 엄마와 아빠를 비교한 연구 자료들이 많습니다. 보통 아빠는 가정에서 일어나는 일들에 엄마보다 관여도가 작죠. 그렇다고 그들이 나쁜 아빠라는 말이 아닙니다. 좋은 아빠가 없다는 말도 아니고요." 맥대니얼 박사가 말했다.

휴대폰을 많이 사용한다고 말한 부모들은 그들의 아이들이 유달리 징징거리거나 삐지고 쉽게 상처받으며 불만이 많고 화를 잘 내며 산만하다고 말했다. 참고로 이 연구의 대상 아이들은 평균 3세였다. 이 나이 또래의 아이들에게 위의 행동들은 어쩌면 지극히 정상적인 행동이라고 할 수 있다.

연구자들은 결론적으로 "휴대폰 사용과 짜증을 잘 내는 아이 사이에는 강한 연관성이 있다고 생각하지만, 분명히 선언하기는 이르다. 그러나 우리의 연구 결과는 '디지털 기술 사용의 증가가 대인관계에 장애나 변화 등에 연관성이 있다'는 점을 보여주는 자료 수집에 이바지한 데 그 의의가 있다."라고 썼다.

여기서 다시 상관관계 대 인과관계의 문제가 발생한다. 아이들은 그냥 세 살이라서, 말썽을 부릴 나이가 돼서 그랬을지도 모른다. 부모들은 아이들의 문제 행동을 휴대폰 사용과 억지로 연관시켰을 수도 있다는 뜻이다. 또 지나간 일들을 선명하게 기억하기란 어렵다. 그래서 부모는 당연히 이렇게 생각했을 수도 있다. '지난주에는 조니가 너무 짜증을 많이 냈어. 내가 일한다고 너무 바빴고 쉴 새 없이 휴대폰으로 이메일을 확인했으니, 아마 내 휴대폰 때문일 거야.'

휴대폰 사용을 장려할 생각은 없다. 하지만 조니는 더 많이 관심 받고 싶었을 테고, 그래서 짜증을 냈을 수도 있다. 아니면 세 살 아이들이 다들 그렇듯, 우리가 이해하지 못하는 무언가 때문에 화가 났을지도 모른다. (내 아이들은 셔츠가 맘에 들지 않는다고 짜증을 냈다. 마음에 드는 셔츠를 입고 37도가 넘는 무더위에 겨울 부츠를 신고 싶어 했고, 눈이 펑펑 내린 한겨울에 샌들을 신으려 했다. 과자가 먹고 싶어서 짜증을 냈고, 그 과자가 마음에 들지 않는다고 짜증을 냈다.) 우리가 아이들의 마음을 완전히 알기란 불가능하다. 그리고 부모가 휴대폰을 멀리했을 때 아이들의 행동이 바뀌었는지에 관한 연구는 아직 없다.

휴대폰 사용이 아이들에게 어떤 영향을 미치는지 살펴보는 일은 중요하다고 생각한다. 특히 장기적으로 미치는 영향은 더욱 중요하다. 아이와의 대화나 활동에 전자기기가 방해된다고 생각한 적이 있냐는 질문에, 하루에 스무 번 이상이라고 대답한 부모들의 자녀는 하루에 7시간 이상 전자기기(태블릿, 스마트폰, 비디오 게임, 컴퓨터, TV 등)를 사용하고 있었다.

아이들이 하루에 7시간씩 유튜브를 보거나 7시간을 내리 〈로블록스 Roblox〉(롤플레이 게임-옮긴이)에 빠져 있어서는 안 된다는 사실은 이미 많은 부모가 알고 있다. 그러나 자신들이 매일 시도 때도 없이 들여다보는 인스타그램이 아이들과의 놀이 시간을 하루에 20번쯤 방해하고 있다는 사실을 아는 부모는 드물 거라는 생각이 들었다. 맥대니얼 박사는 동의하지 않지만 말이다. 맥대니얼 박사는 사람들이 하루에 최대 70번이나 휴대폰을 확인한다는 사실을 밝힌 연구가 있다고 말했다. 그의 연구에 따르면 48%의 가족들이 하루에 3번 이상 '테크노퍼런스'를 경험한다고 한다.

그러나 맥대니얼 박사는 "결국 우리가 걱정해야 할 부분은 숫자가 아니라 그 횟수로 양육의 질이 어떻게 변화고, 안 좋은 상황이 얼마나 자주 발생하게 되느냐입니다. 부모들이 죄책감을 느끼라고 이 일을 하는 게 아닙니다. 우리가 사는 세상이 미디어가 난무하고 있다는 상황이라는 점을 깨닫게 하려고 하는 겁니다. 그게 바로 현실이니까요."라고 말했다. 휴대폰이 자녀와 배우자, 파트너, 친구, 가족 등 여러 사람과의 소통에 얼마나 방해되는지를 상기시키려 한다는 말이다.

즉, 당신의 아이가 사랑을 느끼고 당신과 서로 교감하며 정상적이고 건강하게 자라고 있다면 아이들이 '공룡 기차' 같은 에피소드를 오십 번째 보고 있는 동안 가끔 페이스북을 본다고 문제가 생기진 않는다. 또 마감 시한에 쫓기고 있는 큰 프로젝트 때문에 주말인데도 평소보다 휴대폰을 갑자기 많이 사용해야 하는 일이 생기더라도 여러분의 아이는 잘못되지 않는다.

오늘날의 부모들은 스마트폰으로 모든 일을 해결한다. 전자책을 읽고 친구들과 문자 메시지를 주고받으며 필요한 정보를 모두 찾을 수 있다. 이 외에도 수만 가지의 일을 한다. 하지만 아이들은 우리가 무엇을 하는지 이해하지 못할 수 있다. 그러므로 '가끔' 설명해주면 도움이 될 거라고 생각한다. 이번에는 맥대니얼 박사도 내 생각에 동의할 것이다.

"아빠는 지금 아빠 회사 동료의 질문에 답하고 있어. 아빠는 지금 우리 동네에 새로 생긴 놀이터가 신문에 나와서 그걸 읽는 중이야. 아빠는 지금 저녁 식사 요리법을 찾아보고 있어. 아빠는 지금 조 삼촌한테 오늘 밤에 바비큐 파티하자고 메시지를 보내는 중이야."

우리 가족은 거의 매일 저녁 식사 시간에 휴대폰을 사용하지 않는다. 누가 마감 시한에 쫓겨 미쳐가고 있는지는 중요하지 않다. 함께 저녁을 먹는 30분 동안만 사용을 금지하는 현실적인 목표를 두고 실행한다. 나는 매일 저녁 5시부터 7시까지는 휴대폰 일정 알림도 꺼둔다.

유의해야 할 점이 있다. 뭔가 불편할 때마다 습관적으로 휴대폰을 들여다보고, 현실을 외면하려 한다면 더 큰 문제가 생길 수 있다. 맥대니얼 박사는 "부모는 스스로 왜 휴대폰을 지금 써야 하는지 신중하게 판단해야 한다. 지루해서 그런가? 외로워서? 불안해서? 감정을 다스리기 위해 휴대폰을 사용하는가? 아니면 스트레스를 받아서 가족과 소통하지 않으려고, 혹은 아이와 놀아주지 않으려고 휴대폰을 보고 있는가? 스트레스를 받을 때 휴대폰을 보지 말라는 이야기가 아니다. 하지만 습관이 되어서는 안 된다. 그러면 스트레스를 받기 시작하거나 육아가 힘들어질 때마다 전화기를 찾게 된다." 맥대니얼 박사는 자신이 이런 상황이라고 생각한다면 배우자나 파트너, 혹은 치료사나 의사에게 도움을 청하라고 충고한다.

무엇을 보게 할 것인가

아이들에게 영상 매체는 '디지털 마약'이고 터치스크린은 아이들의 뇌 세포를 죽여 바보로 만들고 있다는 기사들이 판을 치는 세상이다. 우리는 잠시 멈춰서 심호흡을 해야 한다. 너무 지나친 반응은 아닐까? 과학은 '그럴지도 모른다.'라고 대답한다. 뇌과학 분야 비영리단체 다나 재단은 아이들이 영상을 보는 시간에 관한 연구들과 관련된 모든 이슈를 학계 전문가들이 분석한 논문들로 가득하다. 대부분의 연구는 자기 보고 방식으로 진행되었다. 아이들을 두 그룹으로 나눠 한 그룹에만 하루에 15시간씩 유튜브를 보게 한 뒤 아이들의 두뇌를 분석하는 방식은 비윤리적이기 때문이다.[6] 거기에 냉장고마저 '스마트'한 세상에서 한 번도 영상을 본 적이 없는 아이를 찾아내 대조군으로 만드는 것은 거의 불가능에 가깝다.

"미디어의 효과를 다루는 연구 대부분은 상관관계를 이용한다. 연구자들은 다른 아이들보다 컴퓨터 게임을 많이 하는 아이들의 두뇌 구조를 살핀다. 그런데 여기서 항상 '닭이 먼저냐, 달걀이 먼저냐'의 문제가 발생하게 된다. 뇌 구조가 달라서 게임에 더 끌리는 걸까? 아니면 게임 때문에 뇌 구조가 달라지는 걸까? 이러한 실험은 통제된 상태에서 진행하는 임상 시험과는 다르다. 아이들 사이에서 무작위로 컴퓨터 게임을 시키는 비윤리적인 방법으로 실험을 진행할 순 없다. 그래서 원인과 결과의 경계를 파악하기가 매우 어렵다." MIT공대 신경과학자 로버트 데시모네Robert Desimone가 논문에 쓴 글이다.

"부모들은 아이들이 무엇을 하고 노는지 걱정한다. 어느 부모나 항상 하는 걱정이다. 부모들은 아이가 음악을 배우고 독서를 하는 것이 학습에 도움이 된다고 알고 있다. 그래서 부모들은 피아노나 독서 그룹에 아이들을 무작위로 배정할 때는 찬성하지만, '마인크래프트Minecraft' 같은 컴퓨터 게임 그룹에 배정시키면 허락하지 않을 가능성이 크다. 이게 현실적으로 가장 큰 문제다." 데시모네의 글은 이어진다.

바사르 대학교의 신경과학자 아비가일 베어드Abigail Baird도 "스크린은 하나의 도구라는 생각을 하고 있어야 한다. 망치를 떠올려보자. 망치로 사람을 죽일 수도 있지만, 망치를 그런 식으로 사용하는 사람은 거의 없다. 무언가를 만들고 고치는 데 사용한다. 기술이 도구로 사용될 때 이것이 언제 문제가 될 것인지, 혹은 지금 문제가 되고 있다고 우리에게 알려줄 만큼 과학은 친절하지 않다."라고 다나 재단에 말했다.

우리는 아이들의 전자기기 중독을 두려워한다. 나도 두 살 난 아들이 유튜브를 좀비처럼 멍하니 보고 있는 모습을 본 적이 있다. 그러나 아이오와 주립대학교의 발달 심리학자 더글러스 젠틸Douglas Gentile은 여러 매체에서 무서울 정도로 심각하게 다루는 이 주제를 그리 걱정할 필요가 없다고 말한다. "중독은 잠재적으로 매우 심각한 걱정거리이지만, 그렇게 쉽게 일어나는 일이 아닙니다. 미디어에 대한 아이들의 반응은 개인에 따라 매우 큰 차이를 보입니다."

그래서 내가 이 책을 쓰면서 만났던 전문가들은 아이들을 아예 영상물로부터 멀리 떨어뜨려 놓으려고 고민하기보다 아이들이 소비하고 있는 콘텐츠에 관심을 가지는 게 더 중요하다고 강조했다. 우리가 중독되도록 만들어진 앱들도 많지만 서로의 교류를 돕거나 중요한 교훈을 주는 앱들도 있다.

"TV나 앱, 컴퓨터를 조금 하는 정도는 아이에게 해롭지 않습니다. 연령대에 맞는 양질의 콘텐츠를 보여주는 건 전혀 잘못이 아니에요. 아이들이 미디어에 지나치게, 지속해서 노출될 때, 나이에 맞지 않는 미디어(너무 폭력적이고, 선정적이거나, 성인용 미디어 등)를 볼 때가 위험한 겁니다." 부모와 아이가 미디어와 기술을 올바르게 접할 수 있도록 돕는 커먼 센스 미디어Common Sense Media라는 비영리 단체에서 편집자로 일하고 있는 캐롤라인 노어Caroline Knorr는 샌프란시스코에 있는 자신의 사무실에서 내게 이런 이메일을 보냈다.

노어는 "4세 미만의 아이들에게는 짧은 에피소드에 광고가 거의 없고 사회 친화적 메시지를 담고 있으며 아주 간단하고(영상이 전하려 하는 주제가 두, 세 단계로 이루어진 것), 매우 사실적인(추상적이지 않은) 아이디어를 담고 있는 영상이 가장 좋습니다. 어린아이들에게 아이디어를 전달하는 가장 효과적인 방법은 소위 '파라-소셜para-social' 캐릭터를 사용하는 겁니다. 아이들 누구나 공감할 수 있는 캐릭터가 등장해 내용을 안내하면 아이들이 쉽게 이해할 수 있죠. 아이들은 영상에서 본 것을 따라 할 거예요. 노래를 배우고 말을 반복해서 배웁니다. 이 정도면 아이들에게 영상을 보여줄 만한 이유가 되겠죠."라고 말했다.

노어는 "7세 미만의 어린이들은 광고의 숨은 의도(우리에게 뭔가를 팔려는 목적)를 이해하지 못하기 때문에 쉽게 광고에 속아 넘어갑니다."라며 광고를 최소화해야 한다고 말했다. 그리고 VR기기(Virtual Reality, 가상현실)도 피해야 한다고 충고한다. "VR기기의 렌즈가 아이들의 눈 건강에 어떤 영향을 미치는지 아무도 모르기 때문에 VR기기를 보여주지 않도록 해야 합니다." 그리고 화면이 빠르게 바뀌는 영상물이 아이들의 주의력을 떨어뜨린다는 보고가 있는데, 그녀는 이런 영상물이 아이들의 뇌에 미치는 영향에 관한 연구가 아직 부족하다며 모두 곧이곧대로 믿을 필요는 없다고 말했다.

"두뇌에는 주의력과 연관된 여러 개의 신경 네트워크가 있는데, 이 신경들은 초기 발달 과정에서 꽤 많이 변화한다. 영상을 볼 때 끊임없이 다른 영상으로 바꿔 본다면 주의력에 영향을 미칠 수 있다. 그러나 이 모든 반응은 장치를 사용하는 방법에 달린 문제다. 컴퓨터 게임을 포함한 다양한 활동이 주의력을 향상하는 데 도움이 된다는 증거도 있다." 오리건 대학교에서 인지 신경 과학을 연구하는 마이클 포스너 Michael Posner가 다나 파운데이션에 한 말이다.

시청 시간 제한이 중요한 이유

아이들이 유튜브나 넷플릭스를 자주 본다면, 한 영상이 끝나고 다른 영상으로 자동 재생될 때 한 번씩 점검해보면 좋다. 한번은 에버렛이 '진흙탕 지프 경주 영상'을 보여달라고 한 적이 있는데, 브래드는 유튜브에 관련 영상이 많아서 목록을 대충 훑어보고는 별걱정 없이 에버렛이 원하는 영상을 틀어주고 샤워를 하러 갔다. 15분 뒤 샤워를 마치고 나왔을 때 에버렛은 벌거벗은 여자들이 진흙탕에서 배구를 하는 동영상을 보고 있었다. 유튜브의 엉터리 같은 추천 알고리즘 덕분이었다.

"여러분이 아이들에게 영상을 보여줄 때 어떤 콘텐츠인지가 매우 중요합니다." 미국 소아과학회의 유아발달위원회 소속인 클레어 러너 Claire Lerner가 내게 말했다. "콘텐츠가 아이의 나이에 맞게 만들어졌는지와 발달에 적합한지 따져봐야 합니다. 'PBS 키즈'는 정말 믿을 만하고, 그것만 본다면 아이들이 계속 봐도 된다고 말하는 가족들을 많이 봤어요. 그래도 그 아이들이 보는 프로그램은 연령대가 맞아야 해요."

다 좋다. 하지만 아이를 한 명 이상 키우는 부모라면 누구나, 두 살짜리와 다섯 살짜리 아이가 부모가 보라고 한 영상만 보는 게 아니라는 사실을 알 것이다. 러너는 그럴수록 아이들의 시청 시간을 제한하고, 지금 무엇을 보고 있는지 설명해주며 더 자주 아이와 이야기를 나누어야 한다고 충고한다. 특히 아이가 어릴수록 더욱 그래야 한다고 했다.

노어는 아이가 가끔 미디어에 푹 빠져 있다 해도 너무 자책하지 말라고 말한다. "하루를 기준으로 생각하지 말고 일주일 전체를 기준으로 균형을 맞춰보세요. 세 살짜리 아이가 아픈 바람에 〈대니얼 타이거〉를 하루에 세 시간이나 보여줬다면, 다음 날 좀 덜 보여주면 됩니다." 노어가 말했다.

내 아이들은 각자 킨들 파이어 키즈Kindle Fire Kids 태블릿을 하나씩 가지고 있다. 인터넷 쇼핑몰에서 할인할 때 샀다. 우리는 여행을 가거나 아이가 아파서 조용히 안정을 취해야 할 때, 혹은 우리가 급한 일 때문에 바빠서 아이들과 놀아줄 시간이 없을 때만 태블릿을 보여준다.

"영상을 몇 시간씩 매일 보여주면 절대 안 됩니다. 장거리 비행 중에도 마찬가지예요. 아이들은 적응력이 매우 뛰어나서 빨리 학습합니다. '지금 비행기를 타고 있으니까 심심하지? 그러니까 비행기를 타고 있을 때는 스마트폰을 오래 봐도 돼. 비행기 안에서는 다 그렇게 하는 거야.'라면서 스마트폰을 보게 한다면 아이들은 비행기에서 내려서도 계속 조를 거예요. 우리는 아이에게 스마트폰을 주면 편하니까 '에이, 휴가 때 내내 같이 잤는데도 별문제 없었잖아? 괜찮을 거야.'라고 생각하고 주게 됩니다. 문제가 심각해지는 거죠. 그래서 집에 돌아가서 '휴가 때만 허락했던 거야.'라고 말해봤자 애들은 계속 조를 겁니다. 부모가 계속 그렇게 행동하면 아이들도 계속 적응하겠죠. 안 된다는 걸 알게 해야 합니다. 아이들이 무슨 행동을 하든, 우리를 얼마나 지치게 하든 간에 마음대로 스마트폰을 가질 수 없다는 걸 확실히 알려줘야 합니다." 러너가 말했다.

친구도 되고, 치료도 하는 미디어

영상에서 얻을 수 있는 흥미로운 이점이 몇 가지 있다. 아이들에게 새로운 친구를 사귈 기회가 생긴다는 것도 그중 하나다.

"요즘에는 영상을 보여주는 걸 비판하는 시선이 많지만, 적어도 우리 가족에게는 생명줄이나 다름없었어요." 뉴욕 교외에 사는 힐러리가 보낸 메일이다. 그녀는 딸 에스미의 치료 프로그램 때문에 뉴욕 시내에 나너온 참이있다. 중증 장애를 앓고 있는 에스미는 그곳에서 댄스 프로그램에 참여했는데, 그 프로그램은 휠체어를 타야 하는 아이들도 참여할 수 있었다. 에스미는 언어장애가 있었고 몸이 약했다.

"우리는 아이가 3개월 때부터 물리치료에 영상을 함께 사용하기 시작했어요. 그 영상들은 에스미에게 세상을 보여주고, 가르쳐주고, 세상과 연결해주는 길이었습니다. 영상들을 보면서 아이는 스스로 읽는 법을 배웠고, 〈머펫(The Muppets)〉을 보면서 우정을 배웠어요. 원하는 것을 표현할 수 있게 되었고, 눈으로는 볼 수 없는 많은 것들을 보게 되었어요. 게다가 아이의 건강 때문에 집 밖으로 나가지도 못하는 상황에서도 내 딸의 이야기를 세상에 알리고 우리 가족과 비슷한 처지의 다른 가족들을 알게 되었어요. 그리고 생각지도 못했던 방식으로 내 딸과 소통할 수 있게 되었죠. 저는 다른 아이들도 이런 방식으로 내 딸과 소통했으면 좋겠어요. 하지만 영상을 마음껏 보지 못하는 에스미의 친구들은 영상이 '나쁜 것'이라고 말하더군요. 참 슬펐죠. 저는 제 딸에게 힘이 되는 영상들을 보여주는 게 전혀 부끄럽지 않거든요." 힐러리의 말이다.

주디스 뉴먼은 자폐증을 앓고 있는 아들 거스가 애플에서 출시한 인공지능 음성비서와 '영원한 베프'가 된 사연을 《사랑하는 시리에게(To Siri with Love)》라는 책에 담았다. "나는 정말 나쁜 엄마야. 시리와 나누는 대화에 흠뻑 빠져 있는 열세 살짜리 아들을 보면서 든 생각이었다." 그녀가 〈뉴욕타임스〉에 기고한 에세이는 이렇게 시작했다.[7] 아들이 시리와 대화를 나누는 모습을 보고 나쁜 부모가 된 기분이 들고 수치심을 느꼈고, 아들을 위해 그 많은 것을 해주고도 고작 시리에게 열등감을 느껴야 하다니. 그러나 입에 구슬을 문 것 같은 발음으로 말하던 거스는 이제 훨씬 정확한 발음으로 말한다. 그래야 시리가 알아듣기 때문이다. 시리는 거스에게 사회성을 가르쳤다. "시리의 반응을 모두 예측할 수는 없지만, 보통은 친절하게 반응한다. 거스가 퉁명스럽게 말을 걸 때도 그렇다." 시리는 거스에게 예의를 가르쳤다. 다른 사람과 대화하는 방법도 가르치고 있다. "아들이 시리와 대화하는 연습을 한 덕분에 실제 사람들과 쉽게 대화를 나눌 수 있게 되었다. 어제는 아들과 가장 오랫동안 대화를 나눴다." 뉴먼은 논리에서 벗어나지 않고 거북이에 관해 주거니 받거니 했던 긴 대화를 떠올리며 말했다. "내 사랑스러운 아들이 13년을 살아오는 동안 이런 적은 거의 없었다. 내 아들에게는 시리가 자신을 비난하지 않는 친구이자 선생님이다."

뉴먼은 "기술로 인해 우리가 고립될 거라는 생각이 지배적인 세상이지만, 반대로 기술의 긍정적인 영향도 충분히 고려해야 하며 그만한 가치가 있다."고 기술의 이점을 지적한다.

론 서스킨드Ron Suskind는 자신의 책 《애니메이션 라이프(Life, Animated)》에서 디즈니 캐릭터가 세 살 때 퇴행성 자폐증 진단을 받은 아들 오웬을 어떻게 극적으로 세상과 대화하고 교류할 수 있게 해주었는지 썼다. 네 살 때 아들에게 〈인어 공주〉를 보여주면서, 그의 가족은 완전히 달라졌다.[8] 오웬은 좋아하는 영화의 대사를 반복하면서 의사소통을 할 수 있게 됐다. 시간이 지나면서 오웬은 좋아하는 디즈니 캐릭터가 겪는 상황을 실제 상황에 대입하고 말하기 시작하면서 원활한 소통이 가능해지고 공감 능력도 되찾았다. (오웬은 현재 자신의 힘으로 홀로 서기에 성공했다. 전 세계의 연구자들은 오웬의 이야기를 영감을 주는 사연이라 부르며 오웬의 사례를 연구한다.)

"영화 〈알라딘Aladdin〉의 주제곡 '아름다운 세상(A Whole New World)'이 제 아들을 지지하고 중심을 잡아줬다고 생각해요. 매일 새로워진 세상에 발을 들여놓는 기분이었을 테니까요." 론은 〈연합 신문(The Associated Press)〉에 이렇게 말했다.[9] "이런 질환을 앓고 있는 아이들은 모두 강박관념을 가지고 있고 무언가에 집착합니다. 그 아이들과 제 아들의 차이점은 우리가 아들의 집착을 이용해 함께 노래를 부르고 영화를 보고 등장인물을 가지고 놀고, 그 캐릭터가 되어보기도 하면서 그에게 다가갔을 뿐만 아니라 더 나아가 아들이 배우고 사회적으로 성장하는 것을 돕는 데에도 이용해왔다는 겁니다."

여러분이 아이들에게 태블릿이나 스마트폰을 주지 않으면 아이들이 발전할 수 있는 디딤돌을 없애거나 공감 능력을 키울 기회가 사라진다는 말일까? 절대 아니다! "아이를 키우기 위해 태블릿을 살 필요는 없습니다. 그저 마음 가는 대로 하면 됩니다." 라데스키 박사의 말이다.

가끔은 플러그를 뽑아라

"영상을 못 보게 할 이유가 없어요. 영상을 보는 시간을 제한하는 것도 중요하지만(다시 말하지만, 아이들에게는 사랑하는 양육자와 소통하고 세상을 탐험하는 것보다 좋은 영향을 주는 요인은 없다.) 아이들에게 맞는 훌륭한 TV 프로그램, 게임, 앱들이 넘쳐나기 때문에, 그런 이득을 놓치는 게 손해죠. 하지만 백지수표는 아닙니다. 아이들이 노출되는 미디어는 고품질이어야 하고, 나이에 적합해야 하며 재미있어야 합니다.(나중에 아이들을 STEM 분야로 진출시키고 싶더라도 억지로 지루한 과학 영상을 보여주지 마라.) 그리고 가능한 한 사랑하는 양육자와 함께 보고, 함께하는 놀이를 더 즐기게 해야 합니다. 부모가 함께한다는 자체만으로도 미디어의 이점이 더 효과를 발휘한다는 증거가 있어요. 하지만 자신을 희생해가면서까지 매번 그럴 필요는 없습니다."

"부모가 아이들의 지루함을 달래고 짜증을 피하려고, 혹은 아이의 나쁜 행동을 자극하는 영상인 줄도 모르고 아무 생각 없이, 아무거나 보여줄 때가 위험한 겁니다. 부모가 식탁에 앉아서 편안히 저녁 한 끼를 먹기 위해서 부모가 허락한 앱으로 놀게 하는 정도는 괜찮아요. 부모도 쉬어야 하는 일요일 아침에 만화를 보게 해도 괜찮습니다. 다만 아이가 짜증을 내거나 아이와 놀아줘야 할 때마다 스마트폰을 넘겨주지만 않으면 됩니다. 다른 부모가 당신을 비난할 수 없습니다. 가족마다 처한 상황이 다 다르니까요." 노어가 말했다.

갈색 머리인 도나는 텍사스 출신임에도 말이 굉장히 빨랐다. 그녀는 유머 감각이 뛰어났으며 자신이 인터뷰했던 유명 인사 모두를 친구로 만들 정도로 사교적이었다. 심지어 동네 술집 바텐더도 친구로 만들었다. 그녀는 싱글맘이었는데, 남편은 아들이 한 살 때 뇌암으로 세상을 떠났다. 아들은 지금 말 많은 2학년, 초등학생이 됐다.

"저번에 어떤 생일 파티에 아들을 데리러 갔어요. 현관 문턱에 걸터앉아 아이들이 나오길 기다리면서 다른 엄마와 수다를 떨었어요. 그러다가 자연스럽게 영상을 보여주는 문제를 이야기하게 됐죠. '우리 집에서는 절대, 진짜 절대로 〈로블록스〉는 금지예요.' 원칙이 확실해 보이는 엄마가 말했어요. 저는 대답하기도 귀찮았죠. 로블록스 좀비들이 없었다면 아침에 샤워하는 건 꿈도 못 꿨을 테니까요. 혼자 애를 키우고 있는 저한테는 영상이 탈출구이자 육아 도우미이자 젖꼭지예요. 솔직히 아들이 아이패드에 너무 집착하는 거 같긴 해요. 배터리가 다되면 아주 난리가 나죠. 책을 읽으라고 해도 그래요. 하지만 중요한 건 우리애가 반에서 제일 책을 잘 읽는다는 거예요. 수학도 잘하고요. 몇 시간을 제자리에서 레고를 할 정도로 집중력도 좋아요. 친구도 많아요. 대부분 기저귀를 찰 때부터 같이 지내온 애들이죠. 저도 우리 애가 기어다닐 때는 아이패드를 주는 게 나 편해지자고 아이에게 술을 주는 거나 마찬가지라고 생각했어요. 하지만 현실은 천천히 제 생각을 바꿔놨죠. 저도 머리 빗을 시간은 필요했고, 요리할 시간도 필요했으니까요. 그리고 가끔 낮에 다 하지 못한 전화 인터뷰도 마저 해야 했고요. 나를 대신할 사람이 없었으니까 어쩔 수 없이 아이패드가 그 자리를 채웠죠. 때로는 죄책감도 느껴요. 많지는 않고 적당히 느끼죠. 하지만 우리가 비눗방울 속에 사는 게 아니잖아요. 영상을 통해서라도 아이들은 세상이 어떻게 돌아가는지 알아야 한다고 생각해요. 다른 대안이 있나요? 저는 요즘 머리 감을 때 린스 할 시간도 있어요."

영상에는 장단점이 있다. 육아(그리고 내 삶!)와 관련된 모든 것이 그렇듯이, 적당히 하면 된다. 스마트폰 화면을 스크롤하면서 긴 하루를 마무리했다고 죄책감을 느낄 필요도 없고 모든 화면을 꺼버릴 필요도 없다. 그러나 가끔은 플러그를 뽑는 편이 좋다.

소통이 인간을 행복하게 한다

페이스북과 같은 사이트들이 '완벽한 부모'가 되어야 한다는 사회적 압박을 받는 부모들, 특히 엄마들을 더 힘들게 할 가능성이 크다는 사실이 여러 연구를 통해 드러났다. 그 이유는 매우 명백하다. 소셜 미디어에서 자신을 다른 부모들과 끊임없이 비교하고 남들에게 인정받고 싶어 하다 보면, 자신이 남들보다 육아 능력이 떨어진다고 느낄 가능성이 크기 때문이다. 그러니 인스타그램을 하다가 마음이 불편해지기 시작하면, 크게 심호흡을 하고 소셜 미디어 앱의 사용 횟수를 줄이도록 해라. 스트레스가 심한 상태라면, 그냥 앱을 삭제해버려라.

내 친구는 직장의 업무로 너무 바쁘거나 타인의 삶에서 중압감을 느낄 때마다 소셜 미디어 앱을 삭제한다. 일 때문에 소셜 미디어 앱이 필요할 때 다시 설치하고, 대신 수시로 로그아웃한다. 이렇게 하면 페이스북을 보고 싶을 때마다 로그인해야 하는 번거로움이 생기고, 페이스북을 보며 스트레스를 풀고 싶은 순간적인 충동을 좀 누그러뜨릴 수 있다고 한다. 잠깐이기는 해도 패스워드를 기억해내야 하고 일일이 입력하기 귀찮지 않은가? 그녀는 이 30초로 그동안 얼마나 많은 시간을 소셜 미디어에 낭비했는지를 자각할 수 있으며 같은 행동을 반복하지 않는 데 매우 유용하다고 한다.

'뉴 패런츠 프로젝트The New Parents Project'라는 연구는 아이를 낳은 후 엄마와 아빠가 페이스북을 사용하는 방식을 조사했더니, 소셜 미디어 네트워크에 의존에 긍정적인 면과 부정적인 면이 모두 있다는 사실이 밝혀졌다.[10]

이 연구는 페이스북에 더 자주 접속하고 더 많은 콘텐츠를 올리는 엄마일수록 스트레스를 더 많이 받을 가능성이 컸다고 한다. (이는 온라인 육아 커뮤니티에 가입한 엄마들이 다른 엄마들과 활발히 교류함으로써 도움을 많이 받는다고 하는 여러 연구와 정면으로 배치되는 결과다.)[11] "우리가 연구하는 초보 엄마들은 최악의 육아 스트레스를 받고 있었는데, 이들은 사회적 지원이나 정보를 얻기 위해 페이스북을 더 자주 사용하고 더 강하게 의지할 가능성이 분명히 있다. 온라인 소셜 네트워크 사이트나 육아 커뮤니티가 부모들이 육아 방식을 조정하는 데 유익한 영향을 미치는지, 아니면 해로운 영향을 미치는지 파악하기 위해서는 장기적인 연구가 필요하다. 게다가 좋은 경험이든 나쁜 경험이든 자신의 육아 경험을 다른 사람과 더 많이 공유하고 싶어 하는 사람들이 단순히 공간을 사용한다는 개념으로 접속할 가능성을 파악하기 위해서도 그렇다." 다시 말해 '부모들은 페이스북을 한다, 부모들은 스트레스를 받는다.' 이둘의 연관성을 알아내려면 장기적인 연구가 필요하다는 말이다.

연구자들은 초보 부모들이 친구나 지인들과 함께 페이스북을 통해 일종의 '사회적 기반'을 구축하고 있으며, 따라서 전통적인 사회의 인간관계(가족이나 가까운 친구)를 더 활성화하고, 부모들이 육아에 적응할 수 있도록 돕는 것이 소셜 네트워크의 가장 긍정적인 면이라고 한다. 당연히 이런 페이스북의 기능은 가족이나 친구와 멀리 떨어져 사는 부모들에게 특히 중요하게 작용한다. 연구자들은 이러한 연결고리가 부모에게 도움이 될 수 있다면서 온라인이든 오프라인이든 다른 사람과 연결된 부모들은 더 많은 지원과 지지를 받기 때문에 만족도가 더 높다고 덧붙였다.

가장 행복한 부모는 온라인이든 실생활에서든 친구나 가족들과 소통하는 사람들이다. 연구자들은 "페이스북이 사용자들 간의 신뢰와 친밀감, 정서적 지지를 끌어내는 강력한 매듭"으로 작용할 수 있다고 말한다. 따라서 "페이스북은 초보 부모들이 부모가 되는 데 꼭 필요한 가족이나 가까운 친구들과의 유대관계를 유지하는 데 도움이 되는 플랫폼을 제공한다."라고 밝혔다.

주의해야 할 점이 있다. 다른 가족 연구들과 마찬가지로 '뉴 패런츠 프로젝트'에 참여한 사람들도 대부분 교육 수준이 높고, 부유하며 결혼한 백인이다. 만약 페이스북이 이들과는 다른 형편의 사람들이나 종일 사무실에 앉아 있지 않는 사람들, 혹은 다른 가족 구성원들과 멀리 떨어져 사는 사람들에게 더 많은 혜택을 지원한다면 어떻게 될까? 그렇게 되면 아마도 페이스북의 부정적 부작용을 없애는 데 큰 도움이 되지 않을까?

자, 지금부터 요점을 설명하겠다. 페이스북 덕분에 여러분이 행복하다면, 여러분이 페이스북을 스크롤하는 동안 아이가 집에 불을 지르지만 않는다면, 계속하라. 페이스북 때문에 더 불안해지고 불행하다고 느낀다면, 스스로 의식할 수 있도록 사용을 제한하거나 로그아웃하라. 그래도 안 되면 삭제해라. 여러분은 언제든지 마음을 바꿀 수 있다. 상황이 나아졌을 때 다시 로그인하면 된다.

페이스북에 자신이 느낀 진정한 육아 경험을 풀어놓아도 좋다. 나는 사람들이 반응해줄 것이라 확신한다. 완벽하게 포즈를 잡고 찍은 사진들이 한가득이라도 흠잡을 데 없는 순간은 실제로 거의 없다. 모두 추억이 되는 순간들이다.

#당당한육아를위하여 실천하기

극단적으로 생각하지 마라. 타협해도 좋다. 긴 하루가 끝날 무렵 저녁 식사를 준비하거나 하루의 긴장을 풀기 위해 아이들에게 짧은 만화영화 몇 편 정도를 보여준다고 해서 절대 아이들이 잘못되진 않는다. 그러니 스트레스 그만 받고, 영상 속 슈퍼 스타가 여러분의 집에 찾아와 아이들과 노는 동안 얼마 안 되는 조용한 순간을 즐겨라. 온종일 휴대폰을 보고 있다고 해서 죄책감을 느낄 필요도 없다. 영상과 기술은 우리 삶의 일부가 된 것이 현실이다. 그러나 플러그를 뽑아 두는 시간도 꼭 필요하다.

8장

감자튀김의 감자도 채소다
끼니때마다 '무엇을 먹일까' 고민하지 마라

"저녁 안 먹어! 우유 줘! 그래놀라 바 먹을 거야!" 둘째 오토가 쿵쿵거리며 주방을 돌아다녔다. 식탁에 앉지 않겠다는 시위였다. 나는 오토의 시위를 무시했다. 그러자 오토는 최후의 수단을 썼다. 바닥에 드러눕더니 버둥거리며 소리를 질러대다가 울음을 터뜨렸다. 내 독자들에게는 솔직하게 고백하겠다. 두 살배기 아이는 그날 결국 그래놀라 바로 저녁을 때웠다. 그러나 실망하지 마시라. 최근 오토는 거의 매일 투정 없이 저녁밥을 먹고 있는데 그 비법이 이 장 후반부에 등장한다!

군이 말하지 않아도, 아이가 무엇을 먹고, 무엇을 먹지 않는지에 따라 여러분이 느끼고 있는 자책감과 부담감을 충분히 알고 있다. 그리고 많은 부모가 소셜 미디어에 올라오는 훌륭한 '건강식'처럼 자녀를 먹여야 한다는 사명감을 느끼고 있음을 알고 있다.

탤리는 인스타그램을 통해 이런 부모들의 부담을 유쾌하게 날려준다. 그녀는 자신의 계정 @vegansmoothiemama(비건스무디마마)에 케첩 그릇, 흰 쌀밥, 완두콩 한 알을 찍은 사진을 게시하고 아래에 다음과 같은 글을 적었다. "드래곤 케첩 밥이 돌아왔어요! 여러분의 열화와 같은 성원에 힘입어 케첩 밥을 또 올려봅니다! 저를 팔로잉해온 분들이라면 제가 이 케첩 밥 덕분에 지금과 같은 길을 걷게 됐다는 걸 알고 계실 거예요. 채소가 안 들어가서 걱정스러웠던 분들이 많았는지 채소를 추가해달라는 요청이 많았어요. 그래서 채소를 추가하고 동양적인 느낌의 이름을 지어줬어요. 뭔가 더 건강한 느낌이 들지 않나요? 균형에도 더 신경 썼어요. 지금 여기에는 케첩이 2/3, 쌀밥이 1/3 들어갔어요. 글루텐을 즐기는 분들은 반드시 쌀 대신에 마카로니 같은 다른 탄수화물을 사용하세요. 처음 제 레시피를 접하는 분들을 위해서 소소한 정보를 드릴게요. 케첩 밥을 걱정하시는 분들을 위해서 추가한 완두콩 한 알 있죠? 그 완두콩은 식료품점의 냉동 코너에서 대부분 찾을 수 있을 거예요. 책가방 같은 그 커다란 비닐을 누구나 한 번쯤은 봤을 거예요. 하하하! 어느 회사에서 제품인지는 상관없어요. 케첩은 늘 효과 만점! 댓글 많이 달아주시고 태그도 잊지 마세요. 저녁으로 뭘 먹을지 고민하는 친구들에게 도움이 될지 모르니까요."

농담은 차치하고, 이 글은 우리가 아이들에게 뭐라도 먹이기만 한다면 아이들이 잘못되는 일은 없다는 핵심을 정확하게 짚고 있다. 부모가 음식 앞에서 느끼는 복잡한 심경은 잘 알고 있지만, 잠시 내 관점을 따라와 주면 좋겠다. 나는 부모들이 영양학적으로 완벽한 균형을 이룬 식사를 준비해야 한다는 불가능한 이상을 기대하고 있다고 생각한다. 그러나 그런 우리도 채소와 과일을 가공되지 않은 탄수화물과 함께 균형 있게 섭취하지 않는다. 아이가 초록색 음식이라면 뭐든지 거부부터 하고 보더라도 걱정할 필요가 전혀 없다. 음식을 섞어서 먹이고 새로운 음식을 계속 접하게 하면 된다. 음식 때문에 유난을 떠는 건 시간 낭비일 뿐만 아니라 아이가 강박을 갖게 되어 성인이 되어서도 편식하게 될 수도 있다. 맛있게 먹이면 된다. 처음부터 직접 요리하지 않아도 된다. 누가 만들었느냐가 중요한 것이 아니라 누구와 함께 먹느냐가 중요하다. 우리는 지금까지 끼니때마다 받았던 스트레스에서 벗어나야 한다.

새로운 음식을 '접하게' 하라는 말은 아이에게 식탁 위의 모든 요리를 한 입씩 먹여야 한다는 의미가 아니다. 아이들은 당신이 먹는 모습을 꾸준히 보기만 해도 조금씩 먹어보려 하게 될 것이다. 아이가 모든 음식을 골고루 먹게 되기까지는 시간이 오래 걸릴 수 있다고 편하게 생각해야 한다. 그러니 당장 아이가 먹는 음식들 하나하나에 전전긍긍하기보다는 평생 다양한 음식을 먹을 수 있는 방향으로 지도하자.

《뭐든지 잘 먹는 아이로 키우는 방법(Helping Your Child With Extreme Picky Eating)》의 공동 저자인 카챠 로웰Katja Rowell 박사는 "아이들에게 음식을 강요했을 때 얻을 수 있는 가장 좋은 결과가 '효과 없음'이었다는 연구가 있습니다. 대개는 더 심한 편식이나 음식 거부로 이어졌죠. 잘못하면 아이의 성장까지 지연시킨다고 합니다. 이 연구는 반대로 부모가 아이들에게 음식을 강요하지 않을수록 가족 모두가 더 즐겁게 식사할 수 있다는 의미이기도 합니다."라고 내게 말했다.

식탁에 앉은 아이는 자신의 음식보다 부모가 먹는 음식이나 식사 시간의 분위기에 더 관심을 보인다. 우리는 좀 덤덤해져야 한다. 로웰 박사는 "어린이가 다양한 음식을 좋아하는 데 가장 중요한 요소는 즐거운 식사 시간이라는 점을 명심하세요."라고 말한다.[1]

자주 인용되는 연구 중에 아이들이 새로운 음식을 좋아하기까지는

15번 이상 그 음식에 노출되어야 한다는 것이 있다. 이 15번의 노출을 15번의 섭취로 잘못 이해하고 있는 부모들이 많은데, 누군가가 그 음식을 먹는 모습을 15번 이상 보기만 해도 된다는 뜻이다.

로웰 박사는 "나는 부모들에게 아이가 잘 먹길 바라는 음식을 계속해서 차려주라고 자주 조언합니다. 맛있는 음식을 아이가 쉽게 먹을 수 있도록 식사 시간이나 간식 시간에 준비해주고, 부모도 함께 맛있게 먹는 겁니다! 좋아하는 음식만 찾는 아이의 부모는 자신이 좋아하는 음식을 아이가 함께 먹을 때 더 큰 안도감을 느낍니다."라고 말한다.

새로운 음식을 자주 '접하게' 하라

다른 사람의 이야기를 통해 도움을 얻어보자. 버지니아 주에서 변호사로 성공한 PJ가 대표적인 사례라고 할 수 있다. 지금은 건강한 체중을 유지하고 있는 그도 어린 시절에는 심각한 편식쟁이였기 때문이다. 어떤 시기에는 핫도그와 젤라틴 디저트만 먹었고, 검은 후추가 보이는 음식은 입에도 대지 않아서 닭가슴살을 흰 후추로 요리해서 먹여야 했다. 흰 토르티야에 양상추와 치즈만 넣은 타코를 좋아했고, 식감이 나쁘다는 이유로 대학생이 되기 전까지는 치즈버거도 먹지 않았다.

일리노이 주의 한 지방에 살던 그는 대학을 졸업하고 워싱턴 DC로 이사한 뒤부터 새로운 음식에 대한 모험을 천천히 시작했다. "대학을 졸업하고 젊은 나이에 혼자 도시에서 살아야 했던 당시의 처지가 도움이 됐죠. 우선 저는 제가 먹을 음식을 직접 요리해야 했어요. 게다가 집 주변에 다양한 식당이 있었죠. 집에서 조금만 걸어 내려가면 에티오피

아 식당이 있어서 인도 요리도 쉽게 먹을 수 있었어요. 초밥도 먹었습니다. 새로운 음식을 먹는 경험은 내가 몰랐던 또 다른 나를 찾아가는 과정이기도 했습니다." PJ가 말했다.

그러던 중 지금은 아내가 된 캐리를 만났다. 처음에 그녀는 으깬 감자와 함께 나오는 미트로프(다진고기를 식빵 모양으로 구운 요리-옮긴이)만 먹었다고 한다. PJ는 그녀의 고향이 미시간의 작은 시골 마을이라 자랄 때 그것밖에 먹어보지 못했기 때문이라고 농담을 했다. 그래서 PJ는 다시 새로운 음식을 찾아 모험을 시작했다. 이번에는 캐리를 위한 모험이었다. 20대였던 캐리는 세 번째 데이트에서 난생처음 초밥을 먹었다. PJ는 "캐리가 먹는 음식이 예전보다 훨씬 다양해졌어요."라면서도 여전히 아무 음식이나 선뜻 먹는 편은 아니라고 말했다.

이제 세 살 난 라이튼과 한 살 난 라이의 부모가 된 두 사람은 아이들의 입맛이 까다로워지면서 어려움을 겪고 있다. "음식이 건강에 많은 영향을 끼친다는 사실은 누구나 다 알고 있죠. 그러니 차려준 음식을 깨작거리기만 하는 아이를 보면, 내가 얼마나 좋은 음식을 차려줬는데, 도대체 왜 안 먹는 거야? 이게 얼마나 몸에 좋은데? 라는 생각이 들고, 목 뒤쪽이 뻣뻣해지면서 콕콕 쑤시는 듯한 두통이 찾아옵니다. 다른 부모들도 그럴 겁니다. 아무거나 다 잘 먹는 편식 없는 식습관을 길러주기 위해서는 계속 도전해야 한다고 생각합니다. 우리 부모님도 나에게 같은 도전을 하셨죠. 그래서 식탁 위에 방울다다기양배추만 올려놓고 먹을 때까지 무작정 기다리는 거예요."

웃으면서 말했지만 PJ는 아이들의 까다로운 식습관 때문에 골치가 아팠다. 비록 자신도 성인이 돼서야 편식을 고쳤지만 말이다. 그는 "치킨너깃과 감자튀김을 주면서도 솔직히 마음은 편하지 않아요. 오늘은 아침에 복숭아를 줬는데 아이들이 딱 한 입 먹어보더니 바로 뱉어버리더군요. 그러고는 뉴트리그레인 바를 달라고 졸랐어요. 한두 번은 그럴 수 있죠. 하지만 매 끼니를 그런 식으로 때우면 안 되잖아요?"라고 말했다.

그의 복잡한 심경은 나도 이미 겪어봐서 잘 안다. 나뿐만이 아니라 다른 부모들도 마찬가지일 것이다. 나는 410kcal에 33g당 설탕 2g이 들어 있는 팝-타르트Pop-Tarts와 스테이크-음스Steak-umms(소고기에서 안심, 등심, 갈빗살 등 수요가 많은 부위를 제외하고 남은 부산물을 잘게 다져서 만든 냉동 스테이크- 옮긴이)를 주기적으로 먹었고 때에 따라서는 하루에 두 가지를 다 먹은 날도 있지만, 평균 정도의 키에 보통 사람들처럼 채소도 많이 먹는다.

PJ의 어머니 로리는 시카고에 살고 있다. 붉은빛이 도는 금발인 그녀는 아들의 유별난 편식을 자신의 탓으로 돌리거나 아들을 심하게 야단친 적이 없다고 한다. "우리는 식사 시간에 울든 웃든 싸우든 뭘 하든 간에 아이들과 함께 먹어야 한다고 생각했어요." 로리가 말했다. 그녀는 스물셋에 첫째를 낳고 스물넷에 연달아 둘째를 낳았다. 당시에는 너무 가난해서 아기 침대는 굿윌Goodwill(미국의 비영리 조직으로 정식 명칭은 굿윌인터스트리이며 실직자의 고용 훈련 및 일자리를 알선하는 일을 한다-옮긴이)에서 샀고, 기저귀를 사기 위해서 동전까지 긁어모았다고 웃으며 말했다. 확실한 것은 100g당 3만 5천 원이나 하는 자연 방목 소고기를 사 먹이지 않았다. 로리는 아이들이 중학교에 입학한 후 교사가 되기 위해서 대학교에 다니기 시작했다. 그리고 마침내 석사학위를 받았다. 가족들이 점점 바빠져서 핫도그 하나 만들 시간밖에 없더라도 다 함께 모여서 먹는 저녁을 포기하진 않았다. "나는 아이들과 함께할 시간이 필요했어요. 그래서 내가 무엇을 식탁에 올리든 그 시간만큼 중요하진 않다고 생각했죠. 아이들이 저녁에는 늘 온 가족이 모인다고 기대하길 바랐어요. 내 목표이기도 했고요. 우리 아이들이 잘 자란 모습을 보면 힘들게 고집해온 가치가 있다고 생각해요." 로리가 말했다.

아이들에게는 자기 조절 능력이 있다

이 장을 쓰기 위해서 각종 연구 자료를 뒤지고 여러 전문가를 만나 인터뷰를 했는데, 모든 자료와 전문가가 공통으로 인급한 방식이 가족 상담치료사이자 영양사인 엘린 새터Ellyn Satter의 '책임분담법(division of responsibility)'이었다.[2] 식사 시간에 부모만 음식을 준비하지 말고 아이들에게도 간단한 역할을 부여하는 방법이다. 이것은 각자의 가정에 익숙한 방식으로 하되, 요리가 담긴 그릇이나 쟁반을 식탁 가운데에 놓고 각자 먹을 만큼 직접 가져다 먹어야 한다. 부모는 제시간에 저녁을 먹을 수 있도록 준비하면 된다. 아이는 식탁 위에 차려진 음식 중에서 좋아하는 음식을 찾고 얼마나 먹을지 생각하기만 하면 된다. 그렇다. 식탁에 앉아서 부모와 아이들이 해야 할 일은 그게 다였다. '책임 분담법'을 시작하고 나서 우리 가족의 식사 시간은 180도 바뀌었다. 저녁 식사 때면 으레 하던 아이와의 신경전도 사라졌다. 나는 이제 오토가 딸기를 한 숟가락만 먹거나 닭고기를 거들떠보지 않아도 걱정하지 않는다. 오토는 "접시 치운다?", "딱 한 입만 더 먹자.", "일단 먹어!" 같은 말을 더는 듣지 않아도 됐기에, 새로운 음식에 호기심을 더 강하게 느낄 것이다. 나는 아이들이 좋아해서 늘 작은 그릇에 과일을 담아 두는 일만 예전과 똑같이 하고 있을 뿐이다. '책임분담법' 덕분에, 우리 집 아이들은 이전보다 확실히 음식에 더 많은 흥미를 느끼고 있다. 한 달 전에는 보기만 해도 질색하던 오이, 당근, 상추, 후무스(으깬 병아리콩에 오일, 마늘을 넣은 중동 지방 음식-옮긴이), 고기찜 같은 음식들을 조금씩 맛보기도 한다.

아이들이 아직 이해하기 어려울 것 같으면 역할을 직접적으로 알려주지 않아도 된다. 그저 식탁에 앉아서 빈 접시에다 스스로 접시를 채우게 하면 된다.(아이가 너무 어리면 보호자가 도와줘야 한다.)

"핵심은 아이를 믿는 겁니다. 대부분 부모가 지레 겁을 먹고 스스로 믿지 않아요. 육아에 종사하는 모든 이들이 큰 모험이라고 느낄 거예요. 일종의 혁명이죠. 아이들은 자기 조절 능력을 갖추고 태어납니다. 우리는 그 능력이 발달하도록 뒷받침해야 합니다. 그러나 우리 문화는 언제, 얼마나, 무엇을 먹어야 하는지를 알려주는 주체로 우리 몸이 아닌 건강 보조 기기에 의존하는 데 더 익숙해져 있어요. 그래서 아이들이 스스로 몸의 신호를 알아챌 수 있다는 사실을 받아들이기 힘든 겁니다. 실제로 아이들은 우리가 조금만 도와줘도 미식가가 될 수 있을 만큼 훌륭한 능력이 잠재되어 있지만, 안타깝게도 우리의 문화가 아이들의 타고난 감각을 퇴화시키고 있어요." 로웰 박사가 말했다.

음식에 관한 소문들의 진위

우리 문화에서 음식은 큰 부분을 차지한다. 우리는 음식을 '좋음'과 '나쁨'으로 구별한다. 또 조금 늘어난 체중에 자책하고 줄어든 체중에 자축하기를 반복한다. 스스로 자신의 몸매를 평가하면서 평소에는 디저트를 끊었다가 '치팅 데이'에만 디저트를 먹는다. 때로는 슬픔, 지루함, 분노와 같은 감정을 지워버리고 싶을 때 '스트레스 해소용'으로 먹는다. 로웰 박사는 "우리가 음식에 예민하게 굴수록, 긍정적인 식습관과 체질을 가지기 어려워집니다."라고 말한다. 여러분은 자신에게 원하는 음식을 마음껏 먹고 다양한 음식을 즐길 때 느낄 수 있는 행복을 되찾아줘야 한다. 그리고 그 긍정적인 감정을 사랑하는 사람들과 함께 나눠야 한다. 지금부터 우리가 음식 앞에서 자신에게 많이 하는 거짓말과 소문의 진위를 밝혀서 '계획한 식단을 어겼을 때' 느끼는 죄책감을 떨쳐낼 수 있도록 도와주겠다.

1. 전혀 '가공'하지 않은 '건강한' 음식만이 가족의 식탁에 오를 자격이 있다.

틀렸다. 《먹는 본능(The Eating Instinct)》의 저자 버지니아 솔 스미스 Virginia Sole Smith는 "사람들은 가족들의 식사 준비에 너무 많은 부담감을 느낍니다. 늘 직접 요리할 필요는 없어요. 꼭 채소를 먹을 필요도 없죠. 저녁 식사로 치즈와 크래커, 바나나를 먹어도 돼요. 식사를 함께하는 가족이 반드시 엄마, 아빠, 자녀일 필요도 없어요. 엄마와 아이들, 아빠와 아이들, 또는 그 어떤 조합이라도 상관없어요."라고 말하며 '완벽한 기준'을 버리고 절대 미련을 갖지 말라고 충고한다. 요리를 즐기는 사람에게는 가족을 위한 요리가 즐거울 수 있겠지만, 요리를 부담스럽게 생각하거나 일을 많이 해서 피곤한데 뒷정리를 도와줄 파트너까지 없다면, "그럴 때 쓰라고 간편식이 있는 거죠." 라고 버지니아는 말한다. 덧붙여서 "요리를 싫어한다고 해서 나쁜 부모가 아닙니다. 요리도 개인의 취향일 뿐이죠. 내가 농구를 싫어한다고 지루한 사람이 아니듯 요리도 선택입니다. 그런데 어쩌다 보니 우리는 부모라면 응당 갖춰야 할 덕목처럼 여기고 있어요. 하지만 저는 개인적으로 평생 요리를 하지 않아도 충분히 자녀에게 건강한 음식을 먹이고 다양한 음식을 맛보여 줄 수 있다고 생각합니다."라고 말했다.

2. '가족이 모두 모이는 식사'만이 중요하다.

틀렸다. 우리는 매일 밤 반드시 온 가족이 모여서 함께 밥을 먹어야 한다고 생각하고, 모이지 못한 날은 제대로 된 식사를 못 했다고 여긴다. 그러나 전혀 사실이 아니다. 로웰 박사는 남편이 늦게까지 일해서 가족이 모여서 저녁을 먹을 수 없다며 울면서 찾아온 한 엄마를 잊을 수가 없다며, "그녀의 절박함과 죄책감이 제게 전해졌습니다. 그 일로 저도 많이 배웠죠."라고 말한다. '패밀리 디너 프로젝Family Dinner Project'를 공동 설립한 하버드대 교수이자 가족 상담치료사 앤 피셸Anne Fishe 박사는 "방과 후에 간식, 주말 아침 식사나 점심 식사, 패스트푸드 가게에 함께 가서 먹는 것, 아빠와 아이들끼리 피자를 시켜 먹는 것도 가족 식사입니다. 부모에게 조언하는 사람들은 기준을 확대해서 그들에게 실질적인 도움과 격려를 해줘야 합니다. 가족이 함께 식사할 기회는 일주일에 열여섯 번이 있어요. 아침과 저녁 일곱 번, 주말 점심 두 번이죠. 과일을 먹거나 핫초코를 마시며 온 가족이 대화를 나누고 있다면 그것도 가족 식사입니다."라고 말한다.

3. 항상 균형 잡힌 식사를 준비하지 않으면 나쁜 부모다.

틀렸다. 로웰 박사는 "가족이 함께 모인다는 그 자체로 긍정적인 효과가 발생하며, 음식은 중요하지 않다는 사실을 밝힌 몇 개의 연구가 있습니다. 우선 서로 즐기는 데 집중하세요. 나머지는 저절로 해결됩니다. 요즘은 설탕이 많이 든 음식을 꺼리는 분위기예요. 지방이 많은 음식이나 밀가루 음식, 가공식품도 마찬가지죠. 하지만 그 어떤 것보다도 음식을 둘러싼 긴장된 분위기가 아이에게 가장 안 좋아요."라고 말했다. 나는 로웰 박사에게 그녀의 아이가 하루 세 끼 완벽하게 균형 잡힌 식사를 못 하게 된다면 어떨 것 같냐고 농담처럼 물었다. "글쎄요, 저는 좀 불안할 수도 있겠지만 아이들은 행복한 어른이 되겠죠. 완벽은 좋음의 적이에요. 자신이 원하는 대로 아이가 먹는다고 말하는 부모들도 있지만, 그건 거짓말이에요. 내 접시에는 아이들이 안 먹는 음식만 가득 담겨 있죠."라고 대답했다. 로웰 박사는 부모들로부터 이런 말을 자주 듣는다고 한다. "나는 임신했을 때 다양한 음식을 먹었고, 모유 수유를 했으며, 집에서 유기농 재료로 직접 이유식을 만들었어요. 마늘을 넣어서 다양한 맛을 내기도 했죠. 가공식품을 먹이지 않겠다고 다짐하고는 늘 직접 요리한 음식만 가족들에게 먹였어요. 우리 아이는 5대 영양소를 골고루 섭취하고 있고 살도 찌지 않았어요." 이에 대해서 로웰 박사는 그런 부모들에게 "당신은 이미 모든 일을 '훌륭히' 해내고 있으면서도 아직도 부족하다는 생각으로 괴로워하고 있군요. 부모가 모든 것을 통제할 수는 없습니다. 오히려 아이에게 더 따뜻하고 친절하게 대하는 게 도움이 될 거예요."라고 조언한다. 아이들이 자라면서 단계마다 겪는 상황들이 대부분 그렇듯, 편식도 지나간다.

4. 간식을 먹으면 밥을 안 먹는다.
틀렸다. 학교에서 돌아오자마자 배고프다고 징징거리기 시작하는 아이들과 하는 실랑이보다 더 큰 스트레스가 있을까? 그러나 우리는 저녁 식사 준비에 최소한 30분은 걸린다는 사실을 알고 있다. 로웰 박사는 방과 후에 균형 잡힌 간식을 배부르게 먹이고 저녁 식사를 오후 6시 30분이나 7시로 미루라고 제안한다. "아이들이 배가 심하게 고픈 상황이 아니라면 간식으로 달래주세요. 저녁 식사를 준비하는데 많이 보채면 최후의 수단으로 TV를 보여주세요. 당신의 부담을 덜고 싶다면 배달 음식도 괜찮아요. 우리는 아이가 태어난 지 얼마 되지 않았을 때 다른 도시로 이사를 했습니다. 남편은 정신없이 바빴고 저는 수술 합병증에 시달리고 있었죠. 그래서 우리 가족은 포장 음식을 애용했어요. 다양하게 먹은 편도 아니었어요. 주로 빨리 먹을 수 있는 맥앤치즈와 아시아식 볶음국수를 먹었죠. 상황이 안정된 후 저는 다시 직접 요리해서 야식을 즐기고 있어요." 간혹 방과 후 운동 교실을 보내야만 좋은 부모라고 생각하는 사람들이 있는데 그것도 선택일 뿐이니 아이들의 식사 준비에 진땀을 흘리고 있다면 일정을 조정하자. "아이들이 체력을 적게 소모하도록 일정을 짜면 부모와 자녀 모두에게 도움이 될 수 있습니다." 로웰 박사가 덧붙였다.

5. 단백질은 충분히 섭취하기 어려우니 아이들은 끼니마다 단백질을 먹어야 체력 보충이 된다.

틀렸다. "아이가 하루에 우유를 세 번만 마셔도 그날 필요한 단백질은 모두 보충한 겁니다. 아이에게 황제 다이어트라도 시키려는 건 아니죠?" '맛있는 이유식(Yummy Toddler Food)'이라는 블로그 운영자이자 인플루언서인 에이미 팔란지안이 웃으며 말했다. 나는 어린이의 일일 단백질 권장량을 정확하게 파악하려고 연구 자료도 많이 찾아보고 이 책에서 인터뷰한 모든 전문가에게 조언을 구했다. 그러나 정확한 결과를 밝힌 연구를 찾을 수도, 권장량을 명쾌하게 알려주는 전문가도 없었다. 대신 모든 전문가가 공통으로 음식을 골고루, 적당히 먹으라고 조언했다. 그러니 우리는 아이가 닭가슴살을 안 먹는다고 스트레스 받을 필요가 없다. 또 단백질이 고기에만 있다는 고정관념도 버리자. 콩, 치즈, 우유, 요구르트, 땅콩버터, 달걀에도 단백질은 풍부하다. 심지어 단백질 함량이 높은 채소도 많다. 아이가 하루 동안 우유 한 잔, 모차렐라 스트링 치즈 스틱 한 개, 땅콩버터 한 숟갈을 먹었다고만 가정해봐도 이미 21g이나 섭취했다는 계산이 나온다. 《행복한 식사 시간 만들기(Fearless Feeding: How to Raise Healthy Eaters from High Chair to High School)》의 저자이자 과학 석사학위가 있는 마리안 야콥슨Maryann Jacobsen은 "아이들에게는 탄수화물이 필요합니다."라고 말했다. 그는 골 표지사 검사에서 급성장기인 아이들이 급격하게 단 음식을 먹고 싶어 했다는 연구 결과를 근거로 들었다. 야콥슨은 "어떤 부모들은 본인들이 저지방이나 저탄수화물식을 하고 있다는 이유로 아이들도 그렇게 먹이는데, 아이들은 단순히 몸집이 작은 성인이 아닙니다."라고 말한다. 아이가 가장 좋아하는 음식이 버터만 들어간 파스타라면, 자랑거리는 아니지만, 저녁 식사로 줬다고 자책할 필요까지는 없다.

6. 아이들에게 적당히 먹는 방법을 가르쳐야 한다.

틀렸다. "예닐곱 살쯤 돼 보이는 아이가 배부르다며 부모에게 반쯤 먹은 아이스크림을 건네는 걸 본 적이 있어요. 아이가 가장 좋아하는 간식이지만 아이는 몸이 보내는 신호를 스스로 알아차릴 수 있었죠."라고 로웰 박사가 말했다. 우리가 아이들의 입에 무슨 음식을 넣어줄지 고민하는 대신에 스스로 결정할 기회만 줘도 아이들은 스스로 양을 조절할 수 있게 된다. 참고로 그 적정량은 매우 적다. 한 숟가락 정도의 채소만 먹어도 아이에게는 충분한 양이다. 그러니 아이가 작은 당근 하나를 먹었다면 한 끼에 먹어야 할 채소는 다 먹었다고 생각하면 된다.

7. '좋은' 음식과 '나쁜' 음식이 있다.

틀렸다. 음식을 판단하는 문구가 적힌 라벨을 달지 않도록 해야 한다. '좋다' 혹은 '나쁘다'로 단정하는 문구도 그렇지만 그런 뉘앙스를 풍기는 문구도 마찬가지다. 예컨대 '자연 그대로 키운' 같은 문구 말이다. 팔란지안은 "우리는 모호한 메시지가 난무하는 세상에서 많은 혼란을 겪고 있어요. 사람들은 음식 이야기를 할 때 상황에 따라서 다른 태도를 보이죠. 케이크를 맛있게 먹은 다음 날, 남은 케이크를 못 먹게 하려고 자녀에게 케이크를 나쁘게 이야기해요. 저는 그런 행동이 아이를 헷갈리게 한다고 생각해요. 아이에게 케이크는 그저 맛있는 음식일 뿐이지 자신을 해치러 온 악당이 아니거든요!" 솔직히 우리는 그동안 생일 파티 케이크는 맛있게 먹으면서, 후식으로 케이크를 먹었다고 스스로 '뚱보'나 '먹보'라며 얼마나 자책했던가? "저는 먹거리를 좋고 나쁨으로 구별하는 우리의 기준을 아이들이 이해하기는 어렵다고 생각해요. 우리가 먹거리를 '좋음'과 '나쁨'으로 구별하면 아이들이 음식을 먹으면서 '나쁜 음식을 먹었으니까 나도 나쁜 아이야.'라고 생각하게 될지도 몰라요. 그건 심각한 문제예요. 이런 사고방식은 모든 음식 앞에서 죄책감을 느끼게 할 뿐이에요, 이게 우리가 정말 진지하게 걱정해야 할 진짜 문제죠." 팔란지안이 말했다.

8. '몸에 좋은' 음식이라면 아이들이 언제든지, 마음껏 먹어도 된다.

틀렸다. 여러분은 아이가 아무리 원해도 매 식사를 쿠키로 때우지 못하게 하듯, 몸에 좋다고 바나나를 매일 온종일 먹이지 않는다. 그리고 포도나 해조류와 같은 건강한 간식이라도 많이 먹으면 허기를 덜 느끼게 된다. 당연히 가족 식사 시간에 차려지는 음식에 대한 흥미도 덜 느끼게 되고 새로운 음식을 맛볼 기회도 적어진다. 결과적으로 아이의 미각은 특정한 맛에만 익숙해져버린다.

9. 어린이 메뉴는 아이들에게 해롭다.

틀렸다. 내가 페이스북의 부모들에게 자녀의 식습관을 알려달라고 요청하자, #겸손한자랑쟁이 해시태그를 단 엄마들이 자신의 아이들은 어린이 메뉴를 먹지 않는다고 은근히 자랑하듯 하소연했다. 나는 이렇게 대답했다. "왜 안 먹어요? 진짜 돈 낭비하고 있군요." 나는 뉴욕의 많은 식당이 어린이 메뉴를 준비하고 있지 않아서 매우 아쉽다. 그래서 여행 중에 5천 원짜리 치킨 텐더를 주문할 수 있는 식당이 있으면 너무 반갑다. 입이 짧은 우리 아이들에게 딱 적당한 양이며, 아이들이 성인 메뉴를 먹으면서 밥에 고추가 들어가서 싫다거나 너무 맵다는 등의 끝없는 불평불만을 듣지 않아도 되니까. 솔 스미스는 "아이에게 케일 스무디를 주고 싶은데 아이의 친구들은 모두 치킨너깃을 먹고 있어요. 그럴 때는 당신만 나쁜 엄마가 되는 거예요. 당신의 지나친 걱정이 만든 불필요한 긴장감은 아이에게 죄책감이나 반항심만 느끼게 할 뿐이에요."라고 말한다. 솔직히 말해서 치킨 텐더는 미국인의 식단에서 거의 주식이나 다름없다. 팔란지안은 "아이를 낳고 나서 나이가 좀 들자, 문득 이 아이가 평생 집에서만 사는 게 아니라는 생각이 들었어요. 두 살까지는 아이가 먹는 음식을 내가 직접 만들었어요. 그렇게 아이가 먹는 음식을 통제할 수 있었죠. 하지만 아이가 세상에 나가는 순간부터 스스로 선택을 해야 한다는 생각이 들자 올바른 선택을 할 수 있도록 돕는 게 더 중요하다는 걸 깨달았어요. 그래서 아이가 다양한 경험을 할 수 있게 학교 급식을 꼭 신청해요."라고 말했다. 치킨 텐더를 먹이더라도 좋은 음식도 함께 먹여서 균형을 맞추면 된다. 핵심은 균형이다. 감자튀김 대신에 구운 치즈와 사과 몇 조각을 먹이든지, 감자튀김을 먹이려면 다음 간식은 과일로 주면 된다.

10. 아이에게 '영양'에 대해 가르치면 좋은 음식을 골라 먹을 것이다.

아이에 따라 다르다. 미국의 먹거리는 유행이나 식품 사업과 밀접한 관계를 맺고 있다. 그래서 영양의 정의에 일관성이 없다. 설탕, 콜레스테롤, 지방에 이어서 이제는 글루텐까지 차례대로 악마의 음식이 되었다. 로웰 박사는 "제 딸이 6학년이던 어느 체육 시간에 영양사가 교실에 와서 아이들에게 베이컨을 많이 먹으면 암에 걸린다는 둥 채소를 먹어야 한다는 둥 겁을 줬다고 하네요. 공포 마케팅이나 음식에 관해 미디어에서 떠들어대는 것도 참 문제입니다. 저는 한 달에 베이컨 몇 번 먹는다고 암에 걸릴 가능성이 커지지는 않는다고 설명하며 아이를 안심시켜야 했죠. 사실 베이컨 때문에 암에 걸릴 확률이 높아지려면 수년 동안 정기적으로 엄청나게 먹어야 할 겁니다. 이런 사회적 분위기가 조장된 데는 언론의 과장된 보도가 큰 역할을 했습니다. 하루 한 잔의 술은 건강에 좋다는 보도가 나오면, 곧 한 잔도 안 된다는 보도가 이어져요. 요구르트가 장 건강에 좋다는 보도가 있는가 하면 암을 유발한다는 보도도 있어요. 원시인 다이어트를 부추기고, 채식을 그만두라고도 합니다.

사람들의 이목을 집중시키는 데는 공포 마케팅이 가장 효과적이죠. 공포를 이용한 언론의 보도에 우리는 즐거움을 하나씩 잃어가고 있습니다." 사실 음식에 관련된 연구 또한 상관관계와 인과관계에 의존하고 있다. 실험자에게 매일 1.5kg의 베이컨을 먹이면서 그가 암에 걸리는지 확인하는 비윤리적인 과학자는 없기 때문이다. 그러니 다양한 음식을 적당히 먹으면 된다는 것을 아이들이 이해하도록 도와주자. 오늘은 감자튀김, 내일은 다른 음식. 쉽고 간단하지 않은가?

11. '자연', '정직한', '단순한'이라는 문구가 들어간 음식이 우리 몸에 더 좋다?

틀렸다. "아무 의미도 없다!" 팔란지안이 타깃Target(타깃 사는 미국에서 여덟 번째 규모의 종합 유통기업이다.)에서 나온 '균형 잡힌 간단 도시락(Simply Balanced lunch)'을 가리키며 한 농담이다. "일반적인 점심 도시락과 동일하나, 사용한 고기에 호르몬이 없을 뿐이다." 팔란지안은 가끔 딸아이가 학교에 타깃 도시락을 가져가도록 허락하는 이유가 "아이가 어떤 음식에도 겁먹지 않길" 바라기 때문이라고 했다. "급식으로 나오는 다양한 음식을 즐기고 패스트 푸드 튀김도 편하게 먹을 수 있는 선입견 없는 아이로 자라길 바라거든요." 이게 핵심이다. 우리는 '자연 그대로'라고 홍보하는 식품에 많은 돈을 쓰고 있다. 미국 질병통제예방센터(CDC)에 따르면 약 5,900만 명의 미국인들이 '건강 보조' 식품에 연간 36조를 소비하며 이 중 2조 2,600억 원은 어린이 제품의 구매 비용이라고 한다.[3] 로웰 박사는 "불안한 엄마보다 좋은 소비자는 없기 때문이에요!"라며 "그래서 부모들은 60만 원이 넘는 유기농 매트리스를 사거나 배앓이를 줄여준다는 젖병을 두 배나 더 비싼 가격에도 기꺼이 삽니다. 효능이 입증되지도 않은 유산균 제제를 사기도 하고 유기농 꿀로 만든 개당 5천 원짜리 '건강한' 스낵바도 삽니다."라고 말했다. 이제는 포장지에 '자연,' '단순,' '정직' 등의 문구가 있다는 이유로 비싼 값을 치르지 말자. 그런 말들은 소비자를 현혹하는 마케팅일 뿐이다. 실제로 특별한 무언가가 더 있는 게 아니다. 미국 농무부(USDA)에 따르면, 법적인 관리 하에 사용되는 단어는 '유기농'뿐이라고 한다.[4] 살충제, 유전자 조작, 화학 비료, 화학 색소를 사용하지 않은 제품은 유기농이라는 단어를 사용할 수 있다. 그래서 유기농 제품은 가격이 훨씬 높은 편이다. 필요성을 느끼지 못하거나 경제적 여유가 없어서 살 수 없다고 걱정할 필요는 없다. 그렇다고 당신이 가족에게 먹이는 음식이 독약도 아니며 가족들도 개의치 않는다. 유기농 생산 과정이 모든 식품에게 동일한 의미가 있는 것은 아니다. 바나나를 예를 들자면, 껍질이 두꺼워서 농약이 과육에 닿지도 않으며 심지어 먹기 전에 벗겨낸다. 굳이 유기농 바나나를 살 필요가 없다. 순전히 돈만 버리는 짓이다.[5]

팔란지안은 "우리 집 근처에 다른 곳보다 가격이 저렴하다고 소문난 가게가 있어요. 그곳은 거래량이 많은 만큼 신선해서 자주 그 가게로 식재료를 구입하러 가요. 전 운전해서 홀 푸드 마켓Whole Foods market(인공 첨가제가 포함되지 않은 유기농 식품을 전문적으로 판매하는 미국의 슈퍼마켓 체인점이다.)까지 가는 친구들에게 항상 '정신 차려!'라고 말하죠. 유기농이든 아니든 전 항상 회전율이 좋은 가게를 선택할거예요."라고 말했다. 실제로 더 신선한 식재료로 요리한 음식은 더 맛이 좋고 가족들의 즐거운 식사로 이어질 수 있다. 팔란지안은 나에게 동네에 작은 식료품점에 찾는 물건이 없으면 매장에 직접 요청해보라는 요령을 하나 알려주며 "작은 동네의 식료품점에도 소비자를 배려해주는 좋은 사장님이 많습니다."라고 말했다. 또 그녀는 유기농 식품을 튀기지 않고 '원래 형태'를 유지하는 데 신경 쓴다고 한다. 그녀는 완두콩, 쌀, 신선한 야채와 치즈를 '다른 요리로 바꾸지 않고' 익히기만 한다. 그녀는 "이 두 가지 방법으로 우리 가족의 식료품비도 절약하고 내 요리 시간도 줄어들었죠. 그리고 이런 식재료들은 대부분 어디서나 쉽게 구할 수 있어요."라고 말했다.

12. 집 안의 '불량 식품' 모두 없애면 아이들은 호기심을 느끼지도 먹지도 않는다.

틀렸다. 로웰 박사는 이렇게 말했다. "아이 중 일부는 관심을 가지지 않았죠. 그러나 오히려 잘못된 선입견을 가지거나 숨어서 몰래 먹게 되는 경우가 더 많았습니다. 음식으로 심한 스트레스를 주는 건 아이들에게 '음식은 위험하다, 조심해야 한다.'라는 메시지를 보내는 겁니다. 두려움과 수치심을 느끼게 될 거예요. 아무리 우리가 자녀에게 설탕을 '독'이라고 가르치며 못 먹게 해도, 우리 주변은 설탕이 들어간 음식으로 넘쳐나요. 제 고객들 중에는 친구 집 화장실에서 오레오 한 통을 다 먹는다든가, 가방에 설탕을 한 봉지씩 넣고 다니는 사람들도 있었어요. 수치심은 섭식장애를 발생시키는 요인 중 하나예요. 그리고 체중 조절도 어렵게 하죠. 점점 더 많은 문제와 고통을 겪게 되는 겁니다."

13. 집에 있을 때도 아이에게 물통을 꼭 챙겨주어야 하며, 가벼운 산책이라도 물통을 챙기지 않아 아이를 목마르게 하면 나쁜 부모다.

틀렸다. 아이들은 매일 몇 리터씩의 물을 필요로 하지 않는다. 식사 중에만 마셔도 되고, 아이가 "목 말라요."할 때만 마셔도 된다. 영양사 자격증이 있는 셰프 린제이 스타울리Lindsay Stoulil가 우리 아이들에게 피자를 나눠주면서 한 말이다. "한 살부터 평생 동안 매년 0.2리터씩 마시는 물의 양을 늘려야 한다."[6]부터 "5세 아동은 매일 1리터의 물을 마셔야 한다."[7]까지, 유명한 단체들이 내놓은 수분 섭취 권고안은 다양하다. 한 살부터 매년 0.2리터씩 마시는 물의 양을 늘리라고? 세 살에는 하루에 0.6리터의 물을 마셔야 한다. 한 컵의 물을 마신 아이와 다섯 컵의 물을 마신 아이 간의 차이를 밝혀낸 연구는 지금껏 없다.(어디서나 볼 수 있었던 성인은 하루에 여덟 잔의 물을 마셔야 한다는 권고 사항도 과학적 근거가 없다고 밝혀졌다!) 탈수 위기에 처한 아이의 수가 놀랄 만큼 많다는 결과를 내놓은 두 개의 연구는 네슬레 워터스Nestle Waters(레슬레 사의 생수 사업부-옮긴이)의 자금 지원 하에 진행됐다. 이 연구가 유명세를 타고 활발하게 인용되면서 네슬레 워터스는 생수 판매로 많은 이익을 볼 수 있었다.

소아과 의사인 아론 E. 캐롤Aaron E. Carroll은 〈뉴욕타임즈〉와의 인터뷰에서 다음과 같이 말했다.[8] "모든 사람들에게 일률적으로 적용할 수 있는 공식적인 수분 섭취 권고안은 아직까지 없습니다. 다만 식생활, 거주 환경, 체격, 직업과 같은 다양한 요인에 따라 각자 개인이 마셔야 할 물의 양이 달라진다는 사실만은 확실합니다. 사람들은 인류 역사상 가장 기대 수명이 높고 가장 쉽게 음료에 접근할 수 있는 시대에 살고 있습니다. 그러니 우리 중 대다수가 탈수 상태라는 말은 사실과 다릅니다." 수분 함량이 높은 음식은 많다. 그중에서도 특히 과일과 채소의 수분 함량이 높음을 기억해두자. 아이가 하루 동안 약간의 우유와 물을 마시고 수박도 조금 먹었다면, 물을 달라고 하지 않아도 괜찮다. 그러나 스타울리는 우유나 주스보다는 물로 수분을 보충시키라고 조언한다. 우유는 포만감을 느끼게 해서 식사량이 줄어들 수 있기 때문이다. 그래서 우리 집은 아이들이 두 살이 된 이후부터 아침에 한 번, 자기 전에 한 번으로 제한한다.(그 외의 시간에도 우유를 마시고 싶어 하면 대부분 그냥 준다. 단, 식사 한 시간 전에만 절대 주지 않는다.) 아이들이 학교나 생일 파티에서 마시는 주스는 신경 쓰지 않는다. 그러나 개인적으로 설탕에는 약간의 제한이 필요하다고 생각하기 때문에 집에는 사두지 않는다. 작은 사과 주스가 사람을 죽이지 않는다는 건 알지만 가끔 주스에 물을 1:1의 비율로 섞어서 준다. 우리 아이들은 차이를 못 느꼈다. 물도 마시게 하고 설탕도 줄일 수 있는 간단한 방법이다.

지금까지 우리는 많은 소문의 진위를 밝혀냈다. 이제부터 할 이야기는 여러분들을 중압감으로부터 완전히 해방시켜줄 것이다. 아이의 편식은 이상한 일이 아니다. 3천 명 이상의 유아를 대상으로 2004년에 실시된 한 연구는, 부모들에게 자녀의 입맛이 까다로운 정도를 평가해 달라고 요청해서 결과를 얻었다.[9] 생후 4개월의 자녀를 둔 부모들은 19%만이 아이의 입맛이 까다롭다고 했다. 그러나 24개월 이상의 자녀를 둔 부모들은 50%가 아이의 입맛을 맞추는 데 어려움을 겪고 있었다. 아이들이 불규칙적으로 식사를 하는 경우도 매우 흔했다. 아이는 아침 식사 양이 많으면 간식을 안 먹으려고 할 수도 있다. 또는 점심에 귤 다섯 개만 먹고 저녁에는 파스타만 먹을 수도 있다. "나는 부모들에게 그 순간에 집착하지 말고 하루나 이틀 동안을 통틀어 따져보라고 조언합니다. 그러면 아이들이 충분히 먹고 있음을 알 수 있을 거예요."라고 로웰 박사는 말했다.

또 로웰 박사는 아이의 식사량에 '모두에게 똑같이 적용되는 공식'은 없다고 경고한다. 아이의 특성에 따라 편차가 크다는 사실을 잊어선 안 된다. "아이에 따라서 다릅니다. 느긋하거나 모험심이 강한 아이들은 음식에 접근하는 방식이 비슷한 경향이 있는데, 몇 번의 접촉만으로도 음식을 좋아하는 경우가 많죠. 반면에 좀 신중하거나 내성적인 아이들은 음식을 낯선 경험마냥 조심스러워할 수도 있어요." 그러니 우리 가족이 '책임 분담' 방법으로 효과를 봤다고 다른 가정에도 효과가 있을 것이란 보장은 없다. 자신을 너무 몰아붙이지 마라.

"식사에 너무 많은 스트레스를 받으면 건강에도 해로워요. 오히려 음식을 먹음으로써 얻을 수 있는 좋은 영향을 상쇄시키는 겁니다. 편한 태도야말로 우리가 음식과 건강한 관계를 발전시키는 방법의 전부입니다."라고 《패밀리 디너 솔루션(The Family Dinner Solution)》의 저자 마리안 제이콥슨Maryann Jacobsen은 말했다. "우리가 좋은 음식에 대한 부담에서 벗어나, '내가 좋아하는 음식이 뭘까, 이 음식을 먹을 때 나는 어떤 기분이지?'라고 자문하며 자신의 몸에 귀 기울인다면, 미디어 헤드라인이나 주변의 고정관념에서 벗어나 진정으로 우리가 원하는 선택을 할 수 있을 겁니다."

아이들의 특성을 이해하면 어른들은 지금 느끼는 부담감에서 한결 자유로울 수 있다. 활동적이고 도전을 즐기는 아이는 "한 입만 먹어봐."라는 말에 쉽게 응할 수 있지만, 기질이 다른 여동생은 한 입에 훨씬 더 신중해서 부모를 애태울 수도 있다. 우리는 아이에게 야채를 먹으라고 강요하고 부담을 준다. 그러나 텁텁한 시금치 한 입이 정말 그럴 만한 가치가 있을까? 나는 어른이 되기까지는 시금치를 쳐다도 안 봤다!

"엄마가 아이에게 같은 음식을 서른일곱 번이나 조금씩 먹게 했지만, 여전히 아이가 그 음식을 거부한다는 내용의 이메일을 받은 적이 있습니다. 같은 조언에도 이렇게 많은 차이를 보이는 이유는 아이마다 개성이 다르고 접하는 음식도 다 다르기 때문이죠." 로웰 박사는 말했다. "대부분의 아이들은 열 번도 안 돼서 달달한 음식을 좋아하게 되겠지만, 아티초크 같은 음식은 좋아할 수도, 절대 좋아하지 않을 수도 있는 겁니다." 우리가 자녀를 골고루 잘 먹는 아이로 키우고자 한다면, 식사 때마다 한 가지 음식을 강요하는 방법으로는 아이를 질리게 할 뿐이다. 다시 한번 강조하지만, 그렇게 해서는 절대 성공할 수 없다는 사실을 잊지 말길 바란다.

유기농이 아니어도 아이는 잘 자란다

우리는 늘 아이에게 최선을 다하고 싶어 한다. 그러나 정작 무엇이 최선인지는 알기 힘들다. 지난 몇십 년 동안 추천 식단은 끊임없이 바뀌었다. 부모들은 혼란을 겪을 수밖에 없다.

땅콩을 먹여라. 2000년에 미국 소아과 학회는 세 살 이전에는 땅콩을 먹이지 말라고 권고했다.[10] 2010년까지 땅콩 알레르기가 있는 아동의 수는 100% 증가했고, 땅콩버터와 젤리 샌드위치는 모든 학교 식당에서 공공의 적이 되었다. 그러나 이스라엘의 아동들은 이런 경향을 보이지 않았고, 조사 결과 이스라엘에서 밤바Bamba라는 땅콩버터 맛 과자가 높은 인기를 끌고 있다는 사실과 관련이 깊다는 것을 알아냈다.(맛있어! 나는 먹어봤지!) 아직 미국 상점에서는 쉽게 구할 수 없어서 많은 친구들이 아마존의 정기 배송 서비스를 이용해서 이 과자를 사고 있다. 2017년 1월, 미국 국립 알레르기·감염병 연구소도 공식적으로 대응을 변경했다. 음식에 알레르기 반응을 보이는 가족력(자녀에게 습진이 있으면 음식 알레르기도 있을 가능성이 높다.)이 있는 가정의 아이들은 6개월 또는 그보다 일찍 땅콩버터를 먹이라고 권고했다.[11] 그리고 현재 땅콩버터 알레르기는 감소 추세에 들어섰다.

하지만 부모들은 여전히 땅콩버터를 먹이고 싶어 하지 않는다. 우리 집의 두 아이도 처음에는 반응이 예민했다. 에버렛은 우리의 어설픈 시도 때문에 처음 땅콩버터를 먹은 날 구토를 했다. (비행기 탑승 직전에 땅콩버터 샌드위치를 한 입 먹었다.) 오토의 초기 반응은 조금 특이했다. 얼굴이 빨개졌는데 그중에서 특히 입가가 심했다. 두 아이 모두 2주 후 다시 땅콩버터를 먹였는데, 알레르기 반응은 없었다.

소아과 의사들의 조언도 제각각이다. 어떤 의사는 음식에 노출시키고 일주일 후 다른 음식을 접하게 하면 반응을 면밀히 관찰할 수 있다고 한다. 프랑스 인인 내 소아과 의사는 어릴 때부터 많은 향신료와 맛을 느낄 수 있게 무엇이든지 먹이라고 했다. 이것은 아기를 위해 유아식을 별도로 만들지 않고, 국수나 심지어 닭다리처럼 부모들이 먹는 음식을 그대로 주는 '아기 주도 이유식'과 동일한 방법이기도 하다.

나도 이유식을 만들기는 했지만, 이유식 제조기를 사용하지 않고 집에서 쓰던 오래된 믹서기를 이용했다. 가족들이 먹는 음식도 늘 아이들에게 주긴 했지만, 쉽게 야채를 먹이는 좋은 방법 같아서 시판되고 있는 비싼 유아식을 사는 데 많은 돈을 썼다. 그러나 부모님에게 당신이 어린 시절에 어떤 걸 먹었냐고 물어보면 유기농 이유식을 먹였다고 하시지는 않을 거다.

내가 유기농 식품을 싫어하는 건 아니다. 하지만 우리가 얼마나 많은 돈을 음식에 쓰고 있고 우리의 몸이 그 차이를 느끼고 있는지는 생각해봐야 한다. "음식은 사회적 지위와 교육 수준의 지표로 작용하고 있습니다. 당신의 자녀가 5천 원짜리 스무디를 마시고 있다면 300원짜리 콜라를 마시는 아이보다 많은 사회적 혜택을 누리고 있다는 의미로 해석되죠." 로웰 박사의 말이다.

제시카는 힘들게 음식을 구해야 했던 자신의 성장기를 〈가디언(The Guardian)〉에 기고했다. 그녀는 계산원이 엄마의 손가락에서 결혼반지를 찾거나, 계산대 앞에 서 있는 가족들을 보고 '집도 없는 거지들'이라고 중얼거렸던 일이 잊히지 않는다고 썼다.[12] "한 계산원은 내 동생이 케이크 믹스를 들고 있다며 엄마에게 쓴소리를 했다. 그날은 동생의 네 번째 생일이었다. 나는 그저 겁먹은 동생과 어른들을 번갈아 바라볼 수밖에 없었다. 어른들은 큰 얼룩무늬 가방에 나와 여동생이 담은 커다란 감자 칩과 브랜드가 없는 2리터짜리 콜라 다섯 통을 봤는지 우리를 보고 힐끔거리며 웃었다. 하지만 우리는 그렇게 상하지 않는 식품을 대량으로 구입해야 했다. 한 달에 한 번, 푸드 스탬프의 지원금이 들어온 날에만 이웃의 도움을 받아 가게에 갈 수 있었기 때문이다."

약 4,580만 명의 미국인들이 영양 보충 지원 프로그램에 의존해서 생활하는데, 이것을 SNAP 또는 푸드 스탬프라고 부른다. 지원 대상자의 2/3가 어린이, 노인, 장애인이다. 법적으로 성인이 SNAP의 지원을 받기 위해서는 직업을 가져야 한다.[13] 그리고 여러 설문 조사에서 수혜자들의 다양한 인종과 상황이 드러났다. 그러나 여전히 '사악하고, 인종차별적인 고정관념'을 불러일으킨 '복지 여왕'(1976년 로널드 레이건 대통령이 연설 중에 언급한 복지금 부정 수령으로 호화생활을 한 시카고 여성)때문에[14] 수혜 여성이 바닷가재와 소고기 안심을 사는 데 쓰는 돈을 국가가 지원하며, 그들은 푸드 스탬프로 호화로운 생활을 하다가 돈이다 떨어지는 월말에는 굶으며 버틴다고 생각하는 사람이 많다. 내가 어렸을 때 우리 가족도 푸드 스탬프의 지원을 받았는데 "저소득층 가정의 쇼핑 카트에는 탄산음료가 가득하다."라는 헤드라인의 기사가 보도된 적이 있다.[15] 이런 기사들로 인해 SNAP 수혜자들이 나태하며 인스턴트 식품만 먹는다는 오명을 쓰게 된다. 기사를 끝까지 읽으면, SNAP 지원 여부와는 관계없이, 미국의 여느 가정들도 탄산음료에 동일한 비용을 지출하고 있다는 사실을 알 수 있다. SNAP을 지원하는 미국 농무부(USDA)는 혜택을 받는 가정은 받지 않는 가정과 거의 동일한 물품을 구입한다고 보고하고 있다.

하지만 그들은 아이에게 먹이는 건강식을 자랑하기 바쁜 부모들에 비해서 자격이 부족하다고 비하된다. 로웰 박사는 "소셜 미디어, 그리고 우리 자신을 다른 사람과 비교하는 것은 끔찍한 일입니다."라며 "녹색 스무디를 먹는 아기 사진 아래 쓴 친구의 글이 기억납니다. 그녀는 '엄마가 제대로 하는 게 틀림없어요!'라고 썼죠. 그 글은 녹색 스무디를 먹이지 않는 엄마는 제대로 못 하고 있다는 의미이기도 했습니다. 저는 스무디를 만들 시간이 없습니다. 엄마와 녹색 스무디를 검색해보세요. 당신을 건강하게 만들어준다는 음식이 담긴 유리병 사진이 수백 개가 넘게 뜹니다! 그러나 맛있고 영양분이 많은 스무디가 꼭 초록색일 필요는 없죠. 이 일은 완벽함은 좋음의 적이라는 말의 훌륭한 예시라고 할 수 있습니다. 지방을 정제하지 않은 요거트와 베리, 바나나로 스무디를 만들어주면 어린이가 좋아할 수도 있지만, 시금치를 섞으면 먹기 싫어할 수도 있습니다. 저는 개인적으로 녹색 스무디의 필요성을 못 느껴요. 시금치는 샐러드에 넣어서 맛있게 먹는 것으로 만족합니다."라고 말한다.

음식을 긍정적으로 대하자는 이유

버지니아와 댄 부부는 평화롭고 조용한 동네에서 두 딸을 키우고 있다. 하지만 부모로서의 첫 1년은 전혀 평화롭지 않았다. 바이올렛이 태어난 지 한 달 된 무렵에 영유아 건강 검진을 받기 위해서 소아과를 찾았다. 의사가 아기의 입술과 손가락이 푸르스름하다며 검사를 했는데, 아이의 혈액 산소 농도가 위험할 정도로 낮았다. 바이올렛은 급히 구급차로 큰 병원으로 이송되었고 의식을 잃기 전에 삽관 시술을 받았다. 곧이어 의사들은 바이올렛에게 세 살까지 심장 수술을 세 번이나 받아야 할 만큼 심각한 신장 결함이 있다고 진단했다.

아직 의식이 있을 때 그 작은 목구멍에 튜브를 쑤셔 넣는 삽관 시술을 받은 것은 아이에게 트라우마가 됐으며, 의도치 않은 부작용을 일으켰다. 바이올렛은 음식을 거부하기 시작했다. "뭐든 입에 가까이 가져가기만 해도 난리가 났어요." 버지니아가 내게 말했다. 바이올렛이 젖을 빨 힘도 없어서 모유 수유도 중단했다. 배고픔도 느끼지 못했다. 바이올렛은 '소아 식욕부진증' 진단을 받았다. 태어나서 일 년을 튜브에 의존한 채 살아야 했다. 두 살이 되어서야 마침내 튜브를 제거했다. 음식 치료사와 병원 영양사, 댄과 버지니아의 부단한 노력 덕분이었다.

바이올렛은 먹는 본능을 잃었고 하나부터 열까지 부모가 가르쳐야 했다. 버지니아의 책《먹는 본능(The Eating Instinct)》은 그 경험을 쓴 책이다. 그 일은 음식에 관한 버지니아의 관점을 통째로 바꿔놓았다. "우리는 정말 치열하게 하루하루를 버텨내야 했어요. 그래서 제가 음식을 어떻게 생각했는지 전혀 몰랐고 생각해볼 시간도 없었어요. 이런 상황을 겪다보니 음식을 긍정적으로 대해야 한다는 생각밖에 없었죠. 우리는 음식을 매우 부정적으로 대합니다. 너무 심할 정도로요. 친구들과 어울리면서도 '아, 나도 모르게 또 치즈를 먹고 있어.'라고 하거나 '피자 한 조각을 다 먹다니 난 진짜 돼지야!'라면서 끊임없이 자책하죠. 우리는 항상 음식 앞에서 자신을 힐책하고, 먹어도 되는 음식과 안 되는 음식을 나누고, 누가 만들었는지도 모를 '규칙'에 어긋나지 않도록 식단을 짜고 고민해요. 내가 이런 고정관념에 사로잡혀 있었다면 과연 아이가 음식을 긍정적으로 받아들이길 기대할 수 있었을까요? 나는 바이올렛 앞에서만큼은 절대 음식을 나쁘게 생각하지 말자고 스스로 다짐했어요. 그 규칙을 따르기 시작하자, 저도 아이도 커다란 해방감을 맛볼 수 있게 되었죠." 버지니아가 말했다.

버지니아는 음식을 긍정적으로 생각하게 되니 갑자기 모두가 항상 음식을 부정적으로 대하는 것 같았다고 말한다. 친구들을 초대해서 음식을 대접할 때마다 누군가는 꼭 자신이 너무 많이 먹었다면서 후회하는 말을 내뱉는다. "벽에 머리라도 박고 싶은 심정이었죠. '제발 그만하라고! 내가 너 맛있게 먹으라고 만든 저녁이야! 그냥 먹어!'라고 소리라도 지르고 싶었어요."

이제 다섯 살이 된 바이올렛은 뭐든지 자신이 원하는 것과 원하지 않는 것을 구분할 줄 아는 아이가 되었다. 게다가 그사이 둘째 베아트릭스의 언니가 되었다. 베아트릭스는 다행히 심장 질환이나 섭식장애가 없었다. 버지니아는 "베아트릭스는 뭐든지 입에 넣어대요. 하루에 스무 번도 넘게 베아트릭스가 물고 있는 뭔가를 꺼내야 할 정도예요. 바이올렛이 동생 입에 장난감을 넣을 리도 없는데 말이죠."라고 말했다.

그녀의 가족은 식사에 각자 책임을 분담하고 있으며, 아이들이 무엇을 먹거나 먹지 않는다고 자책하지 않는다. 버지니아는 "아이들이 자신을 믿고 몸이 하는 말에 귀 기울이는 게 몸을 건강하게 가꾸는 가장 좋은 방법이라는 것을 알아야 한다고 생각해요. 그리고 그게 바로 음식에 관한 내 생각의 핵심이죠. 나는 음식을 준비하기만 하면 돼요. 그다음부터는 각자 알아서 해야죠."라고 말한다.

즐거운 저녁 식사를 위한 팁

요즘은 거의 매일 저녁을 직접 요리하고 있다. 때로는 피곤하기도 하나. 특히 두 살짜리가 오븐을 켜고 끈다거나, TV를 보던 다섯 살짜리가 다른 채널을 틀라고 징징거릴 때는 정말 스트레스다. 누가 쟤한테 우유 좀 갖다줘요, 레고는 다 어디 있는 거야!

그래서 저녁 식사로 에그 스크램블과 토스트만 먹게 됐더라도 나는 자책하지 않는다. 우리가 함께 먹는다는 사실이 중요하지, 꼭 뒤뜰에서 키우는 닭이 낳은 달걀과 버섯가루로 키운 유기농 퀴노아를 먹어야 하는 건 아니니까. '패밀리 디너 프로젝트'의 공동 창립자이자 하버드 의대의 교수인 앤 피셸Anne Fishel 박사는 말한다. "식사가 영양학적으로 완벽할 필요는 없다고 생각해요. 중요한 것은 음식을 수사하듯 대하지 않는 겁니다."

피셸 박사의 남편은 담배를 끊고 요리를 시작했다. 그녀는 남편이 입으로 기쁨(?)을 얻는 다른 방법을 찾았다며 웃었다. 쾌활하게 자란 두 아들은 자연스럽게 식사 준비를 돕게 되었다. 플라스틱 용기와 냄비를 두드리면서 놀다가도 페스토에 필요한 바질 잎을 따고, 수프를 저었다. "그것이 아이들이 음식을 진정으로 즐기고 과감한 시도를 하는 미식가로 성장하는 첫걸음이었죠." 《저녁이 있는 집(Home for Dinner)》이라는 책을 쓴 피셀 박사는, 2010년 음식과 관련된 다양한 도움을 제공하는 '패밀리 디너 프로젝트'를 공동 설립해 가족들이 행복하고 편안한 식사를 즐길 수 있도록 돕고 있다.

"훌륭한 닭고기 요리가 도움이 될 순 있겠지만, 중요하지는 않죠." 피셀 박사가 좀 더 진지한 이야기에 앞서 농담을 건넸다. "부모와 자녀가 함께 마주 보고 앉아서 밥을 먹는 시간을 규칙적으로 가져야 합니다. 매일 모일 수 있는 시간이나 일주일 중에 가능한 시간을 정해서 함께 모여 식사를 하면 돼요. 가족들은 그 시간을 기대하고 서로에게 격려나 위로를 전할 수 있어요. 또 가정이 화목해 보이는 상징적 의미도 있죠. 가족만의 고유한 의식이 있으면 안정감과 정체성도 느낄 수 있어요. 반복되는 일상에 활력소가 되어줄 거예요. 함께 먹는 저녁은 가족들에게 정말 좋은 영향을 줍니다. 그래서 저는 함께 하는 식사가 훌륭한 가족을 만드는 방법 중 한 가지라고 생각하고 있어요. 다 모이기조차 어려운 요즘 시대에 가족이 모이는 좋은 명분이 되기도 하죠. 우리는 19세기에 가족들이 모여서 하던 일 중 그 어떤 것도 하지 않죠. 그래서 늘 약속된 시간에 모여서 서로에 대한 애정을 확인하고 작은 문제가 커지기 전에 해결하면서 즐겁게 지낼 수 있는 거예요."[16]

아이가 식사를 부담스럽게 느껴서는 안 된다. 또 부모가 자녀에게 나쁜 음식을 먹이고 있다는 죄책감으로 고통받는 시간도 아니다. 대신 함께 먹음으로써 얻을 수 있는 좋은 영향에 집중하자. 식사 시간에 즐겁게 대화를 나누면 자녀의 어휘력 향상에 큰 도움이 된다. 독서보다 낫다. 〈워싱턴 포스트〉는 "연구원들은 가족들이 저녁 식사에서 나누었던 대화 중 가장 많이 사용한 3,000개의 단어 가운데 고급 단어의 개수를 세었다. 어린아이들은 부모가 읽어준 동화책에서 겨우 143개의 단어를 들었지만, 저녁 식사 시간에는 1,000개의 단어를 새로 듣는다. 어휘력이 발달한 아이들은 일찍, 쉽게 글을 읽게 된다. 학교에 다니는 청소년들에게 규칙적인 가족 식사 시간은 숙제나 운동, 미술을 한 시간보다 훨씬 더 높은 학업 성취도를 보장해주는 시간이다."라고 보도했다.

요리에 관해서 좀 투덜거리긴 했지만, 사실 나에게 요리는 굉장히 즐거운 일이다. 온종일 업무에서 받은 스트레스를 탕탕거리며 신나게 채소를 썰면서 날려버린다. 요리는 내가 주로 사용하지 않는 뇌의 영역을 활성화한다. 나는 거의 매일 저녁 부엌에서 나만의 재즈를 흥얼거리기도 하고 아이들이 좋아하는 노래를 따라 부르며 긴장을 푼다.

지금부터 저녁 식사 준비를 위한 나의 팁 몇 가지를 알려주겠다.

1. 레시피들을 깔끔하게 정리할 수 있는 앱을 사용하라. 남편과 나는 로그인 계정 하나로 함께 앱을 써서 저녁 식사에 필요한 요리법을 모두 공유한다. 블로그에 올라온 장황한 레시피는 읽기 편하게 요약해서 정리해두면 좋다.

2. 친구들과 레시피를 공유하라. 직접 건네줘도 좋고 페이스북 그룹처럼 온라인으로 공유하는 방법도 많다. 나는 간단한 유아용 레시피가 많은 인스타그램의 도움을 많이 받는다. 나와 내 친구들은 아이들을 위한 레시피를 앱을 통해 수시로 공유한다.

3. 간단한 요리를 하라. 길고 피곤한 하루의 끝에 남은 마지막 체력을

아이들이 좋아하지도 않을 비프 부르기뇽Beef Bourguignon을 만드는 데 쓸 필요는 없다. 나는 준비한 음식을 아이들이 먹지 않으려 할 때를 대비해서 간단하게 만들 수 있는 버터, 치즈, 냉동 완두콩을 넣은 파스타나 타코처럼 아이들이 지겨워하지 않을 몇 가지 음식의 간단한 요리법을 준비해둔다. 주말에는 좀 더 복잡한 요리에 도전한다.

4. 자신에게 편한 방식을 추구해라. 우리 가족은 나들이를 즐기는 편이라서 여름에는 포장된 음식을 많이 산다. 나는 나가서 로티세리 치킨을 사 올 기분도 아니고 요리할 기분이 아닐 때도 걱정하지 않는다. 그럴 때를 대비해 늘 냉동 피자를 두어 판 정도 재어놓고 있기 때문이다.

가정부처럼 일하고 싶지 않다면 아이들을 위한 요리는 한 가지만 준비하면 된다. 아이들이 그것을 안 먹더라도 굶어 죽지는 않는다. 사실 저녁밥을 거부해서 허기를 몇 번 느끼고 나면 오히려 더 잘 먹는다. "나는 이것을 스타벅스 현상이라고 불러요. 집에서 각자 다른 요리를 먹어도 된다고 기대하는 거죠. 그건 요리하는 사람에게 또 다른 부담일 뿐이며 가족 식사의 걸림돌이 될 수도 있어요. 이렇게 생각하게 됩니다. '아, 그냥 나가자, 너무 힘들어. 모두가 좋아할 요리를 만들 자신이 없어.'" 피셀 박사가 말했다.

우리 아이들의 식성이 까다로운 편인지도 모른다. 모든 채소를 다 잘 먹는 편이 아니라서 늘 냉동실에 완두콩을 준비해둔다. 그러나 나는 아이들에게 계속 새로운 음식을 맛보여주려고 노력한다. 그랬더니 다섯 살짜리 아들은 새우와 훈제 연어를 좋아하게 되었고, 두 살짜리 아들은 요즘 당근을 감자 칩이라며 먹는다. (나도 당신처럼 혼란스럽다. 그래도 어쩌겠는가!) 아이들에게 여러 음식을 먹여보는 것을 포기하고 음식에 대한 당신의 두려움과 잘못된 믿음을 숨기기만 한다면, 당신은 아이들에게 그 무엇도 마음껏 먹이지 못할 것이다.

#당당한육아를위하여 실천하기

쉽게 생각해라. 모든 끼니를 영양학적으로 완벽한 음식을 직접 요리해 온 식구가 다 함께 모여서 먹어야 하는 것은 아니다. 음식 때문에 신경전을 펼치지 않아도 된다. 아이들이 주스와 컵케이크를 마구 먹었다고 걱정하지 마라. 매일 그러진 않을 테니까. 아이들이 많이 먹거나 적게 먹어도 그냥 내버려 둬라. 음식을 즐기도록 해야 한다. 관건은 가벼운 마음으로 다 함께 즐기는 것이다. 아이들은 당신이 건강하고 균형 잡힌 식사를 즐기는 모습을 보기만 해도, 아무 문제 없이 자랄 것이다.

9장

모두 다 가질 수 있다? 말도 안 되는 소리

제발 환상에서 벗어나자!

"여보, 에버렛하고 똑같이 파란 셔츠 입어야 하는 거 아니야?" 브래드의 한마디에 순간 눈물이 터져나왔다. 아이들과 브래드는 물론이고 나자신도 너무 당황스러웠다. 나는 왜 옷장 앞에서 울고 말았을까? 그날은 '유치원 오페라'의 날이었다. 학부모회 회장이 어느 늦은 저녁에 보낸 이메일에는 아이들을 무대에 올리기 위해 고생하는 부모들에 대한격려와 행사 당일에 아이들과 같은 색 옷을 입어야 한다는 지침이 담겨있었다.

당시에 나는 일이 바빠서 오페라 행사를 한 번도 거들어주지 못했다. 게다가 아이와 같은 색 옷을 입어야 한다는 사실까지 까맣게 잊고 있었다니!

"이런, 그러지 마, 농담이었어. 에버렛이랑 안 맞춰 입어도 돼." 브래드가 나를 끌어안으며 말했다. 모든 일을 다 잘하는 엄마가 되기 위한 나의 줄다리기는 아무리 안간힘을 써도 벅차기만 했다. 엄마가 무슨 옷을 입는지 다섯 살 꼬맹이는 관심도 없고, 아이와 옷을 맞춰 입는 게 우스꽝스럽다고 생각하기도 했지만, 작은 실수에도 심호흡이 필요하던 시절이었다. 나는 매번 마음속으로 괜찮다는 말을 되뇌며 버텼다.

짧은 곱슬머리인 아멜리아는 가족과 함께 애틀랜타에 살고 있다. 그녀는 지금껏 자신과 다른 방식으로 육아하는 친구들을 속으로 평가하고 자신과 비교하며 살아왔다고 고백했다. "친구들과 종종 간식이나 선크림, 수면 교육법 같은 주제로 이야기를 나누곤 했어요. 그럴 때마다 제가 추천하는 물건이나 육아법을 시도해본 친구들의 후기가 너무 궁금했어요. 제가 '틀렸고' 그들의 방식이 더 효과적이었다면, 저에게도 효과가 있을지 모른다고 생각했거든요." 아멜리아는 아이의 성장과 발전을 지켜보면서 엄마로서 성숙해질 수 있었다. 그리고 과거의 그런 태도는 그저 '미친 짓'에 불과하다는 사실을 깨달았다. "인큐베이터 신세를 져야 했던 우리 아이는 16개월이 되자 몸무게가 네 배로 늘었고 잠도 잘 잤어요. 아이와 함께 있는 시간은 정말이지 완벽하게 행복한 시간이었죠. 왜 저는 우리한테 잘 맞던 육아 방식을 선택해 놓고도 혼자 불안해 했을까요? 육아와 저를 일체화해서 다른 방식을 선택한 사람들을 설득해야만 제 결정이 옳다는 안도감을 느낄 수 있었죠. 제 충고대로 하지 않는 친구들을 보면 무시당한 기분이 들었어요. 지금은 다른 사람의 충고를 중요하게 생각하지 않아요. 나쁜 충고라서 그런 게 아니라, 제 아이에게 효과가 없을 걸 아니까요. 그게 다예요."

요즘 소셜 미디어에는 '다 가졌다(having it all)'고 자랑하는 사람들이 넘쳐난다. 우리는 이들을 보며 우리도 그들과 같은 완벽한 부모가 되기를 꿈꾼다. 집안일을 동등하게 분담하고, 사랑과 섹스가 충만하며, 티

끌 하나 없이 깨끗한 집과 날씬한 몸매를 유지하는 부모, 매일 아이들을 데리러 학교에 갈 수 있고, 학부모회에서 회장을 맡을 만큼 소득이 높고 사회적으로 인정받는 직업을 가진 부모, 떼쓰는 법이 절대 없고 항상 채소를 잘 먹으며 명품 커플룩이 잘 어울리는 귀여운 얼굴에, 심지어 옷에 얼룩도 묻히지 않는 아들과 딸을 하나씩 가진 부모, 다 말하려면 밤을 새워도 모자란다. 우리가 자신에게 거는 기대는, 그리고 사회가 우리에게 거는 기대는 정말 우리를 지치게 한다.

이 책의 구구절절한 설명을 다 잊더라도 이 한 문장은 반드시 기억해주길 바란다. "완벽한 것은 없다." 완벽함에 대한 욕망은 아이들에게 도움이 되지 않는다. 당신에게도 마찬가지다. 스스로 결정한 생활 방식에서 얻을 수 있는 이점을 모두 무시하기 때문에 끊임없이 스트레스에 시달리는 것이다. 스트레스는 삶의 모든 부분에 스며들어, 부모의 인내심을 갉아먹고 아이들과의 관계도 나빠지게 한다. 이로 인해 아이들이 비뚤어질 수도 있다고 마리암 압둘라Maryam Abdullah 박사가 말했다. 압둘라 박사는 진정한 삶을 사는 법을 연구하는 캘리포니아대학교 버클리 캠퍼스의 과학 센터(Greater Good Science Center)에서 육아 프로그램 제작자로 재직 중이다.

그런가 하면 크리스틴 카터Christine Carter 박사는 저서 《행복 키우기: 부모와 아이가 더 행복해질 수 있는 10단계 과정(Raising Happiness: 10 Simpe Steps for More Joyful Kids and Happier Parents)》에 "유전학과는 상관없이, 통계적으로 부모가 행복할 때 아이도 행복하게 자란다."라고 썼다.[1] 그러니 주변의 근거 없는 말들이나, 축구팀 전체에 돌릴 컵케이크를 굽는 일로 걱정하고 한숨 쉬지 마라.

완벽하게 준비해야 한다는 생각(즉, '다 가지려는 생각')은 포기하는 게 여러 모로 더 좋다. '일과 삶의 균형'을 위한 좋은 시스템을 찾는 과정이 때로는 험난할 수도 있다고 인정하고, 신념을 가지고 우리에게 가장 잘 맞는 방식을 창의적으로 찾아내자. 동료들과 이웃들, 그리고 사회가 우리에게 무엇을 강요하든 정답은 정해져 있지 않다. 우리에게 최선인 방식으로 자녀를 키운다고 아이가 잘못될 일은 없다.

누구라도 다 잘 할 수는 없다

앤마리 슬러터Anne-Marie Slaughter 박사는 십대가 된 두 아들과의 시간이 너무 부족했다. 결국 '신의 직장'이라 불리는 국무부를 그만두고 워킹맘으로 겪었던 부당함을 글로 옮겼다. 〈여성이 모든 것을 가질 수 없는 이유(Why Women Still Can't Have It All)〉는 인터넷에서 빠르게 퍼져나가며 유명해졌다.[2] 그녀는 한때 프린스턴대학교 법학과 교수직과 학장을 겸임하면서, 뉴저지의 집에서 직장이 있는 워싱턴 D.C로 매일 출퇴근해야 했다. 도로에서 너무 많은 시간을 허비하게 됐고, 가정과 일의 균형을 맞추기가 어려웠다. 그런데 이런 어려움 때문에 업무량을 조절하려고 하자 사람들은 무턱대고 그녀를 비난하기 시작했다. 슬러터 박사는 당시에 느낀 '격한 분노'를 글에 담으면서 자신이 좋은 엄마가 아니었다는 양심고백을 덧붙였다.

"나는 평생 이런 논란을 겪어왔지만 여전히 익숙해지지 않는다. 사실 다른 여자들이 가족과 더 많은 시간을 보내기 위해 시간을 내려 하거나 직장에서의 경쟁을 피해 편한 일을 맡으려 하는 모습을 보며 우월감을 느꼈고 속으로 그들을 비웃었다. 점점 겸손함을 배워갔지만, 자신의 직업에서 최고의 위치까지 오른 대학 친구나 로스쿨 동기들과 잘난 체하며 수다 떨기를 좋아했고, 페미니스트로서 여성의 대의를 위해 늘 헌신해야 한다고 생각한 여자였다. 또한 내 강의를 듣는 젊은 여학생들에게 어떤 분야든, 여러분은 모든 걸 가질 수 있고 모든 걸 할 수 있다고 가르치던 여자였다. 이 말이 남자들만큼 빠르게 사다리 꼭대기로 올라갈 수 없고, 가족과 가정생활을 함께 (그것도 날씬함과 아름다움을 유지하면서) 끌고 나갈 수 없는 이 땅의 수백만 여성들에게는 비난이 될 수도 있다는 사실을 몰랐다." 슬러터가 쓴 글이다. 그러나 그녀는 사실 '모두 해낸다.'라는 것은 실현 불가능한 일임을 이미 알고 있었다. 슬러터는 《린 인(Lean In: Women, Work, and the Will to Lead)》의 저자 셰릴 샌드버그Sheryl Sandberg가 한 말을 인용했다. 샌드버그는 여성들이 큰 목표를 가지지 않고, 자신의 욕망을 억누르고 있다고 말했다.

슬러터는 글은 다음과 같이 이어진다. "나는 항상 젊은 여성들이 목표를 찾고 성공하기를 바란다. 그러나 여성들의 성공을 방해하는 거대한 장애물들이 존재한다. 십대 쌍둥이의 엄마이자 박사 학위를 가진 직장인인 내 소중한 조교는 일과 가정을 모두 지키기 위해 애쓰고 있다. 그런 그녀에게서 방금 이런 이메일을 받았다. '여성 대부분이 일과 가정의 균형을 지키기 위해 애쓰고 있어요. 그런 우리에게 가장 필요한 게 뭘까요? 바로 아이의 학교 일정과 자신의 업무 일정을 맞추는 거예요.' 그녀는 현재의 사회 문화가 이전에는 한 번도 존재하지 않던 새로운 형태라고 말한다. 그러나 농사가 가장 보편적인 생산 활동이었고 여성은 전업주부가 되는 일이 일반적이었던 사회에서 만들어진 제도가 지금까지도 운용되고 있다."

슬러터가 기고한 글은, 지원해주는 좋은 파트너가 있으면 여성도 무엇이든 할 수 있고, 자녀의 나이에 맞춰 양육 방식을 변경해가며 슬기롭게 키울 수 있을 것이라는 기대를 산산이 조각냈다. 또한 가족과 더 많은 시간을 보내고 싶어 하는 여성의 바람이 왜 문젯거리가 되는지 해명하라고 요구한다.

나는 슬러터가 쓴 글의 전반부를 읽고 깜짝 놀랐다. 나뿐만 아니라 내가 아는 다른 워킹맘들도 그랬다. 그리고 이러한 문제들을 어떻게 고쳐야 할지 상세히 기술하고 있는 후반부는 내가 지금껏 읽었던 글 중 가장 고무적이었다. 나는 그녀의 충고들을 대부분 마음속 깊이 새겼다. 더 많은 여성이 리더의 자리에 올라야 한다. 얼굴을 맞대야만 일이 잘 된다는 고루한 기존의 직장 문화는 잊어라. 육아도 그만한 가치가 있다. 직장에서의 성공이 무엇을 의미하는지 다시 생각해보자. 높은 성취를 이룬 여성들이 직장에서 육아 이야기를 자유롭게 못하는 이 비정상적인 문화를 바꿔야 한다.

내가 이 책을 쓰기 위해 직장을 그만두려고 고민할 때도 슬러터의 목소리를 떠올렸다. "여성의 리더십 그래프는 직선으로 올라가는 선형이 아니라 불규칙한 계단형이다. 가족의 상황에 따라 일을 줄이려고 승진을 거절하거나, 기껏 직장에서 높은 지위에까지 오르고도 일을 그만두거나 일정을 줄이면서 1~2년을 집에서 보낸다. 또 시간을 유연하게 활용하기 위해 경력을 포기하고 컨설팅 업무를 맡거나 프로젝트를 골라 단기적으로 일을 한다. 이런 기간에는 상승이 없으며 심지어 하강 곡선을 그리기도 한다. 나는 이런 시기가 정체기가 아닌 '경력 공백기'라고 생각한다."

슬러터 박사가 쓴 기사는 〈애틀랜틱〉 웹사이트에서 지난 8년 동안 가장 많이 읽힌 사설이 되었고 그녀는 이 기사를 토대로 《미완성 비즈니스(Unfinished Business : Women, Men, Work, Family)》라는 책을 출간했다.

나는 그녀에게 연락해서 생각을 행동으로 옮긴 후에 일어난 변화를 물었다. 현재 비영리 정책 연구 단체 '뉴 아메리카New America'의 수장이기도 한 슬러터 박사는 이메일로 이렇게 답했다. "제가 그 기사를 쓰고 나서 일어난 가장 큰 변화는 '돌봄 문제', 즉 노인과 아이, 환자, 장애인 등을 돌보는 문제가 예전처럼 단순한 개인의 문제로 치부되는 데 그치지 않고 국가적 의제가 된 거예요. 국민의 인식이 달라졌다는 거죠. 이 돌봄 수혜자들은 보수와 진보 양쪽 모두에게 주목을 받고 있어요. 정치인들은 그들이 엄청난 경제적 손실을 불러일으킨다고 생각해요. 지역 이동성에도 영향을 주고 있습니다. 돌봄 서비스를 제공하는 지역을 벗어나기 싫어하거나 벗어날 수 없기 때문입니다. 이들은 주변과 아주 긴밀하게 얽혀 있어요. 미래에는 돌봄 분야(돌봄 경제라고도 합니다.)가 빠르게 성장할 것이며(미래에는 돌봄 관련 분야가 주목받게 될 거라는 예측이 많습니다.) 기술 발전에 힘입어(무거운 물체를 드는 로봇이나 맞춤 학습 인공지능 교사 등) 지금보다 훨씬 개선되고 변화할 겁니다."

그러나 그녀는 이러한 흐름에 만족하지 않는다. "그렇지만 아직도 우리의 상사는 베이비붐 세대(2차 세계대전 후인 1945~65년에 태어난 세대-옮긴이)죠. 갈 길이 멉니다. 그들은 아직도 돌봄과 여성을 동의어라 착각하고 있어요. 밀레니얼 세대 엄마, 아빠가 마주하고 있는 문제들을 이해하지 못하고 있어요. 태어나서부터 직장에 다니기 전까지 자녀들을 돌봐야 하는 지금의 사회에서는 돌봄 정책이 새로운 무기 시스템의 구축만큼 중요하다는 사실을 인정해야 합니다."

남자들도 '남자답게'에서 벗어나자

슬러터의 사설은 여성에 초점이 맞춰져 있지만, 여성이 어떻게 남성들을 대화의 장으로 끌어올려야 하는지도 언급했다. "더 균형 잡힌 삶을 찾기 위한 고민은 여성들만의 문제가 아닙니다. 균형은 모두의 삶을 발전시킵니다."

남성에게 가해지는 압박감도 날이 갈수록 심해지고 있다. 〈허핑턴 포스트Huffington Post〉의 인구 자료 분석에 따르면, 1970년대에 자신을 전업주부라고 스스로 밝힌 남성이 전국을 통틀어 6명밖에 되지 않았는데, 2015년에는 190만 명으로 크게 늘면서 전국의 전업주부 중 16%가 남성이었다.[3] 수십 년 간의 인구 자료를 분석해본 일리노이 대학교의 카렌 크레이머Karen Kramer 교수는 실제 남자 전업주부의 20%만이 자신을 전업주부라고 밝힌다고 말한다.[4]

브라이언과 로리 부부는 첫 아이를 가졌을 때, 로리가 새로운 직장에 다니기 시작한 무렵이어서 브라이언이 버지니아에 있는 지사로 발령을 받자 켄터키에서 버지니아로 이사하기로 했다. 집을 구하고 이사를 준비하면서 부부는 태어날 딸이 하루에 10시간이나 지내야 할 어린이 집을 찾아다녔다. 그러나 딱히 마음에 드는 곳이 없었다. 그래서 브라이언은 가족 돌봄 휴가를 이용해 직접 딸을 돌보기로 마음먹었다. 모아둔 돈도 꽤 여유가 있었고, 가족에게도 제법 괜찮은 해결책이었다. 그 길로 브라이언은 직장을 그만두고 전업주부가 되었다. 이들 부부의 딸은 이제 일곱 살이 되었고 네 살짜리 아들도 있다. 브라이언은 동네에서 좋은 평판을 받고 있다. 그러나 '엄마 중심 육아 효과(mommy and me effect)' 때문에 곤혹스러울 때가 가끔 있다고 한다. "아내가 가끔 가는 엄마 교실이 있어요. 남자는 못 갈 데죠. 엄마들이 여기저기서 모유 수유를 하거든요. 제 딸이 대여섯 살쯤 됐을 때부터 도서관에서 진행하는 이야기 교실에 데리고 다녔어요. 거기서 저만 유일하게 아빠였어요. 감사하게도 최근에 다른 아빠 한 분이 왔지만요. 그 이후로도 몇 번 더 그분과 마주쳤어요. 그런데 이야기 교실에서 하는 모든 노래와 책의 등장인물은 전부 엄마였어요. 몇 달 뒤에 그 수업을 진행하던 여자 선생님이 왜 노래와 책에 전부 엄마만 나오는지 모르겠다고 하시더군요. 저는 노래에 누가 나오든 신경 쓰지 않는다고 했지만, 그 후로는 이야기에 아빠를 넣어서 진행하셨어요. 제가 사는 동네가 약간 지방이라 그런지, 이 동네에서는 아빠가 전업주부로 집에 있는 걸 별로 보지 못했죠. 6년 동안 살면서 다섯 명 정도 본 것 같아요."

시몬과 올리버의 아빠이자 전업주부인 샐은 내게 이렇게 말했다. "아이들과 놀이터에 있으면 제가 왜 거기 있는지 의아해 하는 사람들이 있어요. 반대로 제가 주 양육자의 역할을 하고 있다고 말하면, 대단하다고 엄지를 치켜세우며 칭찬해주는 사람도 있죠. 솔직히 저는 양쪽 다 별로예요. 우리 사회는 남자와 여자의 역할이 따로 있다는 고정관념에서 벗어나야 해요. 엄마나 아빠나 같은 부모고, 함께 낳은 아이는 함께 키워야 하니까요."

많은 남성이 사회로부터 엇갈린 메시지를 받고 있다. 여전히 많은 이들이 남성에게 가족의 생계를 책임질 의무가 있다고 말하지만, 오늘날과 같이 일하는 여성의 수가 급증하는 시대에 이런 생각은 구시대의 유물일 뿐이다. 남성들은 아이들과 충분한 시간을 보내지 못했다는 자책감과 그 감정이 나약하다는 생각에서 오는 수치심을 동시에 느끼며 혼란을 겪는다. 또한 1차 양육자라는 말에 보이는 사람들의 반응에 상처

받기도 한다. 남자가 대다수인 현재 정치권에는 여전히 단골 문구로 '남자답게'라는 말을 사용한다. 그러나 노동 통계국은 미국에서 가장 빠르게 성장하고 있는 직업군 15개 중 14개에서 여성들이 차지하는 비중이 훨씬 높다는 사실을 밝혔다.[5] 이게 바로 우리의 진짜 현실이다.

"저는 지금 멋진 일을 하고 있다고 생각하지만, 실은 제 어머니가 저를 위해 했던 일과 다를 게 없죠. 힘들 때도 있고, 저를 보고 특이하다고 말하는 사람도 있지만, 저는 단지 제 아이들을 좋은 사람으로 키우고, 행복하고 건강한 삶을 살도록 도와주고 싶은 마음뿐이에요. 처음에는 아이를 데리고 외출하면 저는 엄마들 속에서 몇 안 되는 아빠 중 하나였습니다. 혼자가 아닌 것만 해도 기뻤어요. 저와 비슷한 아빠들을 보면 더 힘이 났죠. 지금 맡은 역할을 받아들이기로 했고 발전도 있었기에, 이제 더는 다른 사람의 시선을 의식하지 않습니다. 제 아이들에게 무엇이 최선인지에만 집중하려고 노력하죠. 제가 친하게 지내는 전업주부 친구들은 대부분 엄마지만, 전업주부 아빠들의 모임도 있습니다. 우리는 아빠, 엄마 할 것 없이 부모로서 서로 동지애를 가지고 있어요." 샐이 말했다.

왜 직장에서 '연기'를 해야 하지?

아이를 낳은 후에는 경력을 쌓기 힘들 수도 있다. 에버렛을 낳은 뒤 출산 휴가를 마치고 회사로 복귀했을 때의 일이다. 나는 남자 상사에게 예전처럼 일주일에 50시간 이상 근무하는 대신 일주일에 40시간만 사무실에서 근무하는 것을 요청했다. 퇴근 후 이메일로도 업무를 볼 수 있고, 아들을 재우고 나면 얼마든지 남은 업무를 할 수 있다고도 말했다. 하지만 그는 앞뒤를 다 자르고, 우리 팀 전체에게 내가 이제부터 일찍 퇴근할 거라고만 공표해버렸다. 그리고는 내가 평소 관심 있던 콘퍼런스의 안내문 밑에다 '여기에 보내려고 했는데, 지금은 출장 안 갈 거지?'라고 써서 내게 이메일을 보냈다. 나는 정말 너무 화가 났다. 내가 이 팀에서 더는 성장할 수 없다는 생각이 들기까지는 오랜 시간이 걸리지 않았다.

얼마 후 팀을 옮기게 되었는데, 이번에는 다른 전략을 쓰기로 했다. 일하는 시간을 정하는 대신 달력에다 내가 도저히 일할 수 없는 시간을 표시해서 보여줬다. 모두가 시기하고 대립하기를 좋아했던 것은 아니었다. 새로운 상사가 내 근무 시간이 마음에 들지 않았다면 나를 불렀을 텐데, 그런 일은 없었다. 이후에 항상 모든 목표를 달성했고, 사무실에 있는 시간이 중요하지 않다는 것을 성과로 증명했다.

'허가가 아닌 양해를 구하라.' 나는 당신에게 이 방법을 매우 추천하고 싶다. 내 말을 뒷받침하는 연구도 있다. 보스턴 대학교 퀘스트롬 경영대의 연구에 따르면, 주 80시간을 일하는 남성들이 근무 시간에 몰래 가족과 시간을 보내는 경우가 많았다고 한다.[6] (우리 문화는 오후 5시에 회사를 나가는 남자를 보면서는 고객과의 미팅을 떠올리지만, 여자가 나가면 아이들을 데리러 간다고 생각한다.) 주 80시간을 근무하는 회사에서 몰래 아이의 축구 경기를 보러 다니는 남성과 내내 자리를 지킨 남성이 승진하는 데 걸린 시간은 비슷했다.

나는 이사직에 오르기 위해 열심히 노력했던 적이 있다. 그러면서도 아이들과 보낼 시간을 만들어내려고 회사에 계속 요구 사항을 전달했다. 일과 삶의 균형을 유지할 수 있는 회사 문화를 만드는 데 노력해야 할 사람들은 고위직 직원들이다. 고위직이 먼저 나서지 않는 한, 변화는 어렵다. 당시 우리 회사의 CEO는 엄마에게는 16주, 아빠나 친부모가 아닌 양육자에게는 8주의 휴가를 주는, 정말 좋은 유급 가족 휴가 정책을 만들었지만 정작 자신은 그 휴가 제도를 이용하지 않았다. 그런데 어떤 직원이 감히 그 휴가를 사용하겠는가? 특히 남자들이 더 눈치를 보게 된다. 이는 사회 제도의 책임이 크다. 전 세계적으로 유급 가족 휴가를 법적으로 제도화하지 않은 나라는 단 세 곳뿐인데, 수리남과 파푸아뉴기니, 그리고 미국이다.

나는 늘 회사의 눈치를 보며 가족 일정을 정했다. 이 책을 쓰면서 내 전 상사이자 부사장인 수잔에게 다른 사람보다 일찍 출근해서 오후 4시에 퇴근하고, 퇴근 후에는 아이들이 자는 시간까지 연락을 받지 않았던 내 근무 일정이 불만스러웠던 적이 있었느냐고 물어봤다. 그녀는 "딱히 그런 생각은 없었어. 당신은 늘 훌륭하게 일 처리를 해왔으니까. 어디서 무엇을 하든 항상 일은 잘 해냈었잖아? 나는 직원들이 수준 높게 일을 해낼 수 있다면 최대한 융통성을 발휘하려고 하는 편이야."라고 대답했다.

아기를 내버려 두고 억지로 직장에 나가는 것은 정서적으로도 육체적으로도, 그리고 경제적으로도 힘든 일이다. 하지만 부모가 모두 일하는 것이 장기적으로 자녀와 사회에 좋은 영향을 미친다는 결과를 밝힌 연구가 있다.

하버드대 경영대학원의 캐슬린 맥긴Kathleen McGinn 교수는 "일하는 엄마들이 느끼는 죄책감 중 하나는 '아, 내가 집에 있었다면 아이들이 훨씬 더 잘 자랐을 텐데.'라는 생각입니다. 하지만 연구로 드러난 결과는 여성들이 직장에 나갈 때 아이들이 훨씬 더 잘 자랐다는 거예요. 여성들이 직장에 나감으로써 직장과 가정에서 일어나는 성별에 따른 역할 불평등을 극복하는 훌륭한 모범을 몸소 보인 겁니다."라고 말했다.[7]

물론 직장을 그만두고 집에서 아이를 돌보는 일이야말로 당신이 생각하는 만족스러운 삶이라면, 반드시 그렇게 해야 한다. 아이들은 집에서 양육을 받든, 육아 도우미를 고용하든, 어린이집에 가든, 우리의 선택이 질 좋은 돌봄을 제공한다면 얼마든지 잘 자란다.

왜곡, 반격 그리고 '사탕발림'

1970년대 후반 광고업계는 성별을 막론한 모든 소비자의 눈을 사로잡기 위해서 '다 가질 수 있다.'라는 문구를 즐겨 사용했다. 1980년, 여성의 사회적 지위가 상승하면서 여성들은 어깨에 가방을 메고 힘차게 거리를 활보하기 시작했다. 《다 가지는 방법: 일과 가정을 위한 실용 가이드(Having It ALL: A Practical Guide for a Home and Career)》라는 책은 그때 출간되었다. 〈뉴욕타임스〉는 이 책의 '머리를 말리는 동안 매니큐어를 칠하세요.'라는 구절을 인용하며, 재미있지만 이제는 구식이 되어버린 팁이 가득한 책이라고 평가했다.[8] 〈코스모폴리탄Cosmopolitan〉의 전설적인 편집장 헬렌 걸리 브라운Helen Gurley Brown이 쓴 《다 가져라: 사랑, 성공, 섹스 그리고 돈(Have It All: Love, Success, Sex, Money)》이라는 책이 1982년에 베스트셀러가 되면서 이 문구도 덩달아 유명해졌다. 브라운은 아이가 없었기에 자신의 책에서 아이에 관한 이야기를 거의 하지 않았다. 책의 내용은 대부분이 날씬한 몸매를 유지하는 법("이상적인 체중을 유지하기 위해서는 거식증의 도움도 살짝 필요할지 모른다. 분명히

'살짝'이라고 강조했다"), 관계를 맺는 법, 야망을 좇는 법(직장 상사와 자는 문제에 관해서는 "왜 직장 상사하고는 자면 안 돼?"라고 묻기도 한다.)에 관한 내용이었다.

　브라운은 〈타임스Times〉와의 인터뷰에서 '다 가져라'라는 문구가 마음에 들지 않아서 책 제목을 바꾸려고 편집자에게 "'다 가져라'는 너무 한심해서 나까지 별 볼 일 없는 인간처럼 보인다."라고 쓴 편지를 보냈다고 했다. "저는 언제나, 정말 진심으로, 억압받는 사람들을 생각하며 책을 썼어요. 하지만 이 제목 때문에 승리자가 된 패배자가 자랑하기 위해 쓴 책이 되어버렸죠." 1980년대 초반은 페미니즘이 다시 유행하기 시작한 시점이었다. 브라운의 책도 그런 분위기 속에서 출판되었다. 그러나 '다 가져라'라는 문구는 페미니즘을 비난하기 위한 정치권의 도구로 이용되었다. 보수 매체인 〈페더럴리스트(The Federalist)〉의 칼럼니스트들은 이렇게 썼다. "'다 가져라'라는 문구 때문에 여성들이 글로리아 스타이넘Gloria Steinem(미국의 페미니스트 운동가이자 언론인-옮긴이)처럼 진짜 다 가진 여성이 되려는 욕심을 부리게 됐다."[9] 그러나 페미니스트들은 이 문구가 실현되어야 한다고 주장하지도, 이 문구로 여성들을 부추긴 적도 없었다. 그런데도 전미 여성기구(National Organization for Women)의 회장은 〈타임〉 지에 유감의 뜻을 담은 글을 실었다. "20년 전에 그 문구는 승리의 구호였고 우리의 요구이기도 했지만, 결국 우리는 그 문구로 인해 큰 부담에 짓눌리게 됐습니다."

　〈타임〉 지의 편집자 제니퍼 스잘라이Jennifer Szalai는 이렇게 말했다. "우리는 기업의 사탕발림에 속았던 겁니다. 30년 전 브라운도 같은 이유로 화를 냈던 겁니다. 그 문구는 페미니즘의 거짓 공약으로 둔갑해 사람들의 기억을 왜곡시켰어요. 여성이 모든 것을 가지고 싶어 한다는 주장은 육아휴직 보장과 동등한 급여, 안정적인 직장, 합리적인 보육료 등의 해결되지 않은 사회 문제를 무시한 생각입니다. 또한 여성들을 나르시시즘에 빠진 바보 같은 싸움닭쯤으로 취급하는 태도예요. 최근 여성의 고민을 페미니즘 운동의 탓으로 돌리며 역사를 왜곡하려는 움직임은 페미니즘에 가해지는 숱한 '반격' 중 하나일 뿐입니다. 왜곡된 반쪽짜리 진실만을 끊임없이 퍼뜨리는 거예요. 여성을 기존 제도의 반역자로 보는 이들은 여성의 사회 활동을 제한해야 한다고 주장합니다. 여성 운동을 비난하는 사람들은 진실을 있는 그대로 세상에 알리지 않고 소모적인 논쟁만 부추겨서 우리를 괴롭히려고 하죠. 사회의 진짜 반역자는 여성 운동이 아닌 이런 짓을 하는 사람들이에요."[10]

그들의 다음 목표는 '다 가지지 못했음'에 죄책감을 느끼게 하는 것이다. 이 문구는 오늘날 의미가 퇴색되어 사람들에게 물건을 팔기 위해, 사람들의 죄책감을 유발하기 위해, 여자들이 서로 시기하게 하려고 사용되면서 우리가 직면한 진짜 문제에 집중하지 못하게 한다. 하지만 그런 것들에 끌려다닐 필요가 없다. '모든 것'의 의미를 당신에게 맞게 다시 정의해라. 다른 사람이 당신을 판단하게 하지 마라. 이제부터 이 문구를 '갖고 싶은 것을 가져라'라고 바꿔 말하도록 하자. '당신은 다 가졌나요?'가 아니라 '당신은 원하는 것을 가졌나요?'라고 묻게 바꾸자는 말이다.

완벽보다 균형을 따져라

완벽할 필요는 없다. 아이들은 여러분이 완벽하지 않다고 해서 슬퍼하지 않는다. 오토가 젖을 떼고 난 후, 나는 산후우울증에 시달렸다. 그러나 좋은 부모가 되겠다는 목표를 우울증 때문에 포기하고 싶지 않았다. 그래서 잠깐씩 치료사의 진료를 받았다. (앱을 이용했기 때문에 아이들이 잠들고 난 후 침실에서 편안하게 영상통화로 진료를 받을 수 있었다.) 둘째 아이와 힘든 직장, 결혼 생활, 바쁜 집안일까지 해내면서도 그중 하나라도 완벽하게 해내지 못할까봐 늘 불안했다.

치료사는 이렇게 말했다. "원더우먼이 되려 하지 마세요. 이미 아이들에게 훌륭한 선물을 주고 있잖아요. 아이들은 당신의 실패와 좌절을 봤어요. 완벽하지 않은 엄마의 모습을 알고 있죠. 그리고 동시에, 힘든 상황에서도 당신이 매일 아침 눈을 뜨면 계속 앞으로 나아가려고 노력하는 모습도 보고 있어요. 당신의 부정적인 감정을 감추면 오히려 아이들에게 좋지 않아요. 아이들은 커서 힘든 상황을 겪을 때 드는 혼란한 감정을 정상적인 감정으로 받아들이지 못하게 될 거예요. 당신이 완벽한 모습만 보여준다면 성인이 된 아이들은 힘든 일을 겪을 때 '왜 나는 엄마처럼 잘 해내지 못할까?'하고 부끄러워할 거예요."

이 말은 실제로 나의 두려움을 많이 없애주었다. 그리고 내가 들어본 그 어떤 말 보다 나의 가슴을 크게 울렸다. 나는 아이들이 매일 어려움에 부딪히고 실패를 경험해보기를 바랐다. 그리고 다시 일어서서 도전할 수 있는 회복력을 배우길 원했다. 아이들에게 회복력을 길러주는 것은 내 인생의 가장 큰 목표이기도 했다. 그래서 나는 참견하지 않고 그냥 보고만 있어야 할 때도 있다는 깨달음을 얻었다.

기업을 운영하는 티파니 두푸Tiffany Dufu의 《포기하면 편하다: 줄임으로써 얻을 수 있는 더 많은 것들(Drop the Ball: Achieving More by Doing Less)》이라는 책은 창의적인 관점으로 가득했다. 나는 언론사의 부사장일 때 그녀를 직접 만났다. 그녀가 자신의 우선순위를 결정하는 기준은 내가 당황스러울 정도로 냉정하고 단호했다. 책 소개 영상에서 직접 설명한 대로[11] 그녀는 매일 아침 5시에 일어났다. 항상 매우 피곤했으며 그런데도 할 일은 끝이 없었다. "제가 인생의 실패자라고 생각했어요. 곧 모든 게 무너질 것만 같았죠." 그녀의 말이다. 이 말은 왠지 익숙하게 느껴진다. 나만 그런 건 아니겠지?

티파니는 정말로 겁이 났지만 결국 몇 가지를 내려놓을 수밖에 없었다. 티파니가 겁이 났던 이유는 바로 자신이 셰릴 샌드버그를 도와《린인》이 세상에 나오게 했고 기본적으로 '다 가져라'라는 문구를 좋아하는 여자였기 때문이었다.

부담을 내려놓자 티파니에게 마법 같은 변화가 일어났다. "세상이 내 마음대로 되지 않아서 일부를 포기하기로 했다. 나는 내게 가장 중요한 가치가 무엇이고, 그것을 해내기 위해 내가 정말로 해야 할 일이 무엇이며, 어떻게 하면 다른 사람들에게 더 많은 도움을 받을 수 있는지 알게 되었다. 더 많은 것을 성취하게 되었다."

티파니의 책은 손바닥만 한 크기의 수백 페이지짜리 책이었다. 티파니는 강연을 마치고 난 후 한 여성이 다가와서 말을 걸었던 일화를 이야기했다. 그 여성은 티파니에게 지름길을 알려달라고 요구했다. 책에 나오는 과정을 따라 할 시간이 없으니, 자신이 무엇을 내려놓아야 하는지 지금 당장 가르쳐 달라고. 그래서 티파니는 유튜브에 영상을 올렸다. 이 영상을 보면서 첫 번째 줄에 자신이 부담을 느끼는 일들을 나열해보자. 그런 다음 두 번째 줄에는 다음의 다섯 가지 질문에 OX로 답해보자.

1. 이 일이 당신에게 가장 중요한 것과 연관되어 있는가?
2. 고생스럽지 않게 그 일을 잘 해내고 있는가?
3. 당신만 할 수 있는 일인가?
4. 그 일을 다른 사람에게 맡기는 것이 대단히 무책임하고 냉정한 짓이라고 생각하는가?
5. 그 일이 당신에게 기쁨을 주는가?

모두 대답했다면 X의 숫자를 확인해보자. 티파니는 X가 세 개 이상 나왔다면 그 일을 내려놓으라고 충고한다. 그녀는 포기에 따른 죄책감을 느낄 수 있다며 객관적인 기준을 만들어두면 이를 극복하는 데 도움이 된다고 말했다. 그러나 나는 이 간단한 방법으로 쉽게 새로운 관점을 찾을 수 있다고 생각한다.

그럼 빨래처럼 남에게 맡길 수 없는 일들은 어떻게 할까? 자, 이제 당신이 해오던 일의 목록이 눈앞에 있다. 파트너가 있다면 그 목록 중 싫어하는 일을 몇 개 고르라고 해보라. 그리고 파트너에게도 목록을 만들어보라고 하자. 두 목록을 비교해보면 여러분이 하기 싫은 일인데 파트너는 그렇게 생각하지 않는 것들을 찾을 수 있다. 그러면 이제부터 파트너와 그 일을 서로 바꿔서 하면 된다.

이런 과정이 번거롭고 귀찮게 느껴질 수도 있다. 나 역시 직관적인 것을 좋아한다. 그러면 조용한 장소를 찾아라. 사무실에 들어가기 전에 차에 앉아서, 혹은 샤워를 하는 동안, 2분 정도만 누구의 방해도 받지 않을 수 있는 곳이면 된다. 그런 곳을 찾았다면, 예를 들어 '올해는 학부모위원을 하고 싶지 않았어!'라고 소리 지르거나 머릿속을 어지럽히지 말고, 반대로 '올해는 내가 원해서 학부모위원이 된 거야.'라고 말한다음, 잠시 생각할 시간을 갖는다. 어떤 기분이 드는가? 스트레스를 받고 있나? 가슴이 답답한가? 이런 감정을 느끼지 않는 일만 하면 된다. 나는 삶에 큰 변화를 일으킬 수 있는 결정을 내릴 때 이 방법을 쓴다.

무엇보다 남들에게 도움을 청하는 것을 두려워하거나 부끄러워하지 마라. 도움을 청하는 법을 배우는 것은 내게도 어려운 일이었다. 하지만 나는 친구들을 도울 때 보람을 느꼈다. 내가 도움을 줄 때 느끼는 감정을 다른 사람들도 느낀다. 이렇게 생각하니 한결 편하게 주변 사람들에게 도움을 구할 수 있었다.

나는 인적 자원이 풍부한 사람이다. 내가 무언가를 성취할 수 있었던 이유는 이들의 도움이 있었기 때문이다. 내 남편은 아이들의 등하교를 책임져주는 진정한 파트너. 한 달에 한 번 집 청소를 해주는 도우미 데이지는 마법처럼 우리 집을 청소해준다. 덕분에 집을 깨끗하게 유지할 수 있다. 그리고 오토가 어릴 때부터 돌봐줬던 육아 도우미 알리샤는 지금까지도 우리를 도와주고 있다. 오토에게 친구를 만들어주고, 낮잠을 재워줬으며, 심지어 매일 거실을 청소해주기까지 한다. 내 친구들은 내 육아를 자기 일처럼 돕는다. 나는 친척들이 다 멀리 살아서 긴급 상황에 도움을 요청할 수 없다. 그러나 그때마다 친구들이 나를 도와줬다. 그러니 당신도 혼자 해내려고 아등바등할 필요 없다.

나무보다 숲을 보는 '비행기 육아'

아이들을 위해서라면 뭐든지 해줘야 하고, 뭐든지 해내야 한다는 압박감에 시달리는 부모가 너무 많다. 이전의 부모들에게는 없었던 새로운 현상이다. 1970년대에는 부모가 가족의 중심이었지만, 지금은 가족의 모든 일이 아이들을 중심으로 돌아가고 있다.

우리가 어렸을 때는 여름에 가로등이 켜지는 저녁 8시까지 밖에서 놀았다. 우리는 무리 지어 동네를 돌아다녔고 마침 부모가 집에 계시는 친구네 집으로 가서 점심을 얻어먹거나 아이스크림을 나눠 먹었다. 그런데 지금은 만약 내 아이들이 혼자서 혹은 친구들과 함께 바깥을 돌아다닌다고 생각하면 무슨 일이 일어날 것만 같아 소름이 끼친다. 우리 집에서 겨우 여섯 집 떨어진 곳에 놀이터가 있는데, 나는 아이들이 몇 살이 되어야 혼자 놀이터에 갈 수 있을지 모르겠다. 아니, 어쩌면 혼자 가는 날 자체가 아예 없을 수도 있다고 생각한다. 대니엘과 알렉스 부부는 여섯 살과 열 살 된 아이들을 메릴랜드 교외에 있는 공원까지 둘만 산책을 보냈다가, 이를 본 경찰이 다섯 시간이나 아이들을 보호한다는 명분으로 데리고 있었다. 그리고 부부는 아동방치 혐의로 '아동 보호 서비스(Child Protective Services)'로부터 조사를 받았다.[12]

"예전 부모들에게는 아이들이 그렇게 돌아다녀도 될 만큼 서로 암묵적으로 동의한 규칙이 있었죠." 자유 육아 운동(Free-range Kids parenting movement)을 창시한 레노어 스케나지Lenore Skenazy가 말했다. 하지만 지금의 부모들은 그렇지 않다. 아이들은 집 안에서 놀다가 부모들끼리 놀이 약속을 잡아야 친구들과 함께 놀 수 있다. 우리는 아이들이 길을 잃거나 다칠까봐 우리의 시야 밖으로 내보내지 않는다. 설사 그렇게 한다고 해도 벌을 받거나 체포될 것이다. 스케나지는 이렇게 말했다. "제가 유치원생일 때는 우리끼리 걸어서 다녔어요. 당연히 엄마도 그걸 알고 계셨고요. 저희 엄마는 전업주부였는데, 저와 동생을 돌보려고 직장을 그만두셨죠. 그런데도 우리를 학교에 데려다줄 생각은 하지 않으셨어요. 다른 부모들도 다 그랬어요."

학교에서도 보호자 없이는 아이들을 하교시키지 않는다. 그 때문에 우리는 강박적인 부모가 될 수밖에 없다. "3학년, 4학년, 5학년 아이들이 혼자 집에 가지 않는 이유는 제가 아이에게 집착하는 헬리콥터 맘이어서가 아니에요. 전 아이에게 그렇게까지 하고 싶지 않거든요. 하지만 학교 측에서 아이들을 혼자 보내지 않아요. 교장 선생님이 그걸 위험하다고 생각한다네요." 스케나지의 말이다. 그녀는 아홉 살짜리 아들을 혼자 지하철에 태웠다고 주변으로부터 '미국 최악의 엄마'라는 소리를 들어야 했다. "요즘 부모들이 이렇게 아이들을 내버려 두지 못하는 건 부모들의 위험 의식과 책임 의식이 너무 과장되어 있기 때문이에요. 내 아이는 집까지 걸어갈 수 없다고 단정해버리는 겁니다. 혹시나 만약 아이가 집까지 걸어가고 있더라도, 그걸 본 누군가가 신고 전화를 걸어서 이렇게 말하죠. '밖에 아이가 혼자 걸어가고 있어요. 보호자도 없이요. 이상한 거 맞죠? 아이가 제대로 보살핌을 받고 있는지 모르겠어요.' 결국 아동 보호 서비스가 출동하는 거죠."

《자유롭게 자라는 아이들(Free-Range Kids: How to Raise Safe, Self-Reliant Children-Without Going Nuts with Worry)》이라는 책을 낸 스케나지는 아이들에게 더 많은 자유를 주기 위해 '렛그로우Let Grow'라는 비영리 단체를 설립했다. "부모들이 미친 게 아니에요. 우리가 미친 세상에 사는 거죠. 아이에 대한 걱정은 부모라면 당연히 느끼는 자연스러운 감정이에요. 우리의 불안감이 부자연스럽게 느껴지는 이유는 우리의 부모들을 보면 알 수 있어요. 우리 부모님들은 우리가 집을 나설 때마다, 우리가 돌아오지 않을 거라는 걱정 따위는 전혀 하지 않으셨죠. 그러나 그것 또한 우리를 사랑하셨기 때문입니다." 스케나지가 말했다.

하버드대 심리학자 스티븐 핑커Steven Pinker는 인류가 역사상 가장 평화로운 시기에 살고 있다고 말했다. 그는 자신의 책《우리 본성의 선한 천사: 인간은 폭력성과 어떻게 싸워 왔는가(The Better Angels of Our Nature: Why Violence Has Declined)》에서[13] "우리가 대단히 평화로운 시절을 살고 있다는 주장은 망상과 헛소리의 중간쯤으로 들릴지도 모른다. 내가 무수한 대화와 여론 조사 데이터를 통해서 확인했는데 사람들은 대부분 그 주장을 믿지 않는다."라고 썼다.

물론 우리는 그 말을 믿지 않는다. 뉴스를 틀면 암울한 기사만 쏟아진다. 페이스북을 열면 사람들이 공유한 뉴스 기사나 조심하라는 경고의 의미로 올린 글들이 있다. "오늘 슈퍼에 다녀오는데 이상한 차림을 한 남자가 나와 내 아이들 뒤를 따라왔어요." 이런 글이 올라오면 사람들은 "그럴 수가! 괜찮아요? 무사해서 다행이에요!"라면서 댓글을 단다. 하지만 아이가 실제로 납치될 가능성은 어느 정도라고 생각하는가? 매우 낮다. 2010년 미국의 7천4백만 명의 아이들 가운데 105명이 납치됐다. 그중 절반만이 낯선 사람이 저지른 범행이었다. 납치된 아이들 가운데 92%가 무사히 귀가했다.[14]

아이가 납치되거나 그보다 더 안 좋은 일이 생기는 것이 별일 아니라는 뜻은 아니다. 얼마나 끔찍한 일인가? 하지만 지금 세상이 우리가 어렸을 때만큼은 아니지만 가끔 자유롭게 돌아다닐 수 있을 만큼은 안전하다는 것을 알아야 한다. 적어도 매 순간 아이에게 눈을 떼지 못하고 안절부절못하거나 출산 휴가 동안 아이에게 충분히 보고 따라 하는 연습을 못 시켰다고 너무 긴장할 필요는 없다.

그렇다면 두려워하지 않고 아이들을 키울 방법은 무엇일까? 기초 단계는 아이들을 지하실이나 뒷마당에서 혼자 놀게 놔두는 것이다. 그리고 형제자매 사이에 싸움이 일어난다면 아이들 스스로 해결하도록 지켜만 보라. 아이들이 스스로 자신의 문제를 다루는 방법을 배우는 것을 자랑스럽게 여기고 그저 지켜보는 것이다.

자녀가 어떤 특성을 가졌으면 하는지 묻는 퓨 리서치 센터Pew Research Center의 설문 조사에 응한 부모들의 대답을 살펴보면 책임감, 독립성, 창의성 그리고 끈기였다.[15] 그러나 부모들이 아이들의 일거수일투족을 감시하면서 이런 특성들을 기를 기회를 전혀 만들어주지 않는 상황에서, 어떻게 아이들의 특성이 발달할 수 있겠는가?

자, 이제 여러분께 '비행기 육아(airplane parenting)'라는 내 아이디어를 소개하겠다. 9km 상공에 떠 있는 비행기처럼 아이들을 대하는 방식이다. 이렇게 하면 아이들이 무엇을 하는지 자세하게 볼 수는 없겠지만 행동의 전반적인 경향성을 파악하고 옳은 방향으로 이끌어 줄 수 있다. 나무를 보지 말고 숲을 봐야 한다. 그러다 보면 때로는 난기류를 만날 수도 있겠지만, 하늘에는 항상 난기류가 존재하며 당연히 만날 수밖에 없다. 곧 지나간다는, 변치 않는 사실만 기억하고 있자.

비행기 육아를 하는 부모들은 아이들이 어린이집에서 먹은 모든 음식을 파악할 수 없지만, 이미 가족 식사 시간을 통해 아이들이 음식을 대하는 태도를 충분히 알고 있다. 또한 육아 도우미를 신뢰하고 도움에 만족하기 때문에 집에 CCTV를 달아두지 않는다. 아이들과 애니메이션 몇 편 보는 것으로 실랑이하며 우리 자신을 괴롭히는 대신 아이들이 영상만 보지 않고 다른 방법으로도 잘 논다는 것을 알기에 편한 마음으로 허락해준다. 비행기 부모는 스트레스를 훨씬 적게 받는다. 스트레스를 줄일 수 있다면 도전해볼 만한 가치가 있지 않은가?

싫은 건 싫다고 말하자!

유명한 드라마 〈그레이 아나토미Grey's Anatomy〉를 연출한 훌륭한 프로듀서 숀다 라임스Shonda Rhimes는 1년 동안 모든 상황에서 "예스YES"만을 외쳤다. 그리고 그 1년 간의 경험을 담아낸 책은 베스트셀러가 되었다.

그러나 나는 여러분에게 그녀와 정반대로 해야 한다고 말하고 싶다. 싫다고 말해라. 몇 번이고, 계속, 그냥 말해라. 우리에게 부담을 주는 일은 아주 많다. 어린이집 봉사활동, 일주일에 몇 번씩 가야 하는 헬스장, 놀이 약속을 잡을 때마다 다른 부모들과 어색함을 줄이려고 억지로 이야기도 나눠야 한다.

싫다고 말하면 여러분이 하기 싫은 일을 하지 않을 수 있다. 몇 달 만에 만난 사람과 어울리고 나서 생각해보자. 진이 빠지지 않는가? 다음에는 싫다고 해라. 자녀의 학교에서 자원봉사를 하라고 해서 억지로 했는데, 뿌듯한가? 나는 그렇다. 가끔 아이들과 학급 친구가 되는 것도 멋진 일이라고 생각하니까. 그래서 일 년에 두어 번 정도는 승낙한다. 하지만 우리는 시간이 남아도는 사람들이 아니다. 약속을 지나치게 많이 잡을 때마다 짜증이 나서 마지막엔 결국 모두 취소하거나 지친 아이들을 억지로 끌고 가지만, 당연히 재미가 없다. 나는 포모FOMO 증후군 (타인과의 소통에 지나치게 집착하는 증상. 고립공포감이라고도 한다-옮긴이)이 아니다. 할 수 있는 것은 하고, 못 하는 것은 안 하면 된다.

당신이 "다 가져라."라는 말을 어떻게 정의하고 있는지는 모르지만, 나는 다 가지기 위한 비법이 한 주를 어떻게 계획하는가에 달려 있다고 생각한다. 우선 브래드에게 우리가 즐겨 찾는 인터넷 쇼핑몰에서 옷장을 하나 사서 침실에 놔달라고 부탁했다. 그리고 데오도란트, 면도 크림, 샴푸, 세제, 치약, 기저귀 크림 등을 한꺼번에 많이 사서 그곳에 쌓아뒀다. 이렇게 하면 직장에 가야 하는 평일에 생필품을 사러 가는 번거로움을 덜 수 있다. 브래드와 나는 구글 캘린더 앱을 공유한다. 구글 캘린더에 그날 누가 아이들을 데려다주고 데리고 올 것인지, 생일 파티 계획이나 이벤트 계획, 의사와의 약속 등을 자세히 적어둔다. 일주일에 두 번 정도 얼굴을 맞대고 나머지 일정을 의논한다. 내 친구 중 몇 명은 일요일 밤마다 가지는 공식적인 '가족 회의'가 효과가 좋다고 한다. 또 어떤 친구는 그녀의 엄마가 부엌에 자그마한 칠판을 두고, 거기에다 매일 자신이 어디에 가는지, 어떻게 연락해야 하는지 써뒀다고 한다. 나는 일주일 전에 반찬과 식사 메뉴를 미리 계획한다. 그래서 긴 하루를 보낸 지친 몸으로 저녁 식사 메뉴를 고민하지 않아도 된다.

사교육, 시켜야 하나 말아야 하나

나는 많은 일을 평일에 해결할 수 있게 계획을 꼼꼼하게 세워둔다. 덕분에 주말에는 여유롭게 산책과 외식을 즐기며 자유로운 시간을 보낸다. 놀이터에 가는 길에 친구들에게 문자도 보내고, 빵도 굽고, 낮잠도 잔다. 토요일과 일요일에는 되도록 약속을 잡지 않으려고 한다. 우리는 수많은 시행착오 끝에 교훈을 얻었다. 브래드와 나는 에버렛이 두 살 때 처음으로 축구 교실에 등록했다. 그러나 에버렛은 축구를 싫어했다. 우리는 브루클린에 있는 프로스펙트 파크에서 한 시간 내내 에버렛을 쫓아다니며 아이를 달랬다. 코치는 아이들을 요가 매트 위에 앉혔다. 우리는 에버렛에게 "자, 얼른 마법 양탄자 위에 앉아봐."라고 구슬려야 했다. 왜 그랬는지 모르겠지만 에버렛이 세 살 때 또 축구 교실에 등록했다. 이번에는 기어 다니는 오토도 함께였다. 에버렛은 여전히 축구를 싫어했지만, 오토는 축구공에 머리를 맞춰보려고 온 운동장을 기어 다니며 애를 썼다. 축구 교실 등록비는 20만 원이 넘었는데, 우리 가족에게는 분명 낭비였다. 게다가 축구 교실 때문에 주말에 다른 일정을 잡기도 힘들었다.

세 살짜리 아이가 발레를 배우거나 피아노를 치는 광경은 어디서나 볼 수 있다. 두 살짜리 아이를 테니스 신동으로 만들어서 나중에 명문 체대에 입학시키겠다는 꿈을 꾸는 사람도 있을 것이다. 그러나 이러한 활동은 비용과 시간을 많이 투자해야 하는데 아이들이 좋아하지 않는 한, 아무런 효과도 없다. 물론 팀 스포츠는 사회 적응력을 높이고 아름다운 패배의 의미를 가르치는 데 도움이 된다. 그것들은 인생에서 매우 중요한 교훈이다. 하지만 그걸 배우기 위해 반드시 육아 축구 교실 같은 곳에 보낼 필요는 없다. 친구들이나 형제들과 자유롭게 놀면서도 충분히 배울 수 있다.[16]

많은 연구가 조직 활동을 통해 좋은 효과를 얻을 수 있다고 밝혔지만, 자유 놀이의 이점과 그 중요성을 강조하는 연구도 있다. 하버드대 교육대학원의 연구 논문은 놀이가 조직적이든 아니든, 부모가 아이들의 놀이 활동에서 중요하게 고려할 세 가지 요소는 '결정력, 호기심, 즐거움'이라고 했다. "결정력은 아이들이 스스로 목표를 설정하고, 아이디어를 개발해 공유하고, 규칙을 만들고, 반대 의견과 협상하고, 놀이 시간을 정하는 과정에서 배울 수 있다. 호기심은 탐구하고, 창조하고, 연기하고, 상상하고, 시행착오를 겪으며 왕성해진다. 즐겁게 웃고, 떠들고, 우스꽝스러운 짓을 하고, 편안하고, 걱정 없이 놀며 아이들은 행복해질 수 있다."라고 이 논문은 주장한다.[17] 이 논문이 말하는 '결정력'과 '호기심', '즐거움'은 아이들이 빈 상자 하나를 가지고 놀 때도 얻을 수 있다.

새로 등록한 활동이 오히려 당신에게 스트레스를 준다면, 거기다 아이까지 좋아하지도 않는다면 뒤도 돌아보지 말고 그만둬라. 아이에게 운동이나 악기 연주를 가르치고 싶지만 아이가 전혀 관심이 없다면 2년 뒤에 다시 시도해보고, 그때도 아이가 싫어한다면 과감히 포기해야 한다. "태교로 모차르트의 음악을 듣지 않은 아이는 누굴까요? 모차르트죠. 모차르트는 모차르트 음악을 안 들었는데도 모차르트가 됐어요." 스케나지가 웃으며 말했다.

아이가 하고 싶어 하지 않으면 강요해봤자 소용없다. 두 아이를 키우고 있는 바바라는 어린 시절에 운동 시간이 제일 싫었다고 한다. "제 아버지가 체육 선생님이셨죠. 하지만 저는 책 읽기와 글쓰기를 좋아했어요. 아버지는 제게 운동을 시키려고 갖가지 시도를 하셨어요." 결과가 어땠을까? 바바라는 결국 운동에 완전히 질려버렸다. 임신하기 전까지는 운동할 생각조차 하지 않았다. "운동이 즐겁다는 걸 알게 되기까지 정말 오랜 시간이 걸렸네요. 첫 아이를 가졌을 때 산전 요가를 배웠는데 처음 재미를 느꼈어요. 운동이 재미있다니, 정말 충격이었죠." 바바라가 말했다. 그녀는 요즘 5km 달리기 대회에도 참가한다.

자녀가 즐거워하는 사교육을 말릴 생각은 없다. 그러나 다섯 살에 체조를 시작해서 열 살 때부터는 매일 다섯 시간씩 공원에서 수업을 받으며 연습해야 했던 카라의 엄마는 딸의 수업료 때문에 직장을 다녀야 했다. 카라는 전 세계를 돌아다니며 대회에 나갔고 크루즈에서도 공연을 했다. 일리노이 대학교도 전액 체육 장학금으로 다닐 수 있었다. 그러나 단점도 있었다. 연습 때문에 친구들과 어울릴 수가 없었다. 당연히 클럽에서 춤을 추며 놀아본 적도 없다. 또한 어깨 수술, 피로 골절 등 수많은 부상을 견뎌내야 했다.

현재 카라는 체조교습소를 운영하고 있으며 코치로 활동하는 세 아이의 엄마이기도 하다. 아이들은 각각 다섯 살, 두 살, 6주가 됐다. 내가 자녀들에게 체조를 시킬 생각이 있냐고 묻자 그녀는 이렇게 대답했다. "저도 잘 모르겠어요. 정말 복잡한 감정이 드네요. 아이들이 매일 체조만 하는 삶이 아닌 '평범'한 일상을 누리며 자랐으면 좋겠다고 생각하지만, 체조에 전념하면 나쁜 길로 빠질까봐 걱정하지 않아도 되니, 그것도 나름대로 괜찮다고 생각해요. 체조를 통해 배운 책임감이 바르게 자라는 데 도움이 될 테니까요."

카라는 복잡한 감정을 느낀다고 하면서도 항상 '운동선수의 길은 부정적인 면보다 긍정적인 면이 더 크다.'라고 믿는다. 그녀는 엘리트 운동선수들이 해온 노력을 높이 평가한다. "체조는 제 인생을 바꿔놓았죠. 제 인생에서 한 부분을 멋지게 장식했어요. 그만두고 싶을 때도 많았어요. 그러나 체조 덕분에 저는 물러설 때와 나아갈 때를 알게 되었죠. 운동이든 직장이나 우정 같은 대인 관계든, 지금 하는 일을 사랑한다면 그것은 일 그 이상의 의미가 돼요. 저도 제 일을 정말 좋아하죠. 아이들이 체육관에 와서 배우고 실력이 느는 모습을 보면 정말 즐거워요. 저도 제가 체조를 가르치면서 먹고 살 줄은 몰랐어요. 하지만 알고 보니 이게 제가 좋아하는 일을 하면서 돈도 벌 수 있는 저한테 딱 맞는 직업이더라고요."

당신과 가족이 어떤 일을 하려고 계획할 때 스스로 이렇게 질문해보자. 다른 사람들이 하니까 무작정 따라가는 게 아닌가? 만약 '그렇다.'

라고 대답했다면, 그 일은 안 하는 것이 맞다.

친구를 포기하지 마라

아이를 키우고, 가정을 꾸리고, 무거운 몸을 이끌고 회사에 나가고, 겨우 잠을 청하는 생활을 하는 사이, 우리는 한 가지를 잃는다. 바로 친구와 보내는 시간이다. 페이스북의 창업자 마크 저커버그Mark Zuckerberg의 누나이자 기업가인 랜디 저커버그Randy Zuckerberg는 일, 잠, 건강, 가족, 친구 중 세 가지만 가져도 '다 가진 것이다.'라는 말로 유명하다.[18] 내가 아는 사람들은 대부분 여기서 건강과 친구를 뺀다.

그러지 마라! 가족과 친구를 합치면 해결할 수 있다. 나는 친한 친구들과 돌아가면서 매월 '가족 브런치' 시간을 갖는다. 내 차례가 되면 우리 집에 네다섯 가족을 초대하고, 아이들은 주말 아침 몇 시간 동안 정신없이 뛰어놀 수 있다. 각자 음식을 조금씩 가져와서 나눠 먹는 방식이다. 한 가족이 베이글을 가져오면 다른 가족은 커피를 가져온다. 집주인은 만들기 쉬운 간단한 요리를 준비한다. 아이들이 함께 노는 동안 부모들도 함께 수다를 떨면서 논다. 끝나기 15분 전에는 아이들이 어질러놓은 엉망진창이 된 집을 모두 함께 치운다.

'우리 집은 항상 엉망이야. 그걸 청소할 기운이 없어. 요리도 하기 싫어. 어떻게 15명이 먹을 음식을 준비해? 게다가 그 많은 사람이 앉을 테이블도 없어.' 이런 생각은 당장 버려라. 그 누구의 집도 항상 완벽하게 깨끗할 수는 없다. 특히 어린아이들이 있다면 말이다. 함께 먹을 음식들을 정해서 하나씩 가져오면 편하다. 아니면 사람들에게 자기가 먹을 커피나 샴페인을 각자 가져오라고 하면 된다. 뭘 가져오든 상관하지 말자. 테이블이 없다면 거실 바닥에 담요를 깔고 아이들에게 소풍 온 것 같지 않냐고 말하면 된다. 아이들은 테이블에 앉아서 먹을 때보다 훨씬 재미있어 한다. 이 방법은 #당당한육아를위하여 운동에서도 추천하는 모임 방법이다.

친구들과 시간을 보내면 마음이 가벼워지고 행복해지며 힘이 난다. 이것이 우연한 결과가 아님을 증명하는 연구가 있다. 브리검영 대학교의 심리학자들은 2015년에 70개의 연구 자료와 340만 명의 사람들의 답변을 분석한 결과, 사회적 연결고리가 없는 사람들은 하루에 담배를 15개비씩 피우거나, 비만 합병증을 앓거나, 약물을 남용하는 사람과 비슷한 수준으로 수명이 짧아진다는 사실을 알아냈다.[19] 많은 연구에서 일반적으로 큰 변수가 되는 나이나 사회 경제적 지위를 이 연구는 대수롭지 않게 여긴 점이 흥미로웠다. 연구자들은 연구 결과를 통해 "대인관계가 단절되면 신체 건강에 해롭다."라고 말했다. 그들은 외로움을 배고픔, 갈증과 비슷한 수준으로 정의한 또 다른 연구를 언급하면서 이렇게 말한다. "외로움을 느끼는 사람들은 사회적 유대감을 되찾으려고 한다. 살아남기 위해 행동 양식을 바꾸게 될 것이다." 또한 "해결 방법을 찾지 않으면 2030년에는 외로움을 느끼는 사람의 비율이 전염병 수준으로 급속하게 치솟을 것이다."라고 경고했다.[20] 거대한 인간관계 속에서 생활하지 않는다고 당장 내일 죽는다는 말은 아니지만, 누군가를 만나서 어울려야 한다는 사실은 확실하다.

오하이오 주립대학교 의과대학 산하 행동 의학 연구소의 소장이자 심리학자인 제니스 키콜트글레이저Janice Kiecolt-Glaser는 〈워싱턴 포스트〉에 이렇게 말했다.[21] "좋은 우정은 훌륭한 항우울제입니다. 유대 관계는 매우 강력하지만 우리는 그 진가를 제대로 알아보지 못하고 있죠."

그렇다고 친구가 백 명 이상 필요하다고 생각하지 마라. 양보다 질이 중요하다. 소셜 미디어 친구가 아니라 실제로 만날 수 있는 친구가 건강에 더 도움이 된다. (소셜 미디어가 나쁘다는 말이 아니다. 온라인 관계가 물리적인 관계를 대체하게 해서는 안 된다는 의미다. 실제 친구들을 만나다 보면 그들도 여러분과 같이 하루하루 힘겹게 살아간다는 사실을 알 수 있다. 그러나 인스타그램에 똥 기저귀를 빠는 모습을 찍어서 올리는 사람은 없다. 다들 완벽하게 다듬어진 사진만 게시한다. 힘들 때 타인의 완벽한 일상을 보면 자책감과 외로움만 깊어진다.)

자기 자신에게 물어보자. 급한 상황이 생겼을 때 아이를 돌봐줄 사람이 근처에 있는가? 함께 산책하거나 맥주 한잔하자고 문자나 전화를 할 사람이 있는가? 이 두 질문에 모두 아니라고 답했다면 더 머뭇거릴 시간이 없다. 동네 교회나 아이들의 학교에서 자원봉사를 해라. 파티를 열어 이웃을 초대해라. 그럴 시간이 없다면, 다른 부모들과 수다를 떨 수 있도록 어린이집이나 유치원에 아이를 데리러 갈 때 5분 일찍 나가라. 에버렛이 한 살쯤 되었을 때, 나는 어린이집 선생님께 에버렛이 누구랑 제일 많이 놀았냐고 물어보고는 집에 가서 그 아이의 부모에게 편지를 썼다.

"안녕하세요, 주디 어머니. 주디랑 에버렛이 잘 놀아서 정말 좋네요! 주말에 함께 브런치 하실래요? 제 전화번호랑 이메일 주소를 남길 테니 연락주세요!" 믿기지 않겠지만, 이런 편지를 받은 부모들은 전부 내게 답장을 보냈다.

내가 외향적인 성격이라는 점을 감안할 필요는 있다. 나는 규모가 큰 모임을 주최하고 새로운 사람들을 만나는 일이 정말 즐겁다. 남편과 나는 에버렛의 다섯 번째 생일 파티에 무려 114명을 초대했다. 아버지는 어이없다는 표정으로 "너희의 두 번째 결혼식 아니냐?"라고 말씀하셨다. 그러나 내가 외향적인 성격이라고 사람들에게 다가갈 때 아무 거리낌이 없다는 의미는 아니다. 사람들은 대부분 다른 사람에게 먼저 다가가는 일을 어색해한다. 나도 잘 알고 있다. 어차피 외향적인 사람은 결국 먼저 다가갈 테지만, 내성적인 사람은 도망가고 싶은 마음을 극복하려고 조금 더 노력해야 한다.

생일 파티에 114명을 초대하지 못한다고 부끄러워할 필요 없다. 딱한 명이라도 괜찮다. 그런 친구를 찾아라. 그 사람을 집이나 놀이터로 초대해라. 완벽한 장소가 아니라도 괜찮다. 그 사람에게 계속 질문해라. 대화가 끊기지 않도록, 될 수 있으면 들어주는 쪽이 돼라.

나는 섀넌이라는 친구를 좀 특이하게 만났다. 그녀의 딸 비비는 에버렛보다 6개월 어렸고 처음부터 같은 어린이집에 다니고 있었다. 섀넌이 평소보다 일찍 어린이집에 도착한 어느 날, 나와 섀넌은 어린이집 앞에서 처음 대화를 나눴다. 나는 에버렛을 다른 어린이집에 보낼 생각이었기에 그날이 그 어린이집에 가는 마지막 날이었다. 그래서 정신이 없었다. 지금 생각해보니 이런 식으로 대화를 했던 것 같다.

섀넌: 안녕하세요, 저 비비 엄마예요! 비비가 에버렛이랑 정말 잘 논다네요!

나: 정말요? 너무 반가워요. 그런데 지금 정말 정신이 없네요. 다음 주부터 에버렛을 다른 어린이집에 보내야 해요. 잘 되겠죠? 둘째 임신이 안 되고 있어요. 열한 달이나 시도해봤는데 말이죠. 요즘 너무 많은 일이 생겨서 정말 정신이 없네요!

나는 '내가 지금 무슨 소리를 하는 거야? 아, 미친 사람처럼 보이면 어떡하지?'라고 자책하면서 황급히 자리를 떴다. 다행히 섀넌은 나를 미친 사람이라 생각하지 않았고 주말에 있을 비비의 첫 생일 파티에 브래드와 나를 초대했다. 우리는 섀넌을 딱 한 번 봤지만 파티에 참석하기로 했다. 그때부터 섀넌과 나는 지금까지 친구로 지내고 있다.(그건 그렇고, 에버렛은 새 어린이집에 잘 적응했다. 내 걱정은 다 쓸데없는 것이었다.)

2년이 흘렀고 섀넌과 그녀의 남편 조는 우리 부부와 가장 가까운 친구 사이가 되었다. 우리는 주말이면 대부분 함께했고, 일주일에 여러 번 문자 메시지를 주고받는다. 각자의 친구들에게 서로를 소개해서 모두 친구가 되었다. 내가 오토를 낳을 때 예상치 못하게 시작된 진통으로 급히 병원에 가야 했을 때 섀넌이 에버렛을 돌봐주었고(섀넌은 가족 휴가에서 돌아오자마자 공항에서 곧장 우리 집으로 달려왔다.) 섀넌이 둘째 헨리를 낳으려고 병원에 갔을 때는 내가 비비를 돌봐줬다. 아이들의 학교에 제출하는 비상 연락망에 서로의 전화번호를 제출해뒀고, 아이들끼리도 보기만 해도 마음이 훈훈해질 만큼 절친한 친구가 되었다.

이처럼 대화 한 번으로도 평생의 친구를 만들 수 있다. 당신이 누군가와 잡담을 나누는 일이 불편하고 집에서 넷플릭스를 보는 걸 더 좋아하는 사람이라도, 밖으로 나가야 한다. 누가 놀이터에서 함께 아이들을 놀게 하자고 하면 흔쾌히 승낙해라. 당신이 다른 가족들을 놀이터로 불러내면 더 좋다. 다른 부모들과 함께 축구팀을 만들거나 독서 모임을 만들어라. 이런 유대감이 당신의 삶을 구할 수 있다. 그 정도까지는 아니라고? 그래도 당신의 정신 건강에는 확실히 도움이 될 것이다!

바쁜 게 자랑인가?

배우자나 파트너에게서만 우정을 느끼려는 덫에 빠지지 마라. "육아는 힘들어. 공동 육아도 힘들지. 한 사람에게 모든 걸 기대하면 안 돼. 남편은 절친이 될 수 없다는 말이야. 우리는 남편 흉을 볼 수 있는 그런 절친이 필요한 거야."《침대에 누운 아이(The Kids Are in Bed)》,《백인 유부녀가 절친을 구합니다(MWF Seeking BFF)》라는 책을 쓴 레이첼 베르체Rachel Bertsche가 농담처럼 말했다. "사람은 다 다른 거야. 다양한 사람들을 만나야 다양한 자극을 받을 수 있어. 파트너를 아무리 많이 사랑한다고 해도 모든 걸 맡길 순 없어."

1984년에는 1인당 보통 3명 정도의 절친이 있었다고 한다. 그러나 2004년에는 절친이 없는 여성의 비율이 부쩍 증가했다.[22] 남성은 더 심각하다. 젊은 남성이거나(18~39세) 백인이며 교육 수준이 높을수록(고졸 이상) 가까운 관계를 만들 가능성이 여성보다 적었다. 사회학자 리사 웨이드Lisa Wade는 〈살롱Salon〉 지에 이렇게 썼다.[23] "남자들끼리의 우정은 서로를 지지하고 격려함으로써 얻을 수 있는 감정적인 만족을 추구하기보다 서로에 대한 신뢰를 가장 중요한 가치로 생각한다. 남자들이 모이면 어떤 활동을 하지, 웬만해서는 대화만 나누지 않는다. 우정을 연구하는 학자 제프리 그레이프Geoffrey Greif는 이것을 '어깨 대 어깨(shoulder-to-shoulder)' 우정이라고 부른다. 대화를 중심으로 우정을 나누는 여성의 '얼굴 대 얼굴' 우정과는 대조된다. 남자에게 절친이 있다면 아마 70%는 여자일 가능성이 크며, 아내나 여자친구를 절친으로 생각하는 사람도 많다."

이러한 모든 연구가 우정을 계속 나누고 사람들을 만나 재미있게 시간을 보내야 한다고 말하고 또 말하는데도, 우리는 아직도 아이들에게 소홀해질까봐 지레 겁을 먹고 망설인다. 나는 주중에 남편과 아이들과 충분히 시간을 보내지 못했다는 생각이 들면 종종 주말 필라테스 수업에 나가지 않는다. 숨 막히는 직장 생활을 미친 듯이 달려오다 15년 만에 처음으로 자유롭게 내 사업을 운영하는 지금도, 아이들을 방과 후 수업과 어린이집에 보내며 덤덤하지만은 않다. 이제 오후 3시에 에버렛을 데리러 갈 수 있는데도 왜 그러지 않냐고? 아침 9시부터 오후 2시 사이에 충분히 일을 끝낼 수 없을뿐더러 회의 시간이나 출장 시간을 여유롭게 계획할 수 없기 때문이다. 죄책감을 떨치기 위해 주말에는 육아에 더 집중한다. 에버렛이 친구들과 놀기를 좋아해서 내가 일찍 데리러 가면 왜 일찍 왔냐고 잔소리를 해대는 것도 이유라면 이유다.

"내가 만나본 부모들은 모두 자신이 아이들에게 부족한 부모라고 생각해. '아이들과 함께 시간을 못 보내요. 일할 시간도 모자라는걸요.' 항상 뭐든지 부족하다고 생각하지." 베르체가 말했다. 그녀의 책 《침대에 누운 아이》에는 아이들이 잠자리에 들고 우리가 잠들기 전에 생기는 두 시간 동안, 해야 할 일을 모두 해결해야 한다는 부모들의 압박감에 관한 내용이 있다. 베르체와 나는 〈야후! 육아〉에서 함께 일했고, 그 이후로 죽 친구로 지냈다. 그녀는 시카고에서 남편과 함께 다섯 살이 안 된 아이를 둘이나 키우면서 전업 작가로 활동 중이다.

"요즘은 무엇을 하든 다들 부족하다고 생각하지. 특히 엄마는 더 그래. 그래서 시간이 좀 나면 '이 시간을 나를 위해서 어떻게 쓰면 좋을까?'가 아니라 '이 시간을 아이를 위해서 어떻게 쓰면 좋을까?'라고 고민하지." 베르체가 말했다.

왜 사람들은 자신의 바쁜 일상이 자랑거리가 된다고 생각할까? 꼭 채워진 일정표를 마치 무공 훈장처럼 여긴다. "우리 문화는 생산성을 중시해. 긴장을 풀고 인생을 즐기려는 생각은 자기계발의 범주에 들어가지 않지." 베르체가 탄식하며 말을 이었다. "나는 '저도 제 몸을 가꾸고 싶어요. 네일샵 죽순이가 되고 싶다고요. 더 생산적인 일도 얼마든지 할 수 있어요.' 이런 소리를 하는 걸 많이 들었어. 특히 엄마들이 그랬지. 맞아, 충분히 할 수 있는 일이야. 하지만 목록에 적힌 일을 다 끝내고 나서야 자기만의 시간을 가져야 한다고 생각한다면 결코 할 수 없을 거야. 만약 자신을 돌보지 않는다면 그 부작용은 엄청날 거야. 매일받는 스트레스가 쌓여서 행복하고 건강한 삶은 물 건너가는 거야. 애들도 다 눈치챌 거고 말이야."

부모와 아이가 함께 보내야 하는 시간은 정해져 있지 않다. 연구에 따르면 요즘 부모들은 그 어느 때보다 많은 시간을 아이들과 보내고 있다. 1965년에는 엄마가 아이를 돌보는 평균 시간이 하루에 54분에 불과했다. 2012년에는 104분으로 늘어났다.[24] 1965년에는 지금보다 워킹맘이 훨씬 적었기 때문에 이 수치는 의미가 있다. 지금의 엄마들은 일과 육아를 병행하면서도 그때보다 두 배나 많은 시간을 아이와 함께 보낸다. 1965년에는 중산층이나 노동자 계층이나 아이들을 돌보는 시간에는 차이가 없었다. 2014년에는 대학 교육까지 받은 엄마들이 긴 근무 시간에도 불구하고 아이들과 시간을 보내는 데 30분이나 더 투자하고 있었다. 아빠의 평균을 보면 1965년에는 16분을, 2012년에는 59분을 아이들과 보냈다. "많은 연구를 살펴보니, 아이들의 행복과 성취가 부모와 함께 보낸 시간의 길이와 관련이 없다는 결론을 내리게 됐어." 베르체가 말했다.

다시 말하지만 양보다 질이 중요하다. 아이들은 스트레스를 많이 받아서 집중해서 놀아주지 못하는 부모에게서 절대 좋은 영향을 받지 못한다. 대신 부모에게 거리감과 불안한 감정을 느껴 잘못한 일을 숨기려고만 하게 된다. 반면에 편안하고 여유로운 부모와 함께 하는 45분의 놀이 시간은 아이의 자존감을 높여준다.

"관련 연구들은 십중팔구 부모가 아이들과 함께 보내는 시간의 양은 아이들에게 큰 영향을 미치지 않는다는 것을 나타내고 있다." 토론토 대학의 사회학자 멜리사 밀키Melissa Milkie가 〈워싱턴 포스트〉에 한 말이다.[25] 당신은 순교자가 아니다. 온종일 아이와 놀아주면서 스트레스 받지 말라는 말이다. 좀 쉬자. 화내고 산만하게 굴면서 90분 동안 놀아주지 말고, 45분이라도 제대로 놀고 나머지 45분은 함께 산책이라도 하면서 스트레스를 풀자.

"아이들은 부모로부터 자신을 돌보는 방법을 배우게 돼." 베르체의 말이다. 우리의 아들과 딸이 항상 스트레스를 꾹꾹 누르며 참는 부모가 되는 게 우리의 바람인가? 절대 그렇지 않다. 육아 도우미가 처음 왔을 때는 아이들이 울 수도 있다. 아이를 혼자 재울 때도 마찬가지다. 하지만 곧, 아이들도 이런 변화에 적응한다. "우리가 우리를 위해서 뭔가를 하는 게 아이들에게도 매우 훌륭한 본보기가 되는 거야." 베르체의 말이다.

내 시간도 아이의 시간만큼 중요하다

린지는 3년 만에 만나도 어색함 없이 3시간 동안 이야기를 나눌 수 있는 친구다. 린지 부부는 바쁜 일정 중에 아이와 보낼 시간을 마련하기 위해 온갖 편법을 동원한다. 열 살 난 딸아이의 학교에서 공연을 여는데, 부부는 모든 공연에 참석하지도, 공연하는 내내 앉아 있지도 않는다. "우리는 오프닝과 클로징 공연에만 참석하고, 토요일 공연에는 절대 안 가." 어느 토요일 밤, 린지 부부는 데이트를 하다가 딸아이의 같은 반 친구 엄마를 만났다. 그 엄마는 린지 부부가 딸의 공연을 보러 가는 대신 둘만 저녁을 먹는다는 얘기를 듣고는 눈이 휘둥그레졌다. "나는 손을 들면서 '마음대로 우릴 판단하지 마세요!'라고 말했지. 진짜야!" 린지가 큰 소리로 웃으며 말했다. 린지 가족은 최근 남편의 일 때문에 캔자스시티에서 시카고의 교외 지역으로 이사했다. "우리 딸도 우리가 뭘 하는지 잘 알고 있고 이해해주거든. 우리는 나갔다가도 공연이 끝날 때마다 다시 들어가. 우리 가족에게는 효과가 있어. 다른 가족들에게도 효과가 있을진 모르겠지만."

배우자나 친구들에게 많은 시간과 돈을 들여야 그 관계의 이점을 얻을 수 있다는 말은 다 헛소리다. 아이들이 잠자리에 든 후 파트너와 맥주를 한잔 마셔도 되고 친구와 잠깐 산책을 해도 된다. 간단한 방법으로도 얼마든지 행복을 찾을 수 있다. 그저 기분을 좋아지게 하는 방법을 찾으려는 노력이 필요할 뿐이다.

나는 친구를 만나거나 남편과 데이트하러 나갈 때 아이들 몰래 빠져나가거나 아이들에게 일하러 간다고 말하곤 했다. 에버렛과 오토는 내가 일하러 나가는 데는 이미 익숙해져 있기 때문에 잠을 재워주지 않거나 육아 도우미에게 맡기고 브래드와 함께 외출하더라도 크게 슬퍼하지도, 성질을 부리지도 않았다. 그러나 지금은 아이들에게 솔직하게 다 말해준다. 그래서 아이들은 내가 일 말고 다른 데도 관심이 많은 엄마라는 것을 알게 됐다. '엄마는 친구 만나러 나갈 거야.', '엄마는 운동하러 갈 거야.'처럼 아이들에게 솔직하게 말한 뒤에 항상 돌아오는 시간을 말해준다. 아이들은 그 말을 듣고 안심한다.

지금까지는 아이들과 함께 다닐 때 항상 아이들의 취향만 존중해줬지만, 이제 가끔은 내가 좋아하는 활동을 하러 아이들을 데리고 가기 시작했다. 나는 뉴욕 메트로폴리탄 미술관에 있는 의상 전시회를 좋아한다. 화려하게 장식된 의상도 전시되어 있는데, 반짝반짝한 장식으로 뒤덮인 레이스가 내 거실 카펫보다도 길었다. 주말에는 관람객이 너무 많아 가기가 정말 꺼려졌다. 그래서 오토를 낳고 출산 휴가 중이던 나는 아기 띠로 갓난쟁이를 안고 전시회를 보러 갔다. 오토는 내가 구경하는 동안 안겨서 낮잠을 잤다. 한번은 에버렛과 비비를 데리고 간 적도 있다. 믿기지 않겠지만 아이들이 너무 좋아했다. 우리는 정말 즐거운 시간을 보냈다. 몇 시간 동안 천천히 감상하는 대신 한 시간 만에 대충 다 둘러보고 나와야 했지만, 그 정도는 각오했었기에 괜찮았다.

베르체는 "1965년에는 부모들이 여가를 보낼 때 자녀들과 함께하지 않았다. 하지만 지금의 부모들은 자녀들을 위해 함께 영화를 보러 가는 등 재미있는 일을 함께하면서 여가를 보낸다. 여가 활동의 의미가 달라진 것이다."라고 지적했다. 생각해보자. 이번 주 토요일에 동네 어린이 전시관에 가서 〈토마스와 친구들(Thomas the Train)〉을 봤다면, 다음 주에는 시장이나 헬스장, 혹은 당신이 아이를 낳기 전에 토요일 아침에 종종 들리던 곳에 아이들을 데리고 가봐도 좋지 않을까? 물론 아이들과 함께하는 브런치가 처음부터 평화로울 순 없다. 하지만 결국엔 익숙해진다. 우리가 아이들을 안전하다고 생각하는 곳에서만 키우려 해서 외부 환경에 노출되지 않는다면, 아이들은 새로운 환경에 올바르게 적응하는 법을 절대 배울 수 없다.

"아이는 우리가 만들었습니다. 결혼하고 섹스를 했죠. 아니면 섹스를 하고 결혼했나요? 어쨌든 아이는 우리 삶의 일부라는 겁니다. 그러나 아이를 우리가 원하는 대로 빚어내려 해서는 안 됩니다. 지금까지와는 완전히 다른 방법으로 대처해야 합니다. 만약 처음부터 인류에게 완벽한 부모가 필요했다면 인류는 지금 존재하지 않을 겁니다. 인류 역사를 통틀어 보면 13세에 부모가 된 사람들도 많았으니까요. 어린 나이에 부모가 됐으니, 그만큼 완벽한 부모가 될 시간도 많은 거 아니냐고요? 그럴 리가요." 스케나지의 말이다.

육아 도우미에게 주는 돈이 아깝다고? 그렇다면 친구들과 서로의 아이를 돌봐주는 방법을 써보자. 돌아가면서 아이들을 돌보고, 그동안 차례가 아닌 부모는 자유 시간을 누리면 된다. 아니면 파트너와 시간을 맞춰서 서로 돌아가면서 친구들을 만나러 가거나 혼자만의 시간을 보내는 방법도 있다. 학교가 쉬는 날에는 친구와 함께 아이를 돌보면 된다. 그러면 육아 도우미를 고용하지 않아도 된다. 남편과 나는 아이들의 새 학기가 시작하기 전 한 주 동안 가까운 친구들과 돌아가면서 아이들을 봐준다. 그러면 한쪽은 종일 일할 수 있다.

혼자 하든, 친구들과 하든, 파트너와 함께하든, 그리고 어떤 활동을 선택하든, 그 결정을 달력에 표시해서 좀 더 공식적인 약속으로 만드는 편이 좋다. 최근에 나는 일주일에 한 번 하는 아침 필라테스 교실에 등록했다. 그래서 매번 남편이 아이들을 등하교시켜야 하는데, 가끔 힘에 부쳐 보일 때도 있다. 그러나 건강이 우선이라고 생각했고 남편도 이해해주었다. 그리고 남편도 친구들과의 술자리 약속을 함께 보는 달력에 표시하기 시작했다. 일단 달력에 표시가 되어 있으면 그 약속을 날려버리기가 힘들어진다. 게다가 데이트나 운동 수업, 친구들과의 약속 등을 미리 계획하면 행복한 설렘을 느낄 수 있다.

나는 돌 하나를 던져서 가능한 한 많은 새를 죽이고 싶다. (오해하지 마시라. 일석이조의 '효과'를 좋아한다는 말이다.) 저녁 식사 후에 가족과 함께 산책하면서 가족의 건강과 유대감을 동시에 챙긴다. 이 장을 쓰던 중에 속죄일이라 학교가 쉰 적이 있다. 그래서 다섯 살 에버렛을 작업실에 데리고 가서 일했다. 일은 가족이 있어도 할 수 있다. 그러나 잠은 그렇지 않다. 여섯 시간 이상 못 자면 다음 날 정상적인 생활을 하기가 어렵다. 그러니 가능한 시간에 일을 많이 할 수 있도록 계획을 세워두기를 추천한다. 불가피한 상황에도 부담이 덜하다.

#당당한육아를위하여 실천하기

당신에게 맞는 균형을 찾는 과정은 시간이 걸리는 일이다. 누군가는 힘들고 번거로운 일이라고 생각할 수도 있다. 하나 해보다가 이내 마음이 바뀔 수도 있다. 하지만 괜찮다. 시도했다는 자체를 칭찬하고 싶다. 당신이 아이들을 사랑하고 관심을 주는 한 그 어떤 독특한 방법을 쓰더라도 아이에게는 해롭지 않다. '다 가지는' 것은 있을 수 없는 일이다. 당신이 원하는 것에 집중하고 그것을 얻기 위해 노력하라.

10장

부모들이여 사랑을 나누자!

모두가 쉬쉬하는 섹스 이야기

진부한 이야기일 수도 있지만, 출산과 동시에 육아를 시작하게 되는 부모들은 체력을 오롯이 산후조리와 5세 미만의 자녀를 무사히 키워내는 데만 쏟아야 한다는 잘못된 생각으로 섹스를 미루게 된다. 실제로 성관계를 전혀 갖지 않는 커플도 많다. 어떻게 섹스할 체력이 있는 거지? 이런 의문을 가지는 사람이 비단 당신만이 아니라는 사실을 알아두자. 모든 커플의 성관계 빈도는 자녀가 태어나면서 급속히 잦아든다. 그리고 이로 인해서 변하는 관계로 고민하게 된다. 지극히 정상적인 현상이다. 그러나 지금부터 내가 알려줄 몇 가지 정보와 해결 방안을 이용하면 균형을 되찾을 수 있다.

다행스럽게도 행복한 결혼 생활을 유지하기 위한 성관계의 횟수가 일주일에 한 번이다. 〈사회 심리 및 성격 과학(Social Psychological and Personality Science)〉 학술지에 게재된 성인 25,000명 이상을 대상으로 한 연구에 따르면 섹스를 자주 한다고 그 커플들이 다 행복하지는 않았다. 그러나 섹스를 전혀 하지 않는 커플들은 모두 불행하다고 느끼고 있었다.[1] 주 1회가 딱 좋은 횟수였다.

잰시 던은 딸이 태어난 이후 줄곧 이어진 금욕생활을 끝내고 싶었다. 그래서 그녀와 남편인 톰은 30일을 연속으로 매일 섹스를 했다. 그리고 그녀는 그 경험을 바탕으로 《아기를 낳은 후에 남편을 미워하지 않는 법(How Not to Hate Your Husband After Kids)》이라는 책을 썼다. 잰시는 그녀가 책을 출간한 지 1년이 지난 후에 있었던 일을 나에게 말했다. 놀이터에서 만난 육아에 지친 친구들은 이 부부의 섹스 일정을 쉽게 믿지 못했다고 한다. 30일이 지난 후, 잰시와 톰은 매일 행복하게 하던 섹스를 멈췄다. 부부는 30일의 섹스 실험 후 두 사람의 성욕이 더 높아졌다고 한다. 그렇다, 섹스는 할수록 더욱 원하게 된다. 부부의 섹스 횟수는 자연스럽게 일주일에 한 번으로 자리 잡았다. 주 1회 섹스는 대부분 부모가 큰 부담 없이 할 수 있는 횟수다.

잰시는 최적의 성관계 횟수를 연구한 학술지를 읽은 것이 중요한 전환점이 됐다고 한다. "이 연구가 다양한 결혼 기간을 가진 많은 부부를 대상으로 실시돼서 성관계가 부부생활에 끼치는 영향을 자세하게 알 수 있게 된 점이 마음에 들었어요. 그리고 남성과 여성이 모두 어떻게 느끼는지 조사했다는 부분도 좋았죠. 통상적으로 남성들은 항상 섹스를 원하고 여성은 거부한다고 생각하잖아요. 그 고정관념을 깨뜨린 연구였죠. 아기가 태어난 후 6개월 정도는 톰도 저만큼이나 지쳐 있었어요." 그녀는 차분하게 말했다. "섹스는 단순한 신체 접촉이 아니에요. 정서적인 친밀감이 높아지는 행위죠. 물론 쉽지 않다는 걸 알고 있어요. 특히나 손이 많이 가는 어린 자녀들을 돌봐야 하는 엄마들은 더욱 그럴 거예요. 하지만 일단 시작해보세요. 만족스러운 결과를 얻을 수 있어요. 제 주변인들이 그랬으니까요."

또한 이 설문 조사는 섹스 때문에 밤을 새워야 하거나 우리의 다양한 역할이 서로 충돌하지 않을 거라고 말한다. 잰시는 "섹스에 관련한 설문 조사에서 최고로 만족스러운 성교 시간은 평균 13분이었어요. 절대 무리한 시간 투자가 아니죠? 13분, 일주일에 한 번, 충분히 할 수 있어요!"[2] 나도 동의한다. 일주일에 한 번 13분은 누구나 낼 수 있는 시간이다. 하지만 잠시 가지는 휴식 시간에 "빨래를 해야 하는데? 회사에서 온 이메일을 확인해야 하는데? 아이들과 좀 더 시간을 보내는 게 맞지 않을까? 그냥 자면 안 될까?" 이런 생각이 들 수도 있다. 당연하다. 모두 우리가 해야 할 중요한 일들이다. 그러나 어차피 갓난쟁이가 다시 어지럽힐 집을 치운다는 명분으로 당신 커플의 친밀감을 우선순위에서 밀어내면 안 된다.(모든 성관계가 일주일에 한 번, 13분이어야 한다는 의미가 아니라 최소한의 권고 시간이므로 여러분은 각자의 사정에 따르면 된다.)

어떻게 '친밀감'을 유지할 것인가

사회복지사 겸 관계 전문가인 레이첼 서스만Rachel A. Sussman은 "다시 서로에게 은밀한 신호를 보내세요. 임신 중, 특히 갓난아기가 있는 부부들은 서로에게 성적인 매력을 느끼기 어렵습니다. 보모를 고용하기가 여의치 않으면 양가의 부모님이나 친척들에게 부탁하고 와인 한 병을 챙겨서 나들이를 나가보세요. 외출이 어려우면 산책도 괜찮아요."라고 커플들에게 조언한다. 나는 간혹 의식적으로 남편을 안거나 키스를 한다. 그때의 느낌이 남편이 내 아이들의 아버지가 아닌 한 남자라는 사실을 상기시켜주기 때문이다. 일상에서 우리는 파트너와 누가 빨래를 할지, 어린이집에서 아이를 데리고 올 것인지로 말을 한다. 이런 과정에서 서로에게 성적인 매력을 느끼는 시간을 갖기는 힘들다. 나는 페이스북, 트위터, 이메일을 통해서 매우 비과학적으로 섹스와 관련된 설문 조사를 해봤다.

마시는 "우리 커플이 가장 극복하기 힘들었던 시기는 아이가 영유아 단계일 때였어요. 동반자에서 전우가 되어버렸죠. 일, 육아 외에도 삶을 유지하려면 반드시 해야 하는 많은 일에 많은 체력 소비해야 했어요.(그리고 다시 반복해야 하죠.) 전 제 배우자에게 성적인 매력을 느끼기가 너무 힘들었어요. 항상 시간이 부족했어요. 그래도 늘 가슴에 묻어뒀던 많은 감정을 함께 나누고 싶었어요. 그러나 TV를 보거나 혼자 조용한 시간을 보내는 게 더 쉬웠죠. 그랬더니 다시 정서적 친밀감을 느끼기까지 오랜 시간이 걸렸어요."라고 말했다. 섹스가 힘들다면 포옹을 하거나 손을 잡아도 좋다. 일주일에 한 번씩 하는 성관계를 연구한 뉴욕대학교의 심리학과 교수인 에이미 뮤이즈Amy Muise는 "가벼운 스킨십이 성관계를 자주 할 수 없는 커플에게는 친밀감을 유지함으로써 성적인 만족감과 욕구를 충족하는 데 도움이 될 수 있다."라고 말한다.

아이를 낳고 바로 성관계를 해야 한다고 조급하게 생각할 필요는 없다. 의사는 통상적으로 아이를 낳고 6주가 지나면 성관계를 시작해도 된다고 말하지만, 난산을 겪어 회복이 더디다면 몸이 완전히 준비될 때까지 소소한 스킨십으로 친밀감을 유지하면 된다. 이베트는 내게 이렇게 말했다. "우리는 가벼운 스킨십을 자주 해요. 포옹이나 팔이나 등을 쓸어주는 손길은 엄마, 아빠라는 정체성에서 벗어나 원래 우리가 서로에게 어떤 존재였는지를 상기시켜주죠. 확실히 상황은 이전과 많이 달라졌어요. 가족이 함께 있을 때 '우리'는 서로에게 집중하기 어렵기도 해요. 아이들이 태어나기 전처럼 낭만적인 분위기를 조성한다거나 배려를 많이 해줄 수 있는 것도 아니죠. 그래도 이 방법으로 우리는 친밀감을 유지하도록 노력하고 있어요"

출산 후의 섹스는 이전과 느낌이 다를 수 있다. 여러 가지 원인이 있겠지만, 과학계에서는 호르몬의 영향 때문이라고 한다. 출산 후 생성되는 호르몬의 영향으로 성욕이 감소할 수 있는데 모유 수유를 오래 할수록 이런 현상은 더 길어진다고 한다. 또 에스트로겐이 감소하면서 질이 건조해지는 여성도 있다고 한다.

세계 보건 기구(WHO)에 따르면 여성이 모유 수유(젖꼭지에 모유가 맺히는 시점)를 시작하면 파트너에게 호감을 느낄 때 분비되는 일명 '사랑의 호르몬'이라고 불리는 옥시토신이 감소하고 대신에 프로락틴이라는 호르몬이 왕성하게 분비되면서, 엄마가 아기에게만 집중적으로 애정을 느끼도록 유도한다고 한다.[3] (WHO는 옥시토신이 감소함으로써 "스트레스도 감소하게 되고 심리적인 안정감"을 느끼게 된다고 했다.) 모유를 생성하기 위해서 분비되는 프로락틴은 여성과 남성, 모두의 성욕을 감소시킨다는 연구 결과도 있다.[4] 또한 에스트로겐의 분비도 감소시킬 수 있다고 한다.[5] 그리고 프로락틴은 엄마에게 '평온한 감정 상태'를 유도해서 '숙면'을 취할 수 있게 하는 작은 보상도 준다.

성관계가 가능하다는 의사의 처방에도 여전히 섹스를 망설이고 있는 사람들에게, 성관계 코치로 유명한 지지 엥글Gigi Engle은 함께 자위나 포르노를 즐김으로써 '관계에 열정의 불씨'를 되살리라고 조언한다. 내가 좋아하는 그녀의 직설적인 인스타그램 계정 @GigiEngle에서 지지는 "섹스에 대한 고정관념을 모두 버려라."라며 "삽입이 이루어진 성관계만을 진짜 성관계라고 생각하는 고정관념이 있다. 고리타분하기 짝이 없다. 당신과 파트너가 한 모든 성적인 경험은 방식과 관계없이 다 성관계다."라고 썼다. "삽입까지 하려면 얼마나 할 일이 많은지 알잖아요?" 그녀가 한 농담이다. "가끔 함께 자위 기구를 사용하면 더 재밌을 수도 있어요. 오르가슴에 신경 쓰지 말고 친밀감을 느끼는 데 집중하는 거예요." 또 13분간의 섹스도 충분하다는 연구들에 대해 "도움이 될 수도 있지만, 또 다른 제약이 될 수 있다고 생각해요. 그렇게 하지 않으면 틀렸다, 잘못됐다, 이런 생각을 하게 되는 거죠. 전 불필요한 제약들이 정상적인 성관계의 범위를 극히 좁혀놨다고 생각해요. 정상적인 성행위라는 건 정해져 있지 않아요."라고 말한다.

엥글은 "시간이 지나면서 옥시토신이나 세로토신과 같은 호르몬의 양은 감소하고 관계도 변하게 돼요. 늘 처음과 같은 열정을 느낄 수 없다는 사실을 이해하고 받아들어야 해요."라고 말한다. "한결같은 감정과 경험을 느끼리라는 기대는 비현실적이며 실망은 시간문제예요." 결코 연애의 초반같이 신나고 재미있을 수는 없다. 그러나 그것은 관계의 끝이 아닌 변화를 의미한다. 변화는 우리를 어려움에 처하게 하지만 얼마든지 좋은 방향으로 해결할 수 있다. 잠자리에서 뿐만이 아니라 우리는 평생 삶의 모든 것들에서 반드시 변화를 겪게 된다. 변화를 피할 방법은 없다. 당신이 모든 것을 극복하고 다시 섹스를 시작했다고 해서 상대방이 원할 때마다 섹스할 필요는 없다. 거절을 부끄러워하지 마라. 그저 늘 거절하지 않도록 노력하면 된다.(상대방이 당신도 원하고 있다는 생각을 할 수 있도록.)

성욕에 대한 편견과 오해

"남자는 원래 그렇다." 나는 이 말을 정말 싫어한다. 이 말은 성관계를 포함한 그 어떤 상황에서도 쓸 수 없는 거짓말이다. 여성은 섹스를 원하지 않지만 모든 남성은 늘 원한다는 고정관념이 거짓임을 밝힌 연구는 많다. 가장 최근에는 웬즈데이 마틴Wednesday Martin이 자신의 책《나는 침대 위에서 이따금 우울해진다(UNTRUE)》에서 부정 행위를 흥미롭게 해석했다.6 그녀는 가부장주의가 소녀들에게 어떤 영향을 끼쳤기에 일부일처제를 당연히 여기는 성인이 됐는지와 남성들의 외도는 제도의 틀에서 느끼는 답답함을 해소하기 위함이라는 내용을 책에 담았다. 또 여성들의 다양한 외도 행태를 폭로함으로써 여성도 남성만큼이나 섹스를 원하고 있다는 사실을 방증했다. 그러나 우리는 사회적 통념(성욕이 부끄럽다는)으로 인해서 욕망을 억누르고 있다.

"저는 남녀가 가지는 성욕은 비슷하지만, 성욕을 표현하는 데 있어서 여성이 유독 파트너에게 느끼는 감정이나 살아온 환경의 영향을 많이 받는다고 생각합니다." 서스만이 말했다. 남자들은 쉽게 이런 말을 한다. "여성은 피곤하거나 수면이 부족하면 기분이 좋지 않다. 그래서 우리는 그녀의 기분을 존중하기 위해서 섹스를 하지 않는다."

안니카는 유쾌한 유머 감각을 가진 세련된 여성이다. 그녀는 스칸디나비아 인이지만 시카고 교외에서 십 년을 살았다. 안니카는 마틴에게 댄과의 관계에서 초반에는 자신이 훨씬 더 섹스를 원했다고 말했다. 그러나 댄은 '무심'했고 그녀는 몰래 바람을 피우기 시작했다. 그사이 댄은 안니카에게 여러 번 청혼했다. 안니카는 결혼을 하면 성생활도 해결될 거라고 자신을 설득하며 청혼을 받아들였다. 외도를 숨기기가 어려워진 이후로는 다른 남자를 만나지 않았다.

그 후 두 사람은 연년생으로 두 아이를 낳았고 안니카는 자신의 월급보다 많은 육아 비용에 일을 그만두고 전업주부가 됐다. "그녀의 인생에서 가장 힘든 시기였다. 가끔 놀러 온 친구들은 그녀가 아이들과 거실 바닥에 앉아 수면 부족과 좌절감에 지쳐 우는 모습을 발견하곤 했다." 마틴의 책에는 이렇게 적혀 있다. 안니카는 "아무것도 할 수 없었고 내 성욕은 동면에 들어가버렸다"라고 말한다. 이 무렵 부부는 도시(친구들이 사는 곳)에서 교외로 이사했는데 성욕이 급격히 감소한 상태였던 안니카에게 깊은 고립감까지 더해졌다. 얼마 후 그녀는 댄의 업무상 장기 출장이 거짓말이었음을 알게 되었다. 섹스에 지나치게 '무심'하던 남자는 사실 오래전부터 알던 여자사람친구와 잠자리를 하고 있었던 것이다. 지치고 외로웠던 안니카는 남편의 외도로 그나마 남아 있던 성욕마저 깡그리 사라지고 말았다.

이렇듯 우리의 성욕은 보통 '선천적'인 기질보다 파트너의 지지에 크게 좌우된다. (한마디로 '후천적 영향'이 크다는 말이다.) 소셜 네트워크 서비스(SNS) '피넛Peanut'은 22~37세의 여성 1,000명을 대상으로 다소 비과학적인 설문 조사를 실시했다.[7] 조사 결과에 따르면 밀레니얼 세대에 해당하는 엄마들의 56%가 섹스를 하고 싶은 생각이 '자주 또는 매우 자주' 든다고 한다. 그러나 '자주'의 구체적인 횟수는 밝히지 않았다. 61%의 여성들은 섹스를 더 많이 하고 싶다고 했고 74%의 엄마들은 출산 이후에 성생활이 더 좋아졌다고 응답했다. 섹스를 자주 하지 않는 이유로는 42%가 '피곤해서'가 1위를 차지했다. 나는 이 결과에 확실히 동의할 수 있다. 내가 친구들을 대상으로 실시한 세상에서 가장 비과학적인 설문조사에서도 피로가 매우 높은 순위에 자리 잡고 있었다. 일주일에 한 번이 최적의 성관계 횟수라고 밝힌 연구도 있듯이 26%의 밀레니얼 세대의 엄마가 일주일에 한 번의 성관계를 하고 있었다. 여성의 29%는 일주일에 두세 번 파트너와 은밀한 시간을 보낸다고 했지만, 19%의 엄마는 그보다 적게 성관계를 가진다고 응답했다. 13%는 한 달에 한 번꼴로 성관계를 가지고, 다른 13%는 그보다 훨씬 더 적게 성관계를 한다고 했다. (이 외에도 여성 중 약 70%가 잠자리에서의 감도를 좋아지게 하려고 케겔 운동을 하고 있다고 대답했다.)

몇 세기 동안 이어진 가부장 제도는 여성은 성욕이 강하지 않다는 인식을 지속해서 대중에게 심어왔다. 1886년 정신과 의사 리처드 폰 크라프트 에빙Richard Freiherr von Krafft Ebing은 《광기와 성-사이코패스의 심리와 고백(Psychopathia Sexualis)》을 출간했다. 일반 독자들이 쉽게 이해할 수 있도록 라틴어와 학술적인 언어로 써 있지만, 한동안 그 책의 주 독자층은 의사와 판사였다. "좋은 환경에서 정신이 건강하게 발달한 여성은 성욕이 적다. 그렇지 않다면 온 세상은 사창가가 되어 결혼하고 가정을 꾸리는 일은 불가능했을 것이다." 또는 마틴의 책에서도 언급된 "여성의 수동성과 무성애는 세상을 균형 있게 유지하는 토대가 된다." 와 같은 내용이 이 책의 핵심이다.

엥글은 많은 여성이 섹스에 자유로워진 오늘날에도 많은 사람들이 여전히 강한 성욕을 수치스럽게 생각한다고 말한다. "남성이 여성보다 섹스를 더 원한다는 말은 정말 판타지 소설에나 나올 법한 말이죠. 여성들도 최소한 남성만큼의 성욕은 있어요. 그러나 '여자인데 섹스를 원하다니, 부끄러운 줄도 모른다.' 같은 고정관념은 여성의 성욕에 몹시 나쁜 영향을 끼칠 수 있어요." 이 고정관념으로 피해를 보는 건 여성들만이 아니다. 엥글은 "남성에게는 슈퍼맨처럼 우락부락한 근육을 가지고 끊임없이 섹스를 원해야만 진정한 남자다."라는 메시지를 보내고 있다고 탄식하며 말을 이어갔다. "그래서 이 고정관념이 양쪽 성별 모두에게 해가 된다는 거예요. 임신하거나 출산을 한 후에 오히려 성감이 더 좋아지고 성욕을 더 느끼게 됐다는 여성들이 있는가 하면 감소했다는 여성들도 있어요. 전적으로 개인에 따라 다르다는 의미죠. 여성들이 가지는 성욕은 천차만별인데 우리가 멋대로 이 중요한 사안에 대해서 '당신은 아기를 낳았으니 이제 섹스를 원하지 않는 몸이 됐다.' 같은 결론을 지어선 안 되는 거예요. 사실이 아닐뿐더러 공평하지도 않죠."

출산한 여성에게 엄마로서의 역할만 강요하는 사회적 분위기 역시 여성의 성욕 감소에 큰 영향을 끼친다. "이제 막 아기를 낳은 엄마에게 가해지는 지금부터 엄마로만 살아야 한다는 사회적 압박은 우리 사회가 아이를 낳은 여성을 더는 성적인 대상이 아닌, 단지 어머니, 아이를 돌보는 사람으로만 보고 싶어 하기 때문이라고 생각해요." 엥글이 말했다. "그러니까 여성들은 자신의 성욕이나 그 어떤 욕구보다도 아이를 우선시하게 되고 자신을 억누르게 되는 거예요. 살면서 자연스럽게 학습된 이런 의식들이 자신도 모르는 사이에 성적인 욕망을 억제하게 되고 결국에는 성욕에 치명적인 영향을 미치게 되죠."

출산 후 바로 임신 전의 몸매를 되찾은 여성을 우상시하는 문화 역시도 여성에게는 큰 부담이 된다. 엥글은 "살이 찌고 가슴도 부풀면서 커지는 건 자연스러운 현상이지만 출산 후에는 바로 예전 몸매를 되찾아야 해. 그렇지 못하면 당신은 이제 섹시하지 않은 존재야, 이런 의미를 담은 메시지를 사회 전반에서 많이 찾을 수 있어요." 그녀는 한숨을 깊게 내쉬었다. "이런 메시지들에 둘러싸여 살아가다 보면 결국에 자기 인식과 성적인 측면에 영향을 받게 될 수밖에 없어요."

섹스할 시간을 만들어라

모든 사람이 데이트에 많은 돈을 쓸 수 있는 상황은 아니다. 혹은 쓸 수 있다 하더라도, 같은 동네에 사는 베이비시터를 고용하기 위해서 시간당 2만 5천 원을 쓰고 밤에 집에 돌아오기 위해서 우버 비용을 추가로 써야 하는 걸 생각하면 속이 쓰리긴 마찬가지다. 그래서 새로운 생각을 해낸 사람이 있다. 캔자스에서 두 아이를 키우고 있는 갈색 머리의 신시아와 그녀의 남편 샘은 그들이 낭만적인 밤을 보낼 때 육아 비용을 줄일 수 있는 기발한 방법을 찾았다. 바로 아이들이 학교에 있는 동안 연차를 쓰고 데이트를 즐기는 것이다.

신시아는 "이 방법의 가장 좋은 점은 긴 하루를 보낸 후 지친 상태에서 서로를 대하지 않아도 된다는 거예요. 실제로 우린 아주 좋은 대화를 나누게 되죠. 그리고 당연히 섹스도 훨씬 더 좋았고요."라며 웃었다. "우리는 서로에게 집중할 충분한 체력이 있었어요."

아만다는 일주일에 대 여섯 번씩 남편과 잠자리를 가지곤 했다. 하지만 아이가 태어난 후 부부의 열정은 완전히 식어버렸다. 그녀는 2014에 진행한 〈허핑턴 포스트〉와의 인터뷰에서 "6~8주간의 산후조리 기간이 끝난 후에도 우리 중 먼저 섹스를 원한 사람은 없었습니다. 육아에 지칠 대로 지쳐있었고 피로는 극에 달해 있었죠. 특히 둘째가 태어나면서 육아 시간과 피로도는 곱절(2Under2)이 되었어요. 우리 부부는 늘 초췌했어요. 서로를 위한 시간을 내기는커녕 나만의 시간을 가지기도 힘든 상황이었죠. 초반에는 급격한 상황 변화에 적응하기가 무척 어려웠습니다."라고 말했다.[8]

그래서 그들은 낭만적이지는 않지만, 실질적인 효과가 있는 해결법을 찾았다. 바로 섹스 계획표를 만들어 두는 것이었다. 특히 토요일 오후, 아이들의 낮잠 시간을 이용했다. "당신이 시계를 봤을 때 토요일 정오라면 그때는 우리가 항상 섹스하는 시간이니까 절대 전화하지 마세요."라고 콜로라도에 사는 갈색 머리의 아만다는 말했다. 그녀는 자신의 가정에 대한 솔직한 이야기를 블로그와 《곱절의 임신과 육아 (2Under2 Pregnancy and Parenthood)》라는 책으로 전하고 있다.

물론 계획표에 맞춘 섹스가 아이가 태어나기 전과 같은 자발적인 섹스가 아니기는 하지만 달력에 표시되어 있는 일주일에 한 번 남편과 가지는 섹스 일정을 보는 것만으로도 섹스할 때의 기분이 떠오른다. 그래서 남편과 나도 이 방법을 계속 쓰고 있다. 섹스하는 날이 기분 전환에도 도움이 된다고 생각한다. 상대방의 눈치를 살필 필요가 없다는 점도 부담을 덜어줘서 좋다.

4년 후 아만다는 나에게 이렇게 말했다. "우리는 여전히 토요일마다 잠자리를 가지지만 예전처럼 일정을 표시해두지 않아요. 아이들이 자란 만큼 영화나 만들기 놀이로 각자의 방에서 '조용한 시간'을 보내게 하고 우리는 부부 침실에서 우리만의 '조용한 시간'을 보낼 수 있게 됐죠. 그리고 체력이 좀 더 충분한 낮에 섹스를 즐기죠. 적어도 일주일에 한 번, 토요일 오후에는 좋은 시간을 보낸다는 사실에 설렘을 느껴요. 그래서 토요일 오후의 섹스는 늘 고정해두고 주중에 한두 번, 섹스를 더 하기도 해요. 의무감이라고 생각할 수도 있지만, 이 방법은 지겹다거나 시시해지지 않아요." 내가 인터뷰한 성 전문가들은 섹스 계획표를 만드는 생각에 적극적으로 동의했다. 관계 전문가인 레이첼 서스만은 "섹스를 항상 자발적으로 할 수만은 없죠. 사람들은 다들 바쁘잖아요."라고 말한다. "우리는 세상 모든 일을 다 계획해요. 진료 일정을 잡고,

친구들과 만날 날을 미리 약속하죠. 심지어 자녀와 친구들의 놀이 날도 계획해 두죠. 하지만 '섹스는 일정을 잡아두고 하는 게 아니다'라고 생각합니다. 왜죠? 왜 다른 일정은 다 계획하면서 섹스만 예외죠?"

당신은 언제 행복한가?

파트너와 섹스에 관한 대화를 나누는 게 어색하더라도 반드시 해야 한다. "돈과 육아로는 이야기를 나눕니다. 섹스만 예외라고 할 수 있을까요? 다른 일들과 마찬가지로 대화를 나누지 않으면 문제는 커지게 되고 관계에 더 치명적인 악영향을 미치게 됩니다." 샌디에이고 성의학연구소 소장인 어윈 골드스틴Irwin Goldstein 박사는 〈육아(Parenting)〉 잡지와의 인터뷰에서 이렇게 말했다.[9] "잠자리에 대한 욕구와 욕구에 대한 허심탄회한 소통이 문제 해결의 핵심입니다." 서스만은 "커플들이 그동안 표현하지 않았던 '당신 품이 그립다'나 '예전처럼 안고 싶다'와 같은 사랑스러운 유혹의 메시지를 보내보세요."라고 제안한다. "밤에 데이트할 수 없다면 점심을 함께 먹거나 커피를 마시면 됩니다. 젊은 시절의 열정과 성욕을 되살릴 방법을 찾아야 합니다."

섹스하는 동안에는 불만이 있더라도 당장 표현하면 안 된다. 《두려움의 극복-당신의 삶을 바꾸는 28일(Be Fearless : Change Your Life in 28 Days)》을 알리사 바우먼Alisa Bowman과 공동 집필한 심리치료사 조나단 알퍼트Jonathan Alpert는 "성생활에 대한 불만을 섹스하는 도중에 드러내면 상대방이 강한 거부감을 느끼게 됩니다. 편안한 상황에서의 대화가 오히려 효과적입니다. 변했을지도 모르는 감정, 끝이 없는 육아와 같은 문제들에 대한 걱정을 인정하고 두 사람이 한 팀이라는 사실을 명심한 채 함께 해결하기 위해 노력해야 합니다."라고 말했다. 대화를 계속 미뤄선 안 된다. "문젯거리는 해결하지 않는 한 사라지지 않습니다" 알퍼트는 경고를 덧붙였다. "계속 미루면 결국 분노, 좌절, 우울감은 더 심해질 겁니다. 심지어 외도로 해소하려고 할 수도 있죠. 불건전한 방법에 의지하게 되는 겁니다."

다시 잠자리로 돌아가기가 어렵다면 다음 사항들을 고려해보자.

섹스의 효과는 단지 파트너와의 관계개선에만 국한되지 않는다. 버만 여성 건강센터의 로라 버만Laura Berman은 "정기적으로 성관계를 한 커플이 그렇지 않은 커플에 비해서 숙면을 취할 가능성이 크다는 사실을 밝힌 연구가 있습니다."라고 말했다.[10] 또한 섹스는 전반적으로 감정을 좋아지게 하는 효과도 있었다. "연구진은 운동이 우울증을 치료하는 먹지 않는 약과 같다고 말했어요. 나는 섹스도 마찬가지라고 생각해요. 장기간 섹스를 하지 않은 많은 커플이 섹스할 때의 좋은 느낌을 잊어버렸다고 했어요." 서스만이 말했다.

성관계만이 아니라 두 사람만의 시간을 가질 때에 아이를 돌보지 않고 있다는 죄책감을 느껴서는 안 된다. 〈E!뉴스E! News〉의 앵커 줄리아나 란치치Giuliana Rancic는 아들보다 자신의 결혼생활을 중요하게 생각한다는 발언을 공개적으로 해서 많은 비난을 받았다. 그녀는 〈Us 위클리Us Weekly〉와의 인터뷰에서 이런 말을 했다.[11] "우리는 남편과 아내인 동시에 가장 친한 친구이기도 해요. 그런데 많은 사람이 아기가 태어나면 무조건 아기를 우선순위에 두고 결혼 생활은 뒷방 구석으로 밀어 넣어버리죠. 누군가에게는 그런 생활이 맞을 수도 있지만, 우리는 아니에요. 그래서 늘 우리의 관계를 최우선으로 여깁니다. 우리의 행복한 결혼 생활이 아이에게도 가장 중요하다고 생각하기 때문이에요."

그리고 파트너와의 관계만큼 자기 자신과의 관계 또한 매우 중요하다. 자신을 위한 시간을 포기하지 마라. 자투리시간에 욕실의 변기에 앉아 휴대폰를 보더라도 자신을 위한 시간을 가지는 것은 중요하다. 그 시간을 갖지 못하면 결국 스트레스는 폭발하게 되고 애정 전선부터 육아, 직장까지, 삶의 전반에 악영향을 끼치게 될 것이다. 인스타그램에서 #셀프케어selfcare가 1,500만 번 넘게 태그된 것만 봐도 내 말이 얼마나 중요한지 알 수 있다. 당신에게 셀프케어는 매일 아침의 커피 한 잔이 될 수도 있다. 자녀를 파트너나 도우미에게 맡기거나 TV를 보여줘야 하더라도 반드시 시간을 내도록 해라. 누군가의 배우자나 부모가 아닌 여러분 자신이 행복하게 느낄 수 있는 방법을 찾아야 한다.

#당당한육아를위하여 실천하기

우리는 모두 몹시 지쳐 있다. 그래서 내 충고로 인해서 횟수를 더 늘리는 것은 합리적이지 않다. 그저 일주일에 한 번, 13분씩 섹스하고 파트너(가 있다면)와의 관계를 중요하게 생각해야 한다는 의미이다. 그러나 핵심은 당신이 자신을 돌봄으로써 행복한 부모로 오늘을 사는 것이다. 그리고 그 것은 분명히 아이에게 큰 축복이 될 것이다.

11장

더 이상 '평범한' 가정이란 없다
내 가정을 있는 그대로 사랑하자

우리가 어린 시절에 본 드라마 〈풀하우스Full House〉의 태너 가족은 정말 완벽했다. 부모는 자녀에게 넘치는 사랑을 주고 대가족의 구성원들은 서로 힘이 되어 줬다. 자매들은 만날 싸우지만, 반드시 화해했다. 22분 짜리 에피소드의 마무리는 늘 서로에게 격려의 말을 해주는 훈훈한 장면이었다.

그런데 우리가 이 TV 속 가짜 가족을 훌륭하다고 칭찬한 이유를 생각해본 적이 있나? 내 가정이, 끝모를 인내심을 가진 엄마와 아빠의 사랑을 골고루 받는 두세 명의 아이들이 하얀 울타리가 둘린 집에서 강아지와 함께 뛰어놀고, 학교에서 돌아오면 매일 식탁 위에 신선한 쿠키가 수북이 쌓여 있는, 그런 가정이 아님에 지나칠 정도로 자책하는 동안 말이다. 우리는 문화가 시대에 뒤떨어진 기대와 요구를 하더라도 그 작은 틀에 들어가지 못하면 자신을 비정상이라고 생각한다. 그러나 사회와 문화가 우리에게 어떤 딱지를 붙이더라도 우리 아이들을 망치지 못할 테니까. 걱정하지 마라.

통계를 살펴보니, 오늘날 우리 사회에서 '평범한' 가족이라고 부를 수 있는 형태는 이제 존재하지 않았다. 사회학자 필립 코헨Philip Cohen은 자신의 연구 논문을 현대 가족협의회(The Council on Contemporary Families)에 발표한 후 가진 〈워싱턴 포스트〉와의 인터뷰에서 "차이가 평범함이 된 세상이다."라고 말했다.[1] "1950년대 이후 미국 어린이들의 삶과 사회적 변화가 한 방향으로만 이루어졌다고 잘못 알고 있는 사람들이 종종 있다. 남성이 혼자 생계를 책임지던 형태에서 맞벌이로 말이다. 그러나 일하는 엄마 중 다수가 미혼이었다는 사실을 간과하면 안 된다. 이 작다면 작은 요소는 나비효과처럼 큰 변화를 일으켰다. 다양성이 폭발하는 지금 사회의 모습을 떠올려보면 더 쉽게 이해 할 수 있다." 코헨이 자신의 논문에서 밝힌 내용이다.[2]

1970년에는 성인의 약 70%가 18세 무렵에 결혼했는데, 평균적으로 남성은 23세, 여성은 21세였다.[3] 2018년에는 결혼율이 많이 낮아진 만큼, 길에서 '우리 결혼했어요'라고 적힌 차를 보기가 어려워졌다. (남성은 거의 30세가 되어서야 결혼했고, 여성도 28세가 평균이다.)[4]

가족을 만드는 또다른 방법

앨리사는 결혼은 하지 않고 엄마만 되기로 마음을 굳혔다.

"내가 싱글맘이 되기로 한 무렵에는 '자의로 싱글맘'이 된 사람이 거의 없었어. 하지만 지금은 달라. 이제 미혼모야 아주 흔해 빠졌지." 앨리사가 웃으며 말했다. 풍성한 곱슬머리를 올려 묶고는 수수한 원피스에 버켄스탁 슬리퍼를 신고 온 앨리사와 나는 10년 만에 만났는데도 쉽게 육아에 관한 대화를 이어나갔다.

앨리사는 파트너 없이 지내던 서른여섯 살에 난자를 얼리기로 마음먹었다. 하지만 시술 전 검진에서 의사에게 나이 때문에 섬유종이 생겼다는 말을 들었다. 항상 '작가와 엄마'가 되고 싶어 했던 앨리사는 지금 당장 뭐라도 해야 한다는 생각이 번뜩 들었다. 그녀는 《앞치마 공포증: 부엌만 어지르는 게 아니야(Apron Anxiety: My Messy Affairs In and Out of the Kitchen)》라는 책을 써서 목표 한 가지는 달성했지만, 아기라는 목표는 좀처럼 손에 잡히지 않았다.

그때 친구 여동생이 혼자서 엄마가 되었다는 소식에 앨리사는 그 과정을 알아보게 되었다. 그리고 자신에게 딱 맞는 방법이라고 판단했다. 비록 스스로 '허접한 빈털터리 작가'라고 생각할 정도로 여유롭지 않은 앨리사였지만, 다행스럽게도 난자 냉동 비용 천만 원은 마련할 수 있었다. 앨리사는 곧장 정자 기증자 선발 과정을 시작했다. "나는 축복받은 유전자를 가진 남자를 찾았어. 물론 나만이 미래의 내 아이를 다정하고 똑똑한 아이로 만들 수 있는 유일한 사람이라는 건 알고 있었어. 나는 아이를 유대인으로 만들 수도 있으니까. 하지만 나에게는 정말 중요한 일이었어. 이왕이면 남자아이에게는 190㎝까지 클 수 있는 유전자를, 여자아이에게는 예쁜 계란형 얼굴이 될 수 있는 유전자를 주는 게 더 낫잖아?" 그녀는 솔직하게 고백했다.

앨리사는 두 번째 인공수정에서 임신에 성공했다. "그때는 정말 콧대가 하늘을 찔렀어." 그녀의 자신감은 매혹적인 페로몬 향수가 되어 임신 내내 데이트를 즐길 수 있었다. "다른 사람의 생각 따위는 한 번도 신경 쓰지 않았어." 따가운 눈총을 받을 때도 있었다. 친했던 친구는 전화로 그녀에게 '넌 절대 결혼 못 해. 결국에는 너 혼자 남게 될 거야.'라고 말했다. 그것도 여러 번. 또 아빠의 필요성이란 주제로 펼쳐진 택시기사의 마라톤 강의를 들은 적도 있다. 앨리사는 "그 두 사람이 나에게 상처를 준 건 맞아."라고 말했다. 하지만 그녀는 우리를 비난하는 사람은 사실 자신에 대한 불만을 우리에게 화풀이하는 것뿐이라는 사실을 이미 잘 알고 있었다.

앨리사의 임신 기간에 아무런 문제도 없었다. 사람들은 그녀에게 용감하다며 입에 발린 소리를 했다. "나는 그럴 때마다 항상 웃으면서 '남편도, 아이도 다 가진 당신이 진짜 승리자죠!'라고 말해줬어." 앨리사는 심각해진 목소리로 말을 이었다. "나는 내 진짜 모습으로 살 수 없게 될까 봐 걱정되기 시작했어. 자랑하려고 임신한 게 아니었거든."

앨리사가 서른일곱 살이 되었을 때, 헤이즐이 태어났다. 가족들과 함께였다. 당시 앨리사는 부모님과 같은 건물에 살았다. "가족한테서 정서적으로, 신체적으로 많은 도움을 받았어. 나는 행운아야. 내게 꼭 필요한 일을 귀신같이 알아채시고 도와주셨어. 우리는 아빠한테 남자 가정부라고 놀리기도 했어." 그녀가 유연하게 일할 수 있는 프리랜서였다는 점도 큰 도움이 됐다.

출산 후 두어 달이 지났을 무렵, 한밤중에 앨리사는 모유 수유를 하면서 데이팅 앱 '틴더Tinder'를 만지작거리다가 샘이라는 남자에게 눈길이 끌렸다. "내 틴더 프로필은 아주 간단명료했어. '자유로운 영혼의 싱글맘.' 보통 보자마자 바로 넘겨버릴 자기소개서였지." 두 사람은 빠르게 불타올랐다. "우리는 사랑에 빠졌죠. 꽤 심각한 관계가 됐어요. 그리고 이제 세상에 맞서는 세 사람이 됐죠." 앨리사가 말했다.

이제 헤이즐은 세 살이 됐고, 세 사람은 같이 산다. "적어도 나는 헤이즐의 아빠가 샘이라고 생각해. 그리고 가능한 한 오래 샘과 함께하고 싶어." 두 번의 약혼이 깨진 후 결혼에 관한 생각을 완전히 버린 앨리사는 이렇게 말했다. 헤이즐이 좀 더 크면 정자은행으로부터 생물학적 아버지의 정보를 더 많이 얻거나, 어쩌면 그 사람을 직접 만나게 될지도 모른다. "어떤 선택이라도 헤이즐의 결정이라면 나는 천퍼센트 지지해줄 거야." 지금은 헤이즐이 너무 어려서 이해하지 못하는 부분이 많다. 그러나 앨리사는 자신의 가족이 이처럼 특별한 방식으로 만들어졌다는 데 자부심을 느낀다. "사회에 나가 경력을 쌓고 성장하는 길은 정말 다양한데, 가족을 만드는 길은 딱 한 가지였어. 그런데 내겐 그 길이 보이지 않았지." 앨리사가 말했다.

미국 질병통제예방센터(CDC)에 따르면 현재 40% 이상의 아이들이 결혼하지 않은 부모에게서 태어난다고 한다. 2017년에는 미국 어린이 전체의 1/3인 2천 400만 명의 아이들이 미혼 부모와 살고 있었다. 이는 1968년보다 두 배나 증가한 수치다. 그 아이 중 20% 이상이 싱글맘과 함께 살고 있었고, 7%는 혼인신고 없이 동거만 하는 부모와 함께 살고 있었다.[5]

앞서 워킹맘에 대한 반격을 살펴보며 알 수 있었듯이, 시대를 막론하고 사회적으로 큰 변화가 있을 때마다 비난의 중심에는 여성이 있었다. 2015년, '퓨 리서치(Pew Research Center)'가 실시한 여론 조사에서 '미혼 부모가 아이를 키우는 것이 사회적인 문제라고 생각하는가.'라는 질문에 그렇다고 답한 사람이 48%나 된다. 그리고 무려 66%가 미혼모는 '사회에 해로운 존재'라고 답했다.[6]

그러나 시간이 흐를수록 사람들은 더 쉽게 변화를 수용하는 경향이 있다. 동성 결혼에 대한 관점 변화를 보면 흥미로운 결과가 나타난다. 2004년에는 미국인의 30%만이 동성 결혼을 찬성했다. 그러나 2019년의 여론 조사에서는 미국인의 61%가 동성 결혼을 지지하는 것으로 나타났다.[7]

미국의 동성 부모들이 키우는 약 900만 명의 아이들은 우리 문화 속에서 서서히 인정받고 있다.[8] 미혼모 문제도 이와 아주 비슷하다. "우리 사회가 동성 부모를 인간의 문제로 바라보게 된 매우 중요하고 적절한 계기가 있었다고 생각한다." 유년기 트라우마를 전문적으로 연구하는 심리학자 앨리샤 리버만Alicia F. Lieberman 박사는 〈애틀랜틱〉과의 인터뷰에서 이렇게 말했다.[9] 1995년에 박사가 《아동의 감성적인 삶(The Emotional Life of the Toddler)》을 출간했을 때는 "동성애자는 부모가 될 생각조차 못 하는 사회였습니다. 마치 '왜 네가 부모가 되려고 그래?'라고 하는 것 같았죠." 리버만이 당시를 떠올리며 말을 이었다. "저는 '아동 보호 서비스'의 고문입니다. 그래서 아이를 입양하려는 동성 부모가 이성 부모들 못지않은 양육 능력을 갖추고 있다는 사실을 증언하기 위해 여러 번 법정에 서야 했습니다. 동성 부모들은 스스로 사랑과 이해를 받고 사회로부터 인정받고 싶어 했습니다." 동성 부모가 아이를 입양한다고 해서 아이를 위험에 빠뜨리는 것도 아닌데 반대할 이유가 없다. 그들의 정신 건강을 위해서라도 입양을 허락해야 한다.

"사람들은 이런 말들을 했습니다. '아이들이 놀리고 괴롭힐 거다, 부모들이 자기 아이들과 함께 어울리는 걸 싫어할 거다, 그 아이들은 어디에서도 소속감을 느끼지 못할 거다.' 그래서 저와 다른 사람들은 이런 편견은 동성애자의 자녀에게만 해당하는 것이 아니라고 반박했습니다. 동성애자와 사람들의 관계는 사회의 편견에 따라 변할 수 있다고 생각합니다." 리버만이 말했다. "그래서 저는 동성애자 부모들이 누구보다도 앞장서서 그들의 건강하고 행복한 모습을 보여줄 수 있는 공동체를 만들어야 한다고 생각합니다.[10] 사회의 편견은 바뀔 수 있습니다. 25년 전만 해도 결코 사회는 그들을 이해하려고 하지도 않았고 곁을 내어주지도 않았습니다."

사회가 동성애자 부모의 애정 생활을 소름 끼치는 비정상적인 행위라는 편견에 사로잡혀 있을 때, 과학은 부모가 자녀를 사랑하는 한 성적 지향은 아이의 성장에 전혀 문제가 되지 않는다는 사실을 밝힘으로써 그들을 지지했다. 전미 장기간 레즈비언 가족 연구소(The National Longitudinal Lesbian Family Study)에서 일반 부모가 기른 아이들과 아빠 없이 엄마 두 사람이 기른 아이들이 25세가 되었을 때 정신 감정을 시행한 결과, 두 집단의 정신 건강에는 거의 차이가 없었다고 한다. 이 연구를 수행한 로마 라 사피엔차 대학교의 로베르토 바이오코Roberto Baiocco 교수는 학술지에 "남성과 남성, 여성과 여성, 양쪽 동성애자 부모를 대상으로 한 연구에서 '동성 부모를 둔 아이들은 심리적으로 적응이 빠르며 친 사회적으로 행동하는 것으로 나타났다.'"라고 밝혔다.[11]

앨런은 아빠가 되기 위해 믿을 수 없을 만큼 커다란 장애물을 뛰어넘었다. "저는 제가 동성애자임을 알고 있었지만, 인정하는 순간 평생 아이를 가질 수 없을 거라는 생각에 차마 인정할 수가 없었습니다. 주변에 도움을 구할 동성애자가 없었던 저는 더욱 좌절할 수밖에 없었습니다." 그는 〈야후! 육아〉와의 인터뷰에서 이렇게 말했다.[12] 사업에 성공한 이후에야 아이를 찾는 과정을 시작할 수 있었다. 대륙을 넘나들어야 하는 이 긴 여정에는 8천 만 원이라는 거금이 필요했기 때문이다. 시카고의 에이전시와 함께 미국에서는 난자 기증자를 찾고 인도에서는 대리모를 찾았다. 그리고 앨런의 쌍둥이 두 딸이 태어났다. 그는 1만 2천 km 떨어진 곳까지 단숨에 날아가 아이들을 데려왔고 지금은 초등학생이 되었다. "매일 아침, 아이들을 위해 침대에서 일어나죠. 아이들이야말로 제가 살아가는 이유입니다. 제 세상의 중심은 저희 아이들이에요." 앨런이 말했다.

이혼은 인생의 선택 중 하나일 뿐

이혼율은 1993년에 정점을 찍은 이후로 줄곧 감소 추세다. 일차적으로는 결혼에 대한 사람들의 인식 변화다. 결혼이 필수라고 생각하는 사람들이 줄어들고 있다. 결혼을 하더라도 개인의 목표를 달성하거나 안정적인 삶의 기반을 마련할 때까지 미뤄도 된다고 생각하는 사람이 늘고 있으며, 결혼을 하는 평균 연령이 점점 높아지고 있다.[13]

결혼의 양상이 달라지면서 덩달아 이혼의 양상도 변화했다. 이혼을 결심한 부부들은 자녀가 이혼으로 인해 받을 안 좋은 영향들을 걱정한다. 베이비붐 세대인 우리의 부모님들이 이혼할 때 겪었던 어린 시절의 상처를 떠올리기 때문이다. 하지만 이혼한 부모 밑에서 자란 아이들이 모두 바르게 성장하지 못한다는 구시대의 통계들은 이제 기억에서 지워버려도 된다. 전문가들은 부모가 이혼하더라도 자녀와 좋은 관계를 유지하는 것이 가장 중요하다고 한다. 아이들 걱정에 끔찍한 결혼 생활을 참을 이유가 없다.

유년기 트라우마 전문 심리학자 리버만은 〈애틀랜틱〉에 자신의 의견을 이렇게 밝혔다.[14] "이혼 관련 연구의 권위자인 메이비스 헤더링턴

Mavis Hetherington은 1970년대에 이혼 연구를 시작했는데, 처음에는 이혼과 아동 발달에 인과 관계가 있다고 생각했습니다. 부모의 이혼이 아이에게 부정적인 영향을 끼친다고 말입니다. 30년이 지난 후 그녀는 이혼에 관련된 여러 가지 요인이 중요하다는 사실을 깨달았습니다. '중재적 요인, 절제적 요인, 사회적 환경' 이 세 가지입니다. 즉, 이혼 후 부모가 어떻게 지내는지, 자녀에게 서로에 대해 어떻게 이야기하는지 등이죠. 아이에게 미치는 영향은 이혼이라는 그 자체보다 다양한 감정적 요인들이 훨씬 중요합니다."

캘리포니아에 사는 드라마 작가 나일은 〈허핑턴 포스트〉에 '왜 나는 부모님이 이혼해서 행복할까?'라는 제목의 글을 쓴 적이 있다. "나는 '우리 부모님이 이혼하셨어.'라고 말했을 때의 반응이 '나 망했어.'와 똑같다는 걸 알고 있어서 말을 한 뒤 숨도 안 쉬고 '포옹이나 동정은 필요 없어, 이혼은 좋은 거야.'라고 덧붙이는 버릇이 생겼다. 이혼은 축복도 아니지만, 저주도 아니다. 물론 실패도 아니다. 부모님이 결혼 생활을 끝냈다고 해서 내가 큰 상처를 받은 것도 아니었고 두 분도 각자의 인생을 더 발전시킬 수 있었다. 계속 불행한 결혼 생활을 유지하셨으면, 힘든 인생을 사셨을 거고, 나도 불행해졌을 거다. 하지만 부모님은 이혼 후에도 함께 나를 돌보며 내게 멋진 유년 시절을 선물해주셨다. 나는 두 분께 정말 감사하다."[15]

5년이 지난 지금도 같은 생각인지 나일에게 물었다. 그녀는 망설이지 않고 고개를 끄덕였다. "저는 한 번도 그 생각이 바뀐 적 없어요. 나이가 들면서 제 아이를 갖는 일이 현실로 다가오고 있죠. 그럴수록 부모님이 얼마나 힘드셨을지 더 잘 이해할 수 있게 됐고 그 희생에 더 많은 고마움을 느끼게 됐어요. 엄마는 거의 싱글맘 같은 상황에서도 박사 학위를 받으셨죠. 저를 침대에 눕히고 옆에서 밤새 논문을 쓰셨어요. 한집에 살지 않았던 아빠는 일주일에 한 번 보기도 힘들었죠. 그래서 매일 밤 저한테 전화하셨어요. 그 글을 기고하기 전부터 저는 이혼은 실패가 아니며, 쉬운 결정이 아니라는 사실을 배웠어요. 두 분은 따로 살면서 친구로 지내기로 하셨어요. 그게 우리 세 사람 모두에게 최선이었으니까요. 그래서 두 분의 이혼과 관계없이, 저는 늘 우리가 가족이라고 느낄 수 있었어요."

그녀는 부모님의 이혼을 통해 더 성장할 수 있었다. "덕분에 저는 더 독립적인 사람이 될 수 있었죠. 때로는 지나치다 싶을 정도지만요. 하지만 지금 부모님의 관계, 그러니까 이혼했지만, 친구이자 가족으로 지내는 모습을 보며 결혼하고 아이를 가지는 일로 부담을 느낄 필요도 없고, 누군가와 함께 하는 삶이 불행하다면 억지로 참아낼 필요도 없다는 걸 배웠어요. 모두에게 엄마, 아빠, 아이라는 핵가족 형태의 가정이 최선이라고 할 순 없으니까요. 핵가족이든, 대가족이든, 가족의 구성 형태는 중요하지 않아요." 나일은 이혼을 아름답게 포장하지도 않는다. 그녀는 부엌 문간에 서서 손으로 귀를 막고 부모님의 다툼을 지켜보던 세 살짜리 소녀를 기억하고 있다. "당연히 이건 슬픈 기억이에요. 그래서 더욱 부모님의 이혼 결정이 저를 위한 일이었고, 감사하게 생각할 수 있어요. 덕분에, 언젠가 제 아이들이 생긴다면 더 신중한 모습을 보여 줄 수 있겠죠." 그녀의 낙관적인 전망이 '아이들을 위해' 억지로 함께 살고 있거나 이혼이 자녀에게 미칠 악영향에 대해 걱정하고 있는 부모들을 자유롭게 해주길 바란다.

부모님이 헤어지고 나서, 나일은 스트레스 많은 집 한 채 대신에 평화로운 두 채의 집을 갖게 되었고, 그녀는 안정감을 되찾았다. "구성원들이 행복을 느낄 수 있는 가정이라면 형태는 중요하지 않아요. 이혼한 부모의 행복한 집이 이혼하지 부모의 불행한 집보다 훨씬 나을 수 있죠." 나일이 말했다. 미국심리학회도 같은 의견이다. "건강한 결혼 생활은 부부의 정신적, 육체적 건강에 도움이 된다. 또한 아이들에게도 좋은 영향을 미친다. 행복한 가정에서 자라는 아이들은 정신적, 신체적, 교육적, 사회적 문제로부터 보호를 받는다."[16] 불행한 결혼 생활은 부모와 아이 모두에게 상처를 입힌다. "아이들에게 부모의 이혼이 트라우마가 될 수도 있다. 그러나 아이들 대부분은 이혼 후 2년 안에 잘 적응한다는 연구 결과가 있다. 오히려 서로 갈등이 심한 부모들이 이혼하지 않고 아이를 키울 때 아이들에게 더 많은 문제가 발생한다."라고 미국심리학회는 경고했다.[17]

"이혼을 결정했다면, 아이에게 바로 가족의 상황을 알려주세요." 나일이 말을 이어갔다. "아이들은 멍청하지 않아요. 자신이 눈앞에서 벌어지는 일들도 보지 못하는 사람으로 취급받는 걸 아주 싫어해요. 정직하게 알려주되 너무 세세한 일들까지 다 이야기할 필요는 없어요. (적당한 선이 필요해요.) 가장 중요한 규칙은 이거예요, 절대 아이들 앞에서 상대방을 나쁘게 말하지 마세요."

'자녀 앞에서 상대 배우자를 나쁘게 말하지 마라.' 아무리 강조해도 지나치지 않은 말이다. 입이 근질근질하겠지만 친구나 치료사, 새로운 파트너를 위해 아껴둬라. 아이들에게 실컷 엄마 흉을 보다가 엄마 집에 데려다준다고 생각해보라. 얼마나 모순된 행동인가? 나일의 부모님들은 항상 그녀와 함께 이혼 후 생활의 장단점을 이야기했다.

나일은 여전히 엄마와 아빠 모두와 잘 지내고 있으며, 부모님끼리도 꽤 괜찮은 관계를 유지하고 있다. "부모님이 '가족'으로 계속 지내고 있다는 말을 들은 사람들은 믿기 어려워 하죠. 엄마는 지금도 명절이 되면 아빠와 함께 아빠의 친척들을 만나러 뉴욕에 가요. 그리고 아빠도 플로리다에서 열린 외할머니 팔순 잔치에 참석하기 위해 여자친구와 함께 비행기를 타고 날아갔어요. 사람들은 이해하기 힘들어 해요. 부모님이 헤어진 2013년처럼 고개를 절레절레 흔들고 말죠."

아이들은 부모가 행복할 때 가장 행복하다. "부모의 행복한 모습이 아이들에게 가장 좋은 선물이며 행복한 아이로 만드는 비결입니다. 부모님은 행복할 자격이 있고 아이들도 그 모습을 볼 자격이 있죠. 제 엄마와 아빠는 각자의 행복을 위해, 부모로서 가장 좋은 모습을 저에게 보여주기 위해 이혼을 선택한 겁니다."

아이 앞에선 상대를 나쁘게 말하지 말라

트레이시와 크리스는 '신중한 결별(conscious uncoupling, 기네스 펠트로와 크리스 마틴이 이혼 발표문에 사용된 용어로 당시 미국에서도 그 뜻을 이해하기 어려워했다. 의식적 결별, 고심 끝 결별로 표현되기도 한다. 커플이 상대방에게 여전히 호의를 가진 채 더 나은 발전을 위해 원만하게 이혼을 준비하는 과정을 뜻한다-옮긴이)'이라는 용어를 만들어낸 기네스 펠트로와 크리스 마틴보다 몇 년 먼저 그렇게 헤어졌다. 이혼 후 아들 라이언의 양육권을 반반씩 나누어 가졌고 휴가를 함께 보내기도 했다. "우리가 아무리 불편한 사이가 되어도 아들에게는 우리가 한 가족이라는 걸 항상 느끼게 해주고 싶었어요. 한 지붕 아래 살지 않더라도 말이죠. 처음에는 쉽지 않았어요. 계속 말하지만 아이 아빠와 저 사이에 무슨 일이 있었든 우리가 라이언을 생각하는 마음에는 변함이 없어요. 아이 아빠가 없었다면 제 아들은 지금의 라이언이 아닐 거예요. 우리 셋은 지금도 크리스마스 아침을 함께 보내고, 매년 라이언의 생일을 함께 보냅니다. 이런 방식으로 매년 365일을 보내죠. 가끔 하이파이브를 나누며 이렇게 놀라운 아이를 함께 키우며 느끼는 기쁨을 표현해요." 트레이시가 말했다.

또한 "결혼 생활을 유지하지 않더라도 우리가 여전히 서로를 사랑하고 존중한다는 것을 알고 있기에 라이언은 더할 나위 없이 행복하게 잘 크고 있어요. 아이 아빠는 제 집에 마음껏 올 수 있고 저도 마찬가지로 언제든 갈 수 있어요. 우리 아이는 부모 중 누군가가 보고 싶을 때 볼 수 있는 자격이 있으니까요."

물론 트레이시는 전 남편과의 독특한 관계를 비난하는 사람도 있다고 했다. "저희를 비난하는 사람들은 대부분 이혼 가정의 자식이거나 부모가 사이좋게 지내지 못했던, 혹은 전 남편이나 전처와 사이가 좋지 않은 사람일 거예요. 이혼하면 서로 미워하는 게 당연하다고 생각하는 거죠. 저를 비난하더라도 우리는 아무것도 바꾸지 않을 거예요. 저는 저와 가장 잘 어울리는 사람과 결혼했고, 최고의 아이를 가졌고, 그 사람은 최고의 아빠예요. 서로에 대한 마음이 변해서 헤어지게 되었다고, 그 사실까지 부정할 수는 없죠. 흉볼 테면 보라죠. 크리스와 저는 우리의 아름다운 이야기에 대단히 만족하니까요."

두 사람의 아들은 이제 중학생이 되었다. 이런 삶에 잘 적응한 라이언은 지금 행복하다. "라이언은 똑똑하고, 재미있고, 사교적이고, 감각적이며 친절한 아이예요. 때로는 멍청해 보이기도 하지만요. 정말 저와 아이 아빠에게는 최고의 아들이죠. 저는 제 인생에서 가장 큰 선물을 준 크리스에게 영원히 감사할 거예요. 비록 더는 제 남편이 아니지만 그를 영원히 사랑할 거예요. 라이언도 이런 우리의 마음을 절대 의심하지 않을 거고요. 저는 그게 정말 대견해요."

미쳐버릴 만큼 전 남편과 크리스마스를 함께 보내기 싫다면, 그러지 않아도 된다. 하지만 자녀들을 위해 매너있게 행동해야 한다. 《이별 백서(The Breakup Bible)》의 저자이자 관계 전문가인 레이첼 서스만은 긴 시간이 필요하다고 말한다. 그녀에게 이혼이 아이들을 망치는 요인이 될 수 있냐고 물었다. 그녀는 단호하게 말했다. "절대 그렇지 않습니다!" 그녀는 아이들을 위한 이혼 방법을 설명해줬다. "만약 부부가 '신중한 결별'처럼 원만하게 헤어지고, 각자의 행복을 찾거나 더 좋은 파트너를 만나 잘 지내는 모습을 보여주면, 아이들은 좋은 관계가 주는 좋은 효과를 배우게 될 겁니다. 그리고 가족의 힘든 시간을 함께 이겨내며 그 과정에서 회복력도 기를 수 있게 되겠죠."

헤어진 부모 중에는 아이들에게 아빠 집, 엄마 집을 왔다 갔다 하지 않도록 하는 경우도 종종 있다. 대신에 아이는 원래 함께 살던 집에 계속 머무르고 부모들이 격주로, 혹은 양육권 협의대로 돌아가면서 집에서 머무르며 아이들을 돌본다. 아이를 돌볼 차례가 아닌 부모는 임대 아파트 같은 두 번째 거주지를 구해 그곳에서 지낸다. 이것이 '둥지 육아(birdnesting)'이다. 둥지 육아 방식이 아이들의 생활에 끼치는 영향이 훨씬 적다.

"이혼이 절대 아이 잘못이 아니니까요." 영화배우 조쉬 루카스Josh Lucas는 〈피플매거진People Magazine〉과의 인터뷰에서 말했다. 루카스와 전처 제시카는 다섯 살 아들 노아를 그의 집에서 둥지 육아 방식으로 양육하기로 했다.[18] "이혼한 건 우리 잘못이니 아이가 두 집을 왔다 갔다 하게 해선 안 되죠. 아이의 문제가 아니라 부모의 문제니까요."

루카스는 노아가 어른들의 이런 합의를 사랑해준다고 말한다. "우리가 헤어진 걸 사랑한다는 게 아니라, 자기 침대와 장난감을 그대로 쓰고, 강아지도 계속 기를 수 있다는 걸 사랑하는 거죠. 그게 아이의 삶이니까요. 우리는 최선을 다해 아이의 삶이 안정적일 수 있도록 노력하고 있어요. 그건 분명해요. 저와 제시카의 인생이 복잡할 뿐이죠."

과학은 결혼이 남성과 여성에게 각기 다른 영향을 미친다는 흥미로운 사실을 밝혔다. 예를 들어, 남성은 삶의 만족도가 상승한다. 삶의 질이 더 나아지기 때문이다. 또한 아버지가 되면 직장에서 남성의 급여를 인상해주는 경향이 있다.[19] 반대로 여성은 엄마가 되면 '항상 대기'해야 하는 두 번째 직업이 생기게 된다.[20] 종일 사무실에서 일하고 집에 와서 두 번째 직업의 업무를 시작해야 한다. 주 40시간짜리 업무다. 설거지, 빨래 등 한마디로 가족 전체의 '생활 관리자'가 돼야 한다. 나와 여자친구들은 종종 우리 머릿속이 도떼기시장만큼 시끄럽다고 한탄한다. 우리는 다들 훌륭한 남편이나 파트너가 있지만, 그들 중 아이들의 학교 수업 참관 허가증이 언제 만료되는지, 누가 새 잠옷이 필요한지, 가사도우미에게 얼마를 지급해야 하는지 아는 사람은 없다.

그렇다고 결혼은 끔찍하니 이혼으로 행복을 찾아야 한다는 말이 아니다. 결혼에는 셀 수 없이 많은 이점이 있다. 특히 주위로부터 도움을 받을 수 있고 재정 상태가 안정적일 때 결혼하면 더욱더 많은 이점을 얻을 수 있다. 내 말의 요지는 부모에게 파트너가 없는 것이 아이의 성장에 나쁜 영향을 주지 않는다는 것이다. 그러니 안심해도 된다.

남편의 전 부인과 친구가 될 수 있다고?

미국에는 많은 재혼 가정이 있다. 미국인의 40%가 양부모든 의붓자식이든 의붓형제든 직계가 아닌 가족으로 이루어져 있다.[21]

에리얼은 데이브를 늦은 밤 술집에서 처음 만났다. 데이브는 자신에게 아이가 있다고 말했지만 에리얼은 개의치 않았다. "저는 스물다섯이었어요. 아이가 있는 남자는 물론 그 아이를 책임지고 키우는 남자는 거의 처음이었어요." 데이브는 두 번째 데이트에서 아들이 있다고 다시 말했지만, 리얼은 둘 사이가 아직 심각한 단계가 아니라고 생각해 여전히 대수롭지 않게 받아들였다.

그러나 곧 둘 사이는 급속도로 발전했다. 에리얼은 데이브와 함께하려면 데이브의 전 여자친구 멜린다와 두 사람의 아들 오웬과 잘 지내야 한다는 사실을 알고 있었다. 그 말은 당시 에리얼과 데이브가 살던 브루클린에서 멜린다와 오웬이 사는 메릴랜드까지 수백 킬로미터를 운전해 다녀야 한다는 의미였다.

에리얼과 데이브, 멜린다 세 사람 사이에는 금새 우정이 꽃피었다. 멜린다는 에리얼과 데이브를 집으로 초대했다. 에리얼과 데이브는 금요일 밤에 멜린다의 집으로 가서 오웬을 봐주고 육아에 지친 멜린다에게 하룻밤의 달콤한 휴식을 선물했다. 때로는 오웬이 노는 모습을 보며 세 사람이 함께 부엌에서 커피를 마시거나 와인을 한잔 하곤 했다. 에리얼과 데이브가 결혼식을 올리자 멜린다도 참석해 축복해주었다. 오웬이 두 사람의 들러리를 섰다. 에리얼이 임신하자 두 사람은 멜린다에게 브루클린으로 이사를 오라고 권했는데, 멜린다는 흔쾌히 그러기로 했다. 오웬이 유치원에 입학할 예정이었기에 멜린다는 두 사람의 아파트 빈방으로 이사했다. 에리얼과 데이브의 아들 카이가 태어나기 직전 멜린다는 근처에 집을 구해서 이사했다. 멜린다와 데이브는 오웬의 양육권에 대해 공식적으로 정해놓지 않았었다. 그래서 두 사람은 오웬을 번갈아가며 돌봤다.

에리얼과 멜린다가 우정을 키워나가는 상황을 지켜보던 사람들은 대부분 둘을 이상하게 여겼다. "우리는 같은 학부모회에 나갔어요. 사람들은 우리 관계를 이해하지 못했죠. 우리한테 자매냐고 묻더군요. 우리 관계를 자세히 들려줬더니 사람들은 까무러칠 듯 놀랐어요."

하지만 그들의 관계는 에리얼이 둘째 와이어트를 임신하자 복잡해지기 시작했다. "우리 사이가 조금씩 멀어지기 시작했어요. 멜린다도 남자친구를 사귀고 있었죠. 주변 상황이 복잡해지자 우리의 생활도 얽히기 시작했어요." 에리얼은 반성하듯 말했다. 그들은 오웬의 양육권을 정해 문서로 만들기로 했는데, 오히려 그 일이 상황을 더욱 악화시켰다. "변화는 절대 순탄하지 않죠." 법적 절차와 끝없는 법정 출석 때문에 그들은 매우 예민해졌다. 얼마 후 멜린다는 결혼했다. 조촐하게 진행한 결혼식이라 데이브와 에리얼은 참석하지 않았다. 멜린다의 새 남편은 오웬과 같은 또래의 딸이 있었다. 멜린다는 에리얼에게 "이제야 계모로 지내온 네 처지가 이해돼."라는 메시지를 보냈다. 그 멋진 메시지 하나 덕분에 멜린다와 에리얼은 다시 예전 관계를 되찾았다. 에리얼은 계모로서 자신이 느꼈던 '거리감'을 이해해주는 멜린다에게 너무 감동했고, 두 사람은 더욱 가까워졌다.

"정말 제 자존감이 회복되는 거 같았어요. 누구나 이해받고 싶어 하고 공감받고 싶어 하잖아요. 친부모가 따로 있으니 우리는 그저 제삼자일 뿐이라는 느낌을 계모들은 다 공감할 거예요."

이제 두 커플 사이에는 건강한 경계선(healthy boundaries)이 만들어졌다. 이제 전처럼 서로의 집에서 함께 놀지 않는다. 그래도 여전히 친하게 지내고, 문자도 주고받는다. 최근에는 오웬의 의붓동생이 에리얼과 데이브의 집을 보고 싶어 해서 멜린다가 데리고 왔다.

두 커플의 사이가 별로 좋지 않았던 기간에도 그들은 아이들 앞에서 한 번도 나쁜 말을 한 적이 없다고 한다. 에리얼은 말한다. "이 관계는 제 인생에서 정말 중요해요."

오웬은 어렸을 때부터 계속 이런 상황에 적응해야 했다. 처음에는 아이라고는 자기 혼자였지만 이제 두 이복형제와 의붓동생, 계부까지 생겼다. 하지만 오웬은 주위 어른들에게 '너무 사랑스럽고 어른스러운 아이야.'라는 소리를 들으며 이웃의 사랑을 듬뿍 받으며 자랐다. 카이와 와이어트도 대가족 속에서 아낌없는 사랑을 받았다. 아이들의 삶은 지극히 정상적이다. 그러면 된 것 아닌가?

에리얼은 '계모는 못됐다.'라는 고정관념이 사라지길 바란다. "계모가 무슨 나쁜 말이라도 되는 마냥 쉬쉬 하는 사람들이 있어요." 한번은 에리얼이 오웬을 데리고 엘리베이터를 탔는데 이미 누가 타고 있었다. 그 여자는 "엄마가 너무 젊고 예쁘시네요, 엄마 맞으시죠?"라고 물었다. 그때 오웬이 당당하게 대답했다. "아뇨, 제 새엄마예요."

"그 여자가 갑자기 저를 이상한 눈으로 쳐다보는 거예요! 그래요, 오웬은 친엄마가 있어요. 근데, 새엄마가 어때서요? 그게 욕먹을 일인가요? 저는 정말 계모를 보는 사회의 시선을 이해할 수가 없어요. 이게 다 〈신데렐라〉 같은 디즈니 영화 때문이겠죠. 우리도 상처받고 아이들도 상처받는 거예요. 아이들은 혼란스러워하겠죠. '이 여자를 좋아하면 안 돼.'라고 생각할지도 몰라요." 그래서 그녀에게는 '못된 계모'가 되면 안 된다는 강박감이 생겼다. 카이나 와이어트에게 할 때처럼 오웬을 무섭게 혼내지 않는다. 몇몇 나이가 많은 친척은 어떻게 결혼도 하기 전에 엄마부터 되었냐고 흉을 보기도 했지만, 에리얼은 아무렇지 않았다. "결혼하고 아이를 낳는 게 정석이긴 하죠. 하지만 세상일은 정석대로만 돌아가지 않아요."

하지만 그녀에게는 정석이 아닌 삶이 오히려 득이 됐다. "제가 아는 사람 중에는 스물다섯 살에 아이가 있는 사람은 아무도 없었어요. 오웬이 저렇게 컸는데도 저는 이제 겨우 서른다섯이죠. 어릴 때 부모가 된 것은 정말 행운이고 신이 주신 선물 같아요. 그때 저는 에너지가 넘쳤죠. 결혼하거나 아이가 생기기 전에 남편이 좋은 아빠가 될 수 있을지 궁금할 거예요. 저는 스물다섯 살에 이미 그가 훌륭한 아빠란 걸 알게 되었죠. 운이 좋았던 거예요. 독특한 경험이기도 하고요. 제가 이렇게 많이 배울 수 있게 해준 오웬에게 정말 고마워요." 에리얼은 웃으며 "그렇다고 오웬이 제 '연습용 아이'라는 말은 아니에요."라고 말했다. 나는 그녀의 말이 무슨 뜻인지 안다. 오웬을 키워봐서 이미 알고 있기에 다른 두 아이가 이상한 행동을 할 때 스트레스를 덜 받는다는 것이다. "저는 육아 규칙을 지키지 못했거나 아이들 밥을 늦게 줬다고 걱정하지 않아요. 저한테는 큰아들이 있으니까요. 모든 행동이 육아의 한 단계일 뿐이라는 걸 잘 알고 있죠."

그녀는 자신과 멜린다, 데이브의 관계에서 앞으로도 계속 우여곡절이 있으리라 생각하고, 그것이 현실임을 잘 알고 있다. 그들은 여전히 자신들의 커다란 가족의 행복을 위해 최선을 다하고 있다. 앞으로 어떤 일이 생겨도 함께 문제를 해결할 것이다.

모든 가족에겐 각기 다른 사연이 있다

미국에서는 연간 약 12만 명의 아이들이 입양된다. 브라이언과 팀 부부가 입양한 에디도 그중 한 명이다.[22] "아이를 처음 만난 날 팀의 표정이 아직도 눈에 선하다. 우리 부부는 에디를 더할 나위 없이 사랑한다." 브라이언이 자신의 블로그에 쓴 글이다. 딸의 이름을 따 블로그 이름을 '에디의 옷장'이라 지었다.[23]

"에디가 자신을 사랑했으면 좋겠어요." 전업주부인 브라이언이 이제 네 살 된 딸을 보며 말했다. "인종차별주의, 성차별주의, 동성애 혐오가 만연해 있는 잔인한 세상에서 두 동성애자 아빠를 둔 유색인종 소녀를 위해 우리가 해줄 수 있는 게 별로 없어요. 그래서 저는 에디의 옷에 살짝 집착해요. 에디가 항상 자신을 '긍정적으로' 생각했으면 좋겠어요. 저는 에디가 단호해지고, 자신감 있고, 용감해지길 바라죠. 그런데 에디는 벌써 자신의 곱슬머리가 싫고 긴 생머리를 갖고 싶다고 하더군요. 정말 가슴이 아팠어요. 우리는 매일 에디에게 네 머리카락은 정말 완벽하게 멋지고 너한테 잘 어울린다고 말해줍니다. 그리고 에디의 머리카락과 비슷한 유명인의 사진을 보여주죠. 이 방법이 에디에게 통하면 좋겠어요."

브라이언은 자신을 '중년의 백인 남자'라고 부르며 에디의 마음을 달랜다. 브라이언은 딸의 머리카락을 예쁘게 스타일링하는 법을 터득했다. "아이의 머리를 감기고 린스를 해준 다음 같이 씻어요. 저는 이게 정말 좋아요. 제 딸이지만 저와 완전히 다르게 생긴 아이와 이런 생활을 해본 적이 없으니까요. 아이와 유대감을 느낄 수 있는 편안한 시간이라서 좋아요. (함께 유튜브 체조 영상을 볼 때도 그래요.) 아이와 함께하는 그 몇 분이 제 하루 중 가장 느긋한 시간이에요. 무엇보다 좋은 건 내 딸을 무릎에 앉히고 '넌 정말 예뻐. 완벽한 아이야. 넌 이대로가 제일 좋아.'라고 이야기해줄 수 있는 시간이라서 좋아요."

브라이언과 팀은 딸과 피부색이 다르다. 브라이언은 '사람들이 우리 피부색을 가리키며 헛소리를 지껄인다.'라고 블로그에 썼다. 최근에는 공항 검색 요원이 에디를 가리키며 '저 아이도 일행입니까?'라고 물었다. "그놈은 원래 그런 놈이거나, 딴에는 농담이라고 했겠죠. 우리 반응을 보더니, 멋쩍어하며 시선을 피하더군요."

브라이언은 에디가 자라서 입양된 사실을 알고 슬퍼할까봐 너무 걱정된다고 블로그에 썼다. "아이가 그런 생각을 하지 않도록 우리가 완벽하게 통제할 수는 없어요. 대신 그동안 우리가 얼마나 에디를 원했고 얼마나 정성껏 에디를 돌봤는지 에디가 확실히 알았으면 좋겠어요. 에디는 우리의 삶을 훨씬 더 풍족하고 훨씬 더 나아지게 만들었어요. 에디는 우리의 세계와 우리의 마음과 우리의 삶을 바꿔놓았죠. 우리에게 에디를 입양 보낸 생모에게 감사해요. 그녀에게는 정말 힘든 선택이었겠지만 우리 두 사람에게는 삶을 바꿔준 영웅이에요."

오늘날의 현대 가족은 매우 다양한 부모와 보호자, 아이들의 조합으로 구성되어 있다. 모든 가족에게는 각기 다른 사연이 있다. 우리는 부모가 되기 전에 미래의 우리 가족의 모습을 상상해볼 수 있다. 사람들의 삶은 다 다르다. 중요한 것은 우리가 처한 다양한 상황을 잘 판단해서 평화로운 삶을 꾸려나가는 것이다.

우리는 종종 두 가지 문제에 직면한다. (1)우리의 결정(앞서 다뤘던 직장에 복귀하거나 분유를 사용하거나 훈육법, 음식, 영상 보여주기 등) (2)결정에 뒤따르는 스트레스다.

그리고 육아에는 그 어떤 행동이나 결정보다 스트레스가 독이 된다고 유아기 트라우마 전문 심리학자 엘리샤 리버만은 설명했다.[24] 당신이 자신의 결정에 스트레스를 받지 않을 때 아이들에게도 좋은 영향을 줄 수 있다. 우리가 불안감을 버리고 소신 있는 행복한 부모가 되어야 더 적극적으로 육아에 참여할 수 있다. 나와 타인의 삶을 비난하고 싶은 마음은 버려라. 이해를 통해 더 인간적인 사람이 될 수 있다. 늘 흑과 백으로만 상황을 판단할 수 없다. 우리 모두 문제점투성이지만 최선을 다하고 있다. 그리고 그거면 된다.

#당당한육아를위하여 실천하기

오늘날 '평범한' 가정이란 없다. 그러니 당신의 삶이 단조로운 길을 따르지 않는다고 죄책감을 느끼지 마라. 아이들은 어떤 가정환경에서도 잘 자랄 수 있다. 부모의 이혼이 아이의 삶을 결정하지는 않는다. 서로에 대한 미움을 원만하게 해결하려는 자세가 엄마와 아빠에게 가장 중요하다. 부모가 서로의 차이를 평화적인 방법으로 해결할 때 아이들은 훨씬 잘 적응한다는 연구도 있다. 여러분이 파트너와 함께 살아도, 살지 않아도, 또는 혼자 아이를 키우거나 누군가와 함께 키워도, 모두 문제 되지 않는다. 당신은 당신의 아이를 망치지 않는다.

결코, 당신은 아이를 망치지 않는다

이 책이 나에게 중요한 만큼 당신을 위해서 최선을 다해 썼다.

아이를 낳기 전에는 아이들을 잘 키울 수 있다는 자신감으로 가득 차 있었다. 그러나 친구들의 참견, 두려움을 자극하는 헤드라인, 전문가의 의견, 온통 부정적인 내용뿐이었다. 어떻게 내가 하는 백만 가지의 일 중 한 가지 때문에 아이의 삶이 돌이킬 수 없을 정도로 망가진다는 거지? 나는 나 자신에게, 그리고 직장 생활을 하며 마주친 수천 명의 부모에게 우리가 지나치게 걱정하고 있다는 증거를 보여주고 싶었다. 아이들에게 잘못된 식탁 의자를 사주고, 책 대신 시리얼 상자를 읽어주고, 분유를 먹이고, 어린이집에 보내고, 이혼해도 우리는 아이의 삶을 망칠 수 없다.

우리는 부모로서, 아이가 태어나는 순간부터 하버드에 입학해서 백만장자가 되는 길을 만들어줄 수 있다는 꿈을 버려야 한다. 그리고 아이가 우리의 바람에 미치지 못한다 해도 우리 자신을 탓해선 안 된다. 자녀들이 바라는 삶을 살 수 있도록 도와주는 게 우리의 역할이다. 아이들을 사랑해주고, 잘 먹이고, 포용해주고, '건강한 경계선'을 만들어줌으로써 역할을 해내면 된다. 또한 육아라는 정신없이 힘든 과정을 자신에 대한 사랑과 지지를 바탕으로 해내야 한다!

내가 진심으로 이렇게 믿는 이유를 증명하기 위해, 내가 힘겨웠던 어린 시절을 어떻게 이겨냈는지 이야기하겠다. 우선 내가 성공한 작가이자 강사이며 대중매체와 정보 기술의 선구자라는 사실을 밝힌다. 나 자신이 결코 완벽하다고 생각하지 않는다. 하지만 매일 침대에서 일어나 내 남편과 아이들, 동료, 그리고 나 자신을 위해 내 위치에서 최선을 다하려고 노력한다. 내가 세상에서 가장 좋아하는 도시의 오래된 집에서 우리 부부는 끈끈한 유대감을 바탕으로 각자의 일을 열심히 하고 있고 두 아이는 이런 가정환경에 잘 적응하고 있다. 부모님이 서로 소리를 지르기 시작하면 침대에 웅크리고 있던 어린 시절의 내가 꿈꿔왔던 인생이다.

가장 생생한 어린 시절의 기억은 내가 여덟 살 때, 밤에 집 밖으로 뛰어나가는 엄마의 그림자를 이층 침대에 앉아 차가운 창문에 얼굴을 바짝 붙이고 지켜봤던 것이다. 나는 맨발에 긴 티셔츠만 입은 채 뒤꿈치를 들고 아래층으로 내려갔다. 그곳에는 고통스러워하는 아빠가 있었고, 이내 나를 발견한 아빠는 내 팔을 잡아끌고 화장실로 갔다. 파란색의 알약들이 나무로 된 화장실 변기 안에서 빙글빙글 돌고 있었다. 절대로 멈추지 않을 것처럼 계속 돌았다. 아빠는 상기된 얼굴로 "절대 마약을 해선 안 된다."라며 내게 사정하듯이 말했다.

그날 처음 마약이나 술을 알게 되었던 것은 아니다. 이미 일곱 살 때 아빠는 알코올 중독자인 엄마를 찾기 위해 나를 올드모빌Oldmobile(1897년부터 2004년까지 존속한 미국의 자동차 제조 회사에서 나온 차- 옮긴이) 옆자리에 앉히고 온 동네 술집을 뒤지러 다녔다. 아빠가 술집에 들어갈 때마다 나는 차에서 기다리고 있었다. 당시 한 살과 네 살이던 동생들은 뒷자리에 있었던 기억이 어렴풋이 있을 뿐, 정확한 기억은 못 한다.

그 무렵 어느 날 아빠가 나를 부엌 조리대에 앉히고 물었다. "테네시로 이사 갈까?" 테네시는 아빠가 자랄 때 아이가 열 명밖에 없었던 시골 마을이었다.

그때까지 시카고 교외에서 살던 나는 어깨를 으쓱해 보였다. 가족에게 중요한 결정을 일곱 살짜리가 내려서는 안 된다. 그 어떤 일곱 살이라도 말이다.

이사를 하는 대신 우리는 외할머니, 외할아버지와 함께 살게 됐다. 이모가 우리 집 지하실을 청소하기 위해 비행기를 타고 왔다. 이모는 지하실에 가득했던 뜯지도 않은 장난감과 가득 찬 쓰레기통을 비우기 위해 몇 번을 오르내렸는지 모른다. 그리고 우리 세 자매를 위한 물건을 가라지 세일garage sale(자기 집 차고에서 자신이 사용하던 중고물품을 판매하는 일-옮긴이)에서 사들이는 동안 나는 동생들과 함께 쓰레기 더미 옆에 서 있었다.

"이게 뭐야?" 우리 집 지하실에서 유리로 된 것 같은 예쁜 물건을 집어 들고 물었다. "그건 네가 손댈 게 아니야," 누군가가 내 손에서 그것을 가로채듯 빼앗으며 말했다. 나이가 들고 나서 다시 생각해보니, 그건 물담뱃대였다.

엄마는 헤로인, 코카인은 물론 할 수 있는 모든 약에 손을 댔다. 그중에서도 알약을 가장 좋아했고, 나는 "엄마는 우리 아이들과 알약이 제일 좋아."라고 말했던 걸 기억한다.

우리가 조부모님과 살기 전인지 직후인지 정확하진 않지만 그즈음 엄마는 처음으로 재활원에 들어갔다. 다 모인 가족들은, 내가 엄마는 마약 대신 빨래를 해야 한다는 의미를 담은 그림을 그린 걸 보고 "너무 귀엽다."라고 말했다. 돌이켜보면 여덟 살짜리 아이가 그런 그림을 그렸는데 왜 사랑스럽다고 표현했는지 이해하기 힘들지만, 그만큼 당시의 가족 모두가 정상적인 생활을 간절히 원해서 그랬을 거라고 짐작된다.

내 어린 시절은 평범함과는 거리가 멀었다. 부모님은 끊임없이 싸웠고, 엄마는 종종 자기 방에서 며칠 동안 나오지 않았다. 한번은 엄마가 열여덟 살밖에 안 된 마약 판매상과 잠자리를 가졌다. "저놈이야, 저 악마 같은 놈." 아빠가 십대 마약상을 가리키며 말했다. 그때 나는 여덟 살이었다. 이윽고 부모님은 조부모의 집에서 각방을 썼다. 그리고 얼마 뒤 결국 이혼을 결정했고, 아빠는 이사를 나갔다. 몇 년 동안 잠잠하게 지내던 우리는 할머니와 할아버지 때문에 다시 이사했다.

엄마는 시카고 교외 우범지역에 있는 조그맣고 낡은 연립주택을 선택했다. 이 선택만 봐도 당시 그녀의 정신이 망가질 대로 망가져서 제대로 된 부모 노릇이나 직장 생활을 할 수 없는 상태였음을 분명하게 알 수 있다. 실제로 우리 집은 곧 엉망이 되었는데, 빨랫감이 천장에 닿을 듯이 쌓이고, 먹고 남은 고기에는 구더기가 꿈틀거렸다. 화장실의 변기는 당신은 본 적조차 없을, 세상에서 가장 더러운 주유소 같은 모양새가 되어버렸다.

엄마는 침대에서 며칠씩 누워 있기만 했고 소리를 지르거나 심지어 우리에게 폭력을 쓸 때도 있었다. 한번은 나를 주먹으로 때려서 벽돌로 만든 담 사이에 끼이게 만든 적도 있었다.

아빠는 정기적으로 양육비를 보내줬지만, 엄마는 공과금을 제대로 내지 않았다. 가끔 전기가 끊기기도 했다. 전화가 안 될 때도 있었다. 먹을 음식이 없을 때도 있었고 냉장고에 큰 봉투에 담긴 버거킹 샌드위치만 있어서 일주일 동안 배고플 때마다 전자레인지에 데워서 먹었던 적도 있다. 아버지는 격주로 금요일 저녁에 늘 우리를 데리러 와서 빨래를 해주고 밖에서 시간을 보내다가, 일요일 오후가 되면 거리낌 없이 우리를 그 지옥 소굴 같은 곳에 다시 데려다 놓았다.

나는 열여섯 살 때 엄마에게 쫓겨났고, 감사하게도 엄마의 언니인 이모와 함께 지내게 되었다. 얼마 지나지 않아, 그리고 나를 내쫓은 일과는 관계없이, 엄마는 또 자살 시도를 했고, 손목에 두꺼운 붕대를 감은 채 병원에 입원해 있었다. 이모가 나를 데리고 정신병원에 면회하러 갔는데 엄마는 책을 내 머리로 던졌고 우리는 모두 방에서 뛰쳐나와야 했다. 나는 합격한 대학 중 집에서 가장 멀리 떨어진 대학에 가서 언론학을 공부했다.

엄마는 두 여동생이 각기 중학교와 고등학교에 들어갈 시기에 아빠에게 양육권을 양도했고, 내 동생들은 새로운 도시와 새 집, 새엄마와 새 의붓형제가 있는 곳에서 중학교와 고등학교에 입학했다. 당시 열한 살과 열네 살이었던 동생들은 아무런 도움이나 지지도 받지 못한 채 친구를 찾고, 일상을 살아내고, 엄마의 자살 시도에도 대처하며 새엄마와 의붓형제와도 잘 지내려고 애써야 했다.

엄마가 계단에서 넘어져 어깨 아래로 전신이 마비되자 상황은 더욱 복잡해졌다. 왜 그렇게 됐는지 알 수 없지만, 내가 엄마의 재산과 생명을 결정하는 대리인이 되어, 다시 한번 엄마를 돌보는 역할을 떠맡았다. 두개골과 목에 나사를 박고 의식을 잃은 채로 중환자실에 누워 있있을 때는 산소 호흡기를 뗄지 말지 결정해야 할 뻔했다. 엄마가 의식을 찾은 후, 나는 엄마의 차와 집을 팔고 외가 식구들은 엄마를 요양원으로 옮겼다. 그리고 나는 내가 사랑하는 뉴욕의 매혹적인 삶으로 돌아올 수 있었다. (내 부모님이 나쁜 사람들은 아니었다는 점을 분명하게 밝히고 싶다. 각자 복잡한 사정이 있었고, 나름대로 최선을 다했다고 생각한다. 그래서 나는 여전히 두 분과 연락을 하고 있다.)

이 모든 사건, 사고를 겪으며 살아왔기에, 내가 아이를 원하고 있다는 걸 알면서도 임신은 내게 두려움으로 다가왔다. 다행스럽게도 내가 가지지 못했던 기본적인 것, 즉 안전한 집에서 아이들을 키우면서 오히려 어린 시절에 받았던 상처가 치유되고 있음을 느꼈다. 안전한 집, 관심과 사랑에 대한 확신, 안정감, 항상 깜빡이는 불빛들.

나는 어린 시절에서 벗어나 회복했고 내 안의 최악의 적에게 기대지 않을 것이다. 부정적인 목소리는 가끔 내 머릿속에 들어와 내가 아이들에게 주는 음식이 건강한 것인지, 일한다고 아이를 어린이집에 맡겨도 되는 건지, 넷플릭스를 보며 쉬어도 되는지를 물어볼 때. '지금 뭐 하는 거야?! 넌 온갖 일을 다 겪고도 잘 됐어! 가끔 애들이 치킨너깃을 먹는다고 잘못되지 않는 걸 알잖아! 너 자신에게 좀 더 친절하게 굴어!'라고 속으로 소리친다. 그 내면의 소리는 나를 안심시키고 사명을 알려주었다.

나와 같은 일을 겪지 않고도 다른 가족들이 자기 확신을 가질 수 있도록 알릴 방법이 뭘까? 더 나아가 내가 배운 언론학을 이용하여 연구를 제대로 분석해보면 부모들에게 당신의 아이가 괜찮을 거라는 사실을 증명할 수 있지 않을까? 라고 생각하게 되었다.

이 책은 그 결과물이다. 내면의 의심스러운 마음을 잠재우기가 어렵다는 사실을 알고 있다. 자신에게 친절하기가 말처럼 쉽지만은 않다는 것도 알고 있다. 내 불쌍한 어린 시절을 이용해 당신에게 힘겨운 육아를 그만두라고 설득할 생각은 없다. 나 또한 매일매일 육아로 고군분투하던 시절이 있었다. 그러나 15년 직장 생활의 경험과 연구 결과를 바탕으로 쓴 이 책은 한 치의 의심도 없이 당신에게 이렇게 말한다. 당신은 결코 아이를 망치지 않는다.

모든 부모가 알아야 할 단 하나의 메시지. '당신은 충분히 하고 있다. 육아에 대한 당신의 결정을 의심하거나 불안해하지 마라. 그런 감정에서 벗어날 때 자존감을 되찾을 수 있다.'

아이가 끼니마다 얼마나 많은 채소를 먹는지, 두 살에 배변 훈련을 마쳤는지, 베이비 사인baby sign(아이가 말을 하기 전 간단한 손동작을 통해서 부모와 의사소통을 하는 것-옮긴이)을 할 줄 아는지 따위는 중요하지 않다. 이혼해도, 사십대에 첫 아이를 낳아도, 대도시 또는 농촌에서 아이를 키워도, 아이들은 문제없이 잘 자랄 테니 걱정하지 마라. 유아기에 누군가를 문다고 해서 사이코패스로 자라지 않는다. 단지 지나가는 단계 중 하나일 뿐이다. 태어날 때부터 분유를 먹여도 아이를 가둬두지만 않으면 충분한 육체적, 정신적 영양공급을 받기 때문에 IQ도 정상적으로 발달한다. 이제 우리는 자신을 의심하며 소비했던 모든 에너지를 정말 중요한 한 가지에 집중해야 할 시간이다. 바로, 우리 아이들을 사랑해주는 일이다.

감사의 말

이 책을 쓰는 작업은 마치 셋째 아이를 낳는 것 같았다. 이제 이야기할 사람들의 지지와 격려, 과격한 사랑, 진솔한 대화, 문자 메시지로 끝없이 보내준 응원이 없었더라면 나는 이 일을 마치지 못했을 것이다.

알버트 리가 소개해준 나의 에이전트 애비타스 크리에이티브 매니지먼트Aevitas Creative Management의 토드 슈스터와 저스틴 브룩알츠에게: 토드, 당신은 우리가 처음 만난 날부터 이 책의 아이디어에 열렬하게 지지해주었고 당신과 저스틴의 세심한 도움이 없었다면 나는 이 책을 끝까지 마칠 수 없었을 거예요.

사이먼 앤 슈스터 출판사(Simon & Schuster's Atria)의 편집자 사라 펠츠에게: 이 프로젝트에 대한 당신의 열정을 느낄 수 있었던 첫날부터 함께 일하고 싶었어요. 우리 둘 다 어린 자녀를 둔 부모로서 같은 배를 타고 있었죠! 이 책을 작업하는 내내 친절한 지지와 지도를 해줘서 고마워요.

멜라니 이글레시아스 페레즈, 일손을 거들어줘서 너무 고마웠어요.

스테파니 히치콕, 이 프로젝트를 끝까지 이끌어줘서 고마워요.

존 카프와 S&S의 모든 사람들에게: 이 책과 #당당한육아를위하여 운동을 믿어줘서 감사합니다. 또한 비앙카 살반트, 시다 카르, 다나 트로커, 제임스 이오코벨리, 리비 맥길, 린제이 사네트, 크리스틴 파슬러, 수잔 도나휴, 에밀리 배타글리아, 메간 루드로프, 사라 라이트, 케이트 라핀, 당신들의 지치지 않는 열정에 깊이 감동했습니다. 그리고 무엇보다도 사이먼 & 슈스터에 깊은 감사를 전합니다.

예전에 일하던 〈야후! 육아〉팀에게: 레이첼 베르체, 베스 그린필드, 엘리스 솔레, 제니퍼 오닐, 줄리아 지우스티, 멜리사 워커, 램버스 호크왈드, 레이첼 그루만 밴더, 당신들은 내가 아는 사람 중 가장 똑똑한 사람들이에요. 그리고 소재를 제공해준 사랑스런 나의 모든 동료들.

이스터 크레인, 수잔 키튼플랜, 로리 본지오르노, 잉거 카터, 재니스 민, 당신들은 나에게 많은 깨달음을 줬어요. 내가 책을 쓰다가 막힐 때마다 도움을 요청하면 밤낮없이 나의 문자와 DM에 응답해준 수잔나 카하란과 에린 칼슨, 고마워요.

이 책의 첫 독자이자 제안과 충고를 해준 여러 주에 사는 베스 그린필드, 엘리스 솔레, 르네 스펄린 코네기, 새넌 멜란드, 시간을 내줘서 고마워요.

지난 몇 년 간 우리 아이들을 돌봐준 멋진 사람들: 알리샤, 레나, 애나, 마리아나, 아미나, 비카, 데비, 스테파니, 안젤라, 로리, 자넷, 페리, 카렌, 캔드라, 케리, 네리사, 지기, 그 외에도 아이들을 키우는 데 도움을 준 수많은 분들.

가깝고도 먼 내 엄마를 돌봐준 사람들: 르네 스필린 코네게이, 나비아 칼쿠타왈라, 커트니 레인, 민디 코로나도, 새넌 메란드, 니콜 디 쉬노, 알렉스 스나이더 파인, 캐서린 파툴로, 린지 버크, 줄리아 길필란, 줄리 미드, 재클린 리, 팜 콜리지, 사라 그램링, 조안나 박, 에이미 빈시구에라, 신디 쿠슈너만체보, 페이알 마세스와리, 에밀리 로즈 브랭크, 앤 로데리크 존스, 안드린 멜 샤드윅, 니나 호프만, 앤 케이시, 캐리와 피제이 호프만, 앨리슨 케빈 록만, 당신들 모두에게 사랑과 감사를 전합니다.

이메일, 페이스북, 인스타그램이나 만나서 자신의 이야기를 솔직하게 전해준 모든 이들에게 감사의 마음을 전합니다! 지역 사회를 발전시키는 〈더 윙The Wing〉,〈공원을 걷는 부모들(Park Slope Parents)〉,〈리 세인트Li.St〉,〈바인더스 그레이트Binders Great〉, 함께 활동할 수 있어서 기뻤습니다.

사랑하는 나의 동생들, 캐시디 롱과 앨리슨 파월스. 로리와 케이시 호프만, 수와 밥 케이시, 수잔과 마틴 케이시, 어렸을 때부터 한결같이 내 곁을 지켜줘서 고마워.

아버지 데이비드 파월스, 당신은 어릴 적부터 작가가 될 수 있도록 항상 나를 지지하고 격려해주셨습니다. 어머니 킴 파월스, 당신은 내가 남들과 다른 인생관을 가지게 해줬어요. 새엄마 비앙카는 요리를 즐기게 해주셨고, 시어머니 밈의 모범적인 기업가 정신은 많은 본보기가 됐습니다.

누구와도 즐겁게 대화를 나누는 수다쟁이 맏아들 에버렛, 늘 나를 긴장시키는 개구쟁이 둘째 오토, 너희의 성장을 통해 새로운 세상을 발견할 수 있어서 행복하단다.

무엇보다도, 브래드 아이크만에게 깊은 감사를 전합니다. 당신이 없었다면 나는 좋은 어른이 되지 못했을 겁니다. 내가 나를 믿지 못할 때도 당신은 나를 믿어줬습니다. 당신은 나를 더 좋은 사람으로 만들기 위해 당신이 할 수 있는 모든 방법으로 나를 도와줬습니다. 이 책의 수많은 버전을 읽고 항상 재치있는 제안을 해줬죠. 당신은 우리 아들들에게 훌륭한 롤모델이자 멋진 남편입니다. 고마워요.

글을 시작하며_ 당당한 육아를 위하여

1. Mary Brophy Marcus, "Study: Breastfeeding Could Save More Than 8,000 Lives a Year," CBS News, January 28, 2016, https://www.cbsnews.com/news/breastfeeding-could-save-lives-babies-mothers/.

2. Stephen Solomon, "The Controversy over Infant Formula," New York Times Magazine, December 6, 1981, https://www.nytimes.com/1981/12/06/magazine/the-controversy-over-infant-formula.html.

3. Jennifer O'Neill, "Daycare vs. Nanny," Yahoo! Parenting, November 1, 2014, https://www.yahoo.com/news/daycare-vs-nanny-100297666807.html.

4. Carrie Craft, "How Many Children Have Gay Parents in the US?" Child Welfare League of America via LiveAbout, updated May 8, 2019, https://www.liveabout.com/how-many-gay-parents-in-us-27175.

5. Neil Shah, "U.S. Sees Rise in Unmarried Parents," Wall Street Journal, March 10, 2015, https://www.wsj.com/articles/cohabiting-parents-at-record-high-1426010894.

6. Jennifer O'Neill, "What Moms Really Think About Spanking, Judging Each Other, and Their Relationships," Yahoo! Parenting, October 5, 2015, https://www.yahoo.com/news/what-moms-really-think-about-spanking-judging-090037683.html.

7. David Crossman, "Simon Sinek on Millennials in the Workplace," Inside Quest via YouTube, October 29, 2016, https://www.youtube.com/watch?v=hER0Qp6QJNU.

8. "Myths: Smoking and Pregnancy," Smokefree Women, National Cancer Institute, https://women.smokefree.gov/pregnancy-motherhood/quitting-while-pregnant/myths-about-smoking-pregnancy.

9. Cheryl Oncken, Ellen Dornelas, John Greene, Heather Sankey, Allen Glasmann, Richard Feinn, and Henry R. Kranzler, "Nicotine Gum for Pregnant Smokers," Obstetrics & Gynecology, vol. 112, issue 4, October 2008, 859–867, https://www.ncbi.nlm.nih.gov/pmc/articles/PMC2630492/.

10. Vivian Chou, "To Vaccinate or Not to Vaccinate? Searching for a Verdict in the Vaccination Debate," Harvard University: The Graduate School of Arts and Sciences, January 4, 2016, http://sitn.hms.harvard.edu/flash/2016/to-vaccinate-or-not-to-vaccinate-searching-for-a-verdict-in-the-vaccination-debate/.

1장. 와인 한 잔 정도라면!

1. Steven A. Shaw, "Chicken of the Sea," New York Times, July 15, 2007, https://www.nytimes. com/2007/07/15/opinion/15shaw.html.

2. "Food Safety for Pregnant Women," U.S. Departments of Agriculture and Health and Human Services, September 2011, https://www.fda.gov/media/83740/download; "Caffeine Intake during Pregnancy," American Pregnancy Association (2018), https://americanpregnancy.org/pregnancy-health/caffeine-intake-during-pregnancy/.

3. "Alcohol: Balancing Risks and Benefits," The President and Fellows of Harvard College, Harvard T. H. Chan School of Public Health, 2019, https://www.hsph.harvard.edu/nutritionsource/healthy-drinks/drinks-to-consume-in-moderation/alcohol-full-story/.

4. Loubaba Mamluk and Luisa Zuccolo, "Health Risks of Light Drinking in Pregnancy Confirms That Abstention Is the Safest Approach," The Conversation, September 12, 2017, https://theconversation.com/health-risks-of-light-drinking-in-pregnancy-confirms-that-abstention-is-the-safest-approach-83753.

5. Loubaba Mamluk, Hannah B. Edwards, Jelena Savovic´, Verity Leach, Timothy Jones, Theresa H. M. Moore, Sharea Ijaz, Sarah J. Lewis, Jenny L. Donovan, Debbie Lawlor, George Davey Smith, Abigail Fraser, and Luisa Zuccolo, "Low Alcohol Consumption and Pregnancy and Childhood Outcomes: Time to Change Guidelines Indicating Apparently 'Safe' Levels of Alcohol During Pregnancy? A Systematic Review and Meta-Analyses," BMJ Open, 7:e015410, August 3, 2017, https://bmjopen.bmj.com/content/7/7/e015410.info.

6. Mayo Clinic Staff, "Chronic Stress Puts Your Health at Risk," Mayo Clinic, March 19, 2019, https://www.mayoclinic.org/healthy-lifestyle/stress-management/in-depth/stress/art-20046037.

7. 에밀리 오스터(Emily Oster), <산부인과 의사에게 속지 않는 25가지 방법(Expecting Better: Why the Conventional Pregnancy Wisdom Is Wrong and What You Really Need to Know)>, 노승영 옮김(부키, 2014)

8. Mahsa M. Yazdy, Sarah C. Tinker, Allen A. Mitchell, Laurie D. Demmer, and Martha M. Werler, "Maternal Tea Consumption during Early Pregnancy and the Risk of Spina Bifida," Birth Defects Research Part A: Clinical and Molecular Teratology , vol. 94, issue 10, September 2, 2015, 756–761, https:// www.ncbi.nlm.nih.gov/pmc/articles/PMC4557736/.

9. "Food Safety for Pregnant Women," U.S. Food and Drug Administration, August 15, 2018, https://www.fda.gov/food/people-risk-foodborne-illness /food-safety-pregnant-women.

10. "Facts + Statistics: Mortality Risk," Insurance Information Institute, 2019, https://www.iii.org/fact-statistic/facts-statistics-mortality-risk.

11. "Frequently Asked Questions: Pregnancy," The American College of Obstetricians and Gynecologists, June 2018, https://www.acog.org/Patients/FAQs/Listeria-and-Pregnancy.

12. C. Tam, A. Erebara, and A. Einarson, "Food-borne Illnesses During Pregnancy: Prevention and Treatment," Canadian Family Physician , vol. 56, issue 4, April 2010, 341–343, https://www.cfp.ca/content/56/4/341.long.

13. Julia Moskin, "Sushi Fresh From the Deep . . . the Deep Freeze," New York Times, April 8, 2004, https://www.nytimes.com/2004/04/08/nyregion/sushi-fresh-from-the-deep-the-deep-freeze.html.

14. Harvard Women's Health Watch, "Going Off Antidepressants," Harvard Health Publishing, Harvard Medical School, August 13, 2018, https://www .health.harvard.edu/diseases-and-conditions/going-off-antidepressants.

15. Mayo Clinic Staff, "Antidepressants: Safe During Pregnancy?" Mayo Clinic, February 28, 2018, https://www.mayoclinic.org/healthy-lifestyle/pregnancy-week-by-week/in-depth/antidepressants/art-20046420.

16. Melissa Conrad Stoppler, "Updated Product Labeling Warns of Birth Defect Risk with Paxil," MedicineNet, June 13, 2018, https://www.medicinenet.com/paxil_and_pregnancy_possibilty_of__birth_defect/views.htm.

17. Harvard Women's Health Watch, "Going Off Antidepressants."

18. Oxford University Press, "Length of Human Pregnancies Can Vary Naturally by as Much as Five Weeks," Science Daily, August 6, 2013, https://www.sciencedaily.com/releases/2013/08/130806203327.htm.

19. David B. Dunson, Bernardo Colombo, and Donna D. Baird, "Changes with Age in the Level and Duration of Fertility in the Menstrual Cycle," Human Reproduction , vol. 17, issue 5, May 2002, 1399–1403, https://academic.oup.com/humrep/article/17/5/1399/845579.

20. Angel Petropanagos, Alana Cattapan, Françoise Baylis, and Arthur Leader, "Social Egg Freezing: Risk, Benefits and Other Considerations," Canadian Medical Association Journal, vol. 187, issue 9, June 16, 2015, 666–669, https://www.ncbi.nlm.nih.gov/pmc/articles/PMC4467930/.

21. USC Fertility, "Frequently Asked Questions About Egg Freezing," https://uscfertility.org/egg-freezing-faqs/.

22. Pam Belluck, "What Fertility Patients Should Know About Egg Freezing," New York Times, March 13, 2018, https://www.nytimes.com/2018/03/13 /health/eggs-freezing-storage-safety.html.

23. Christene Barberich, "After 5 Miscarriages, What's Next?" Refinery29, August 2015, https://www.refinery29.com/en-us/2015/08/92613/multiple-mis carriage-womens-fertility-story.

24. 위의 기사.

25. "Nearly 386,000 Children Will Be Born Worldwide on New Year's Day, Says UNICEF," January 1, 2018, https://www.unicef.org/media/media_102362.html.

26. Jaime Primak Sullivan, "'I Will Always Mourn That Baby,'" Yahoo! News, December 29, 2015, https://news.yahoo.com/i-will-always-mourn-that-baby-108828550802.html.

27. Melissa Dahl, "How Misconceptions Over Miscarriages Cause Needless Guilt," The Cut, August 4, 2015, https://www.thecut.com/2015/08/harm-of-miscarriage-misconceptions.html.

2장. '제왕절개' VS '자연분만'

1. Jorun Bakken Sperstad, Merete Kolberg Tennfjord, Gunvor Hilde, Marie Ellström-Engh, and Kari Bø, "Diastasis Recti Abdominis During Pregnancy and 12 Months After Childbirth: Prevalence, Risk Factors and Report of Lumbopelvic Pain," British Journal of Sports Medicine, vol. 50, issue 17, June 20, 2016,

1092–1096, https://bjsm.bmj.com/content/50/17/1092.info.

2. "A Typical American Birth Costs as Much as Delivering a Royal Baby," The Economist, April 23, 2018, https://www.economist.com/graphic-detail/2018/04/23/a-typical-american-birth-costs-as-much-as-delivering-a-royal-baby.

3. Charlotte Hilton Andersen, "What It Was Like Giving Birth in Every Decade Since the 1900s," Redbook , July 28, 2016, https://www.redbookmag.com/body/pregnancy-fertility/g3551/what-it-was-like-giving-birth-in-every-decade/?slide=1.

4. Arlene W. Keeling, John C. Kirchgessner, and Michelle C. Hehman, History of Professional Nursing in the United States: Toward a Culture of Health (New York: Springer Publishing Company, 2018), 168.

5. "Achievements in Public Health, 1900–1999: Healthier Mothers and Babies," MMWR Weekly, vol. 48, issue 38, 849–858, Centers for Disease Control, October 1, 1999, https://www.cdc.gov/mmwr/preview/mmwrhtml/mm4838a2.htm.

6. Hilton Andersen, "What It Was Like Giving Birth in Every Decade Since the 1900s."

7. Quinn Rathkamp, "Childbirth Through Time," WWU Honors Program Senior Projects, 56, May 2017, https://cedar.wwu.edu/wwu_honors/56.

8. S. Campbell, "A Short History of Sonography in Obstetrics and Gynaecology," Facts, Views & Visions in ObGyn, vol. 5, issue 3, 2013, 213–229, https://www.ncbi.nlm.nih.gov/pmc/articles/PMC3987368/.

9. American Association of Birth Centers, "Highlights of 35 Years of Developing the Birth Center Concept in the U.S.," https://www.birthcenters.org/page/history.

10. "Who Invented Ultrasound?" CME Science , 2018, https://cmescience.com/who-invented-ultrasound/.

11. T. J. Mathews and Sally C. Curtin, "When Are Babies Born: Morning, Noon, or Night? Birth Certificate Data for 2013," NCHS Data Brief, No. 200, May 2015, https://www.cdc.gov/nchs/data/databriefs/db200.pdf.

12. "More U.S. Women Dying in Childbirth," Associated Press, August 24, 2007, http://www.nbcnews.com/id/20427256/ns/health-pregnancy/t/more-us-women-dying-childbirth/.

13. "Pregnancy-Related Deaths," Centers for Disease Control and Prevention, February 26, 2019, https://www.cdc.gov/reproductivehealth/maternalinfanthealth/pregnancy-relatedmortality.htm.

14. Nina Martin, ProPublica, and Renee Montagne, "Black Mothers Keep Dying After Giving Birth. Shalon Irving's Story Explains Why," All Things Considered , NPR , December 7, 2017, https://www.npr.org/2017/12/07/568948782/black-mothers-keep-dying-after-giving-birth-shalon-irvings-story-explains-why.

15. Rob Haskell, "Serena Williams on Motherhood, Marriage, and Making Her Comeback," Vogue, January 10, 2018, https://www.vogue.com/article/serena-williams-vogue-cover-interview-february-2018.

16. Marcos Silva and Stephen H. Halpern, "Epidural Analgesia for Labor: Current Techniques," Local and Regional Anesthesia, vol. 3, December 8, 2010, 143–153, https://www.ncbi.nlm.nih.gov/pmc/articles/PMC3417963/.

17. Laura Geggel, "Epidurals: How They've Changed, and How They Work," LiveScience, July 19, 2016, https://www.livescience.com/55457-how-epidurals-work.html.

18. 에밀리 오스터(Emily Oster), <산부인과 의사에게 속지 않는 25가지 방법(Expecting Better: Why the

Conventional Pregnancy Wisdom Is Wrong and What You Really Need to Know)>, 노승영 옮김(부키, 2014)

19. B. L. Leighton and S. H. Halpern, "The Effects of Epidural Analgesia on Labor, Maternal, and Neonatal Outcomes: A Systematic Review," American Journal of Obstetrics and Gynecology, vol. 186, issue 5, suppl., May 2002, S69–77, https://www.ncbi.nlm.nih.gov/pubmed/12011873.

20. Y. W. Cheng, B. L. Shaffer, J. M. Nicholson, and A. B. Caughey, "Second Stage of Labor and Epidural Use: A Larger Effect Than Previously Suggested," Obstetrics & Gynecology, vol. 123, issue 3, March 2014, https://journals.lww.com/greenjournal/fulltext/2014/03000/Second_Stage_of_Labor_and_Epidural_Use__A_Larger.8.aspx.

21. Center for the Advancement of Health, "Epidural Leads to Less Pain, More Assisted Deliveries," Science Daily, November 22, 2005, https://www.sciencedaily.com/releases/2005/11/051122210414.htm.

22. Geggel, "Epidurals: How They've Changed, and How They Work."

23. The Pennine Acute Hospitals, "Headache after an Epidural or Spinal Anaesthetic: An Information Guide," NHS Trust, February 2006, https://www.pat.nhs.uk/downloads/patient-information-leaflets/anaesthetics/headache-after-an-epidural-or-spinal-anaesthetic.pdf.

24. Dr. Eugene Smetannikov, "Can I Get Paralyzed from Epidural?" allaboutepidural.com, 2015, http://www.allaboutepidural.com/can-i-get-paralyzed-from-epidural.

25. "Lightning Strike Probabilities," National Lightning Safety Institute, 2019, http://lightningsafety.com/nlsi_pls/probability.html.

26. "Births—Method of Delivery," Centers for Disease Control and Prevention, January 20, 2017, https://www.cdc.gov/nchs/fastats/delivery.htm.

27. WHO, HRP, "WHO Statement on Caesarean Section Rates," World Health Organization, April 2015, https://www.who.int/reproductivehealth/publications/maternal_perinatal_health/cs-statement/en/.

28. Amy Tuteur, "The Childbirth Lie That Will Not Die," The Skeptical OB, June 17, 2014, http://www.skepticalob.com/2014/06/the-childbirth-lie-that-will-not-die.html.

29. Amy Tuteur, "World Health Organization's Optimal C-section Rate Officially Debunked," The Skeptical OB, December 1, 2015, http://www.skepticalob.com/2015/12/world-health-organizations-optimal-c-section-rate-officially-debunked.html.

30. John Elflein, "Cesarean Section Rates in OECD Countries in 2016 (per 1,000 Live Births)," Statistia, August 9, 2019, https://www.statista.com/statistics/283123/cesarean-sections-in-oecd-countries/; Central Intelligence Agency, "Country Comparison: Maternal Mortality Rate," The World Factbook, https://www.cia.gov/library/publications/the-world-factbook/rankorder/2223rank.html.

31. American Academy of Pediatrics, "Breastfeeding After Cesarean Delivery," Healthy Children, 2009, https://www.healthychildren.org/English/ages-stages/baby/breastfeeding/pages/Breastfeeding-After-Cesarean-Delivery.aspx.

32. Joyce King, "Contraception and Lactation," Journal of Midwifery and Women's Health, vol. 52, issue 6, 2007, 614–620, https://www.medscape.com/viewarticle/565623_2.

33. Josef Neu and Jona Rushing, "Cesarean versus Vaginal Delivery: Long Term Infant Outcomes and the Hygiene Hypothesis," Clinics in Perinatology, vol. 38, issue 2, June 2011, 321–331, https://www.ncbi.

nlm.nih.gov/pmc/articles/PMC3110651/.

34. Beth Greenfield, "Inside the Growing Practice of 'Seeding' Babies Born via C-Section," Yahoo! Parenting, August 19, 2015, https://www.yahoo.com/news/inside-the-growing-practice-of-seeding-babies-127085374637.html.

35. James Gallagher, "Vaginal Seeding After Caesarean 'Risky,' Warn Doctors," BBC News, August 23, 2017, https://www.bbc.com/news/health-41011589.

36. Shuyuan Chu, Qian Chen, Yan Chen, Yixiao Bao, Min Wu, and Jun Zhang, "Cesarean Section without Medical Indication and Risk of Childhood Asthma, and Attenuation by Breastfeeding," PLOS One, 12(9):e0184920, September 18, 2017, https://www.ncbi.nlm.nih.gov/pmc/articles/PMC5602659/.

37. Neu and Rushing, "Cesarean versus Vaginal Delivery."

38. Sheryl L. Rifas-Shiman, Matthew W. Gillman, Summer Sherburne Hawkins, Emily Oken, Elsie M. Taveras, and Ken P. Kleinman, "Association of Cesarean Delivery with Body Mass Index z Score at Age 5 Years," JAMA Pediatrics, vol. 172, issue 8, June 11, 2018, 777–779, https://jamanetwork.com/journals/jamapediatrics/article-abstract/2684228.

39. Nicholas Bakalar, "C-Sections Not Tied to Overweight Children," New York Times, June 12, 2018, https://www.nytimes.com/2018/06/12/well/c-sections-not-tied-to-overweight-children.html.

40. Mayo Clinic Staff, "Vaginal Birth after Cesarean (VBAC)," Mayo Clinic, 2019, https://www.mayoclinic.org/tests-procedures/vbac/about/pac-20395249.

41. Kathryn Doyle, "Out-of-Hospital Births on the Rise in U.S.," Reuters Health, March 28, 2016, https://www.scientificamerican.com/article/out-of-hospital-births-on-the-rise-in-u-s/.

42. Joseph R. Wax and William H. Barth Jr., "Planned Home Birth," American College of Obstetricians and Gynecologists Committee Opinion, April 2017, https://www.acog.org/Clinical-Guidance-and-Publications/Committee-Opinions/Committee-on-Obstetric-Practice/Planned-Home-Birth.

43. Doyle, "Out-of-Hospital Births on the Rise in U.S."

44. Neel Shah, MD, MPP, "A NICE Delivery—The Cross-Atlantic Divide over Treatment Intensity in Childbirth," New England Journal of Medicine, vol. 372, June 4, 2015, 2181–2183, https://www.nejm.org/doi/full/10.1056/NEJMp1501461.

45. "Key Facts About Late or No Prenatal Care," ChildTrends.org, 2019, https://www.childtrends.org/indicators/late-or-no-prenatal-care.

46. Douglas, "Should More Women Give Birth Outside the Hospital?"

47. 위의 기사.

48. 에밀리 오스터(Emily Oster), <산부인과 의사에게 속지 않는 25가지 방법(Expecting Better: Why the Conventional Pregnancy Wisdom Is Wrong and What You Really Need to Know)>, 노승영 옮김(부키, 2014)

49. "HELLP Syndrome: Symptoms, Treatment and Prevention," American Pregnancy Association, August 2015, https://americanpregnancy.org/pregnancy-complications/hellp-syndrome/.

3장. 단백질은 단백질일 뿐

1. Donna Freydkin, "This Is My Love Letter to Baby Formula," Today, May 22, 2018, https://www.today.com/parents/baby-formula-saved-my-sanity-new-mom-t129503.

2. Gisele Bündchen, Instagram, December 10, 2013, https://www.instagram.com/p/hvz4wzntH_/.

3. Charlotte Triggs, "Gisele Bündchen Says She Had a Hard Time Adjusting to Motherhood: 'I Kind of Lost Myself,'" People, September 27, 2018, https://people.com/parents/gisele-bundchen-hard-adjusting-motherhood/.

4. Hanna Rosin, "The Case Against Breast-Feeding," The Atlantic, April 2009, https://www.theatlantic.com/magazine/archive/2009/4/the-case-against-breast-feeding/307311/.

5. U.S. Department of Health and Human Services, "2013 Poverty Guidelines," Federal Register, December 0, 2013, vol. 78, no. 16, January 24, 2013, 5181–5184, https://aspe.hhs.gov/2012-poverty-guidelines.

6. 위의 논문.

7. Rosin, "The Case Against Breast-Feeding."

8. Corinne Purtill and Dan Kopf, "The Class Dynamics of Breastfeeding in the United States of America," Quartz, July 23, 2017, https://qz.com/1034016the-class-dynamics-of-breastfeeding-in-the-united-states-of-america/.

9. Sam Wang and Sandra Aamodt, "Breast-Feeding Won't Make Your Children Smarter," Bloomberg View, July 2, 2012, https://www.bloomberg.com/opin ion/articles/2012-7-2/breast-feeding-is-not-how-mothers-make-kids-smart; Amy Sullivan, "The Unapologetic Case for Formula-Feeding," New Republic, July 31, 2012, https://newrepublic.com/article/105638/amy-sullivan-un apologetic-case-formula-feeding.

10. "Diet Considerations While Breastfeeding," American Pregnancy Association, May 16, 2017, https://americanpregnancy.org/breastfeeding/diet-considerations-while-breastfeeding/.

11. Emily E. Stevens, Thelma E. Patrick, and Rita Pickler, "A History of Infant Feeding," Journal of Perinatal Education, Spring 2009, vol. 18, issue 2, 31–39, https://www.ncbi.nlm.nih.gov/pmc/articles/PMC2684040/.

12. 위의 논문.

13. Andrew Jacobs, "Opposition to Breast-Feeding Resolution by U.S. Stuns World Health Officials," New York Times, July 8, 2018, https://www.nytimes.com/2,017/6/7/health/world-health-breastfeeding-ecuador-trump.html.

14. Alison Stuebe, "Every Time a Baby Goes to Breast, the $70 Billion Baby Food Industry Loses a Sale," Breastfeeding Medicine, May 9, 2018, https://bfmed.wordpress.com/2018/7/8/every-time-a-baby-goes-to-breast-the-70-billion-baby-food-industry-loses-a-sale/.

15. Jill Krasny, "Every Parent Should Know the Scandalous History of Infant Formula," Business Insider, June 25, 2012, https://www.businessinsider.com/nestles-infant-formula-scandal-2012-6/.

16. Stephen Solomon, "The Controversy over Infant Formula," New York Times, December 6, 1981, https://www.nytimes.com/1982/1/6/magazine/the-controversy-over-infant-formula.html.

17. James Bock, "Women Made Career Strides in 1980s: Census Data Show Marked Md. Gains," Baltimore Sun, January 29, 1993, https://www.baltimoresun.com/news/bs-xpm-1993-0-29-993029154-story.html.

18. Rick Du Brow, "'Murphy Brown' to Dan Quayle: Read Our Ratings," Los Angeles Times, September 23, 1992, https://www.latimes.com/archives/la-xpm-1992-09-23-ca-1113-story.html.

19. Anne L. Wright and Richard J. Schanler, "The Resurgence of Breastfeeding at the End of the Second Millennium," Journal of Nutrition, vol. 131, issue 2, 421S–425S, https://academic.oup.com/jn/article/131/2/421S/4686960.

20. Purtill and Kopf, "The Class Dynamics of Breastfeeding in the United States of America."

21. Patrick A. Coleman, "What Is the Cost of Breastfeeding Versus Formula Feeding?" Fatherly, November 28, 2016, https://www.fatherly.com/love-money/real-cost-analysis-breastfeeding-versus-formula-feeding/.

22. Phyllis L. F. Rippeyoung and Mary C. Noonan, "Is Breastfeeding Truly Cost Free? Income Consequences of Breastfeeding for Women," American Sociological Review, February 1, 2012, vol. 77, issue 2, https://journals.sagepub.com/doi/abs/10.1177/0003122411435477.

23. Centers for Disease Control and Prevention, "Breastfeeding Report Card," 2018, https://www.cdc.gov/breastfeeding/data/reportcard.htm.

24. Jamie Grumet, "That Time I Breastfed My Son on the Cover of Time," Mom.com, February 3, 2016, https://mom.com/entertainment/27667-how-being-cover-time-changed-everything/..

4장. 수면 교육, 원하는 대로 해라

1. Michel Cohen, The New Basics: A-to-Z Baby & Child Care for the Modern Parent (New York: William Morrow Paperbacks, 2004).

2. Stephanie Pappas, "Early Neglect Alters Kids' Brains," LiveScience, July 23, 2012, https://www.livescience.com/21778-early-neglect-alters-kids-brains.html.

3. Will Doig, "Enter Sandman: Suzy Giordano Will Solve Your Baby's Sleep Problems—Just $1,000 a Night. Babble's Infant Industry," Babble, March 8, 2007. 'Babble' 사이트 폐쇄로 원문 삭제됨.

4. Kate Pickert, "The Man Who Remade Motherhood," Time, May 21, 2012, http://time.com/606/the-man-who-remade-motherhood/.

5. Cynthia Eller, "Why I Hate Dr. Sears," Brain, Child, June 4, 2015, https://www.brainchildmag.com/2015/06/why-i-hate-dr-sears/.

6. Amy Tuteur, Push Back: Guilt in the Age of Natural Parenting (New York: HarperCollins, 2016), 315.

7. Bonnie Rochman, "Mayim Bialik on Attachment Parenting: 'Very Small People Have a Voice,'" Time, March 15, 2012, http://healthland.time.com/2012/03/15/mayim-bialik-on-attachment-parenting-very-small-people-have-a-voice/.

8. Human Rights Watch, "Romania's Orphans: A Legacy of Repression," News from Helsinki, December 1, 1990, vol. 2, issue 15, https://www.hrw.org/report/1990/12/01/romanias-orphans-legacy-repression.

9. Vlad Odobescu, "Half a Million Kids Survived Romania's 'Slaughterhouses of Souls.' Now They Want Justice," Public Radio International, December 28, 2015, https://www.pri.org/stories/2015-12-28/half-million-kids-survived-romanias-slaughterhouses-souls-now-they-want-justice.

10. Mary Battiata, "A Ceausescu Legacy: Warehouses for Children," Washington Post, June 7, 1990,

https://www.washingtonpost.com/archive/politics /1990/06/07/a-ceausescu-legacy-warehouses-for-children/137a4951-04b4-42d5-957b-ed321609023c/.

11. Human Rights Watch, "Romania's Orphans: A Legacy of Repression."

12. Odobescu, "Half a Million Kids Survived Romania's 'Slaughterhouses of Souls.'"

13. Molly Webster, "The Great Rat Mother Switcheroo," New York Public Radio, WYNC, January 10, 2013, https://www.wnycstudios.org/story/261176-the-great-mother-switcheroo; Darlene Francis, Josie Diorio, Dong Liu, and Michael J. Meaney, "Nongenomic Transmission Across Generations of Maternal Behavior and Stress Responses in the Rat," Science, November 5, 1999, vol. 286, issue 5442, 1155–1158, https://science.sciencemag.org/content/286/5442/1155.

14. Darcia F. Narvaez and Angela Braden, "Parents Misled by Cry-It-Out Sleep Training Reports," Psychology Today, July 20, 2014, https://www.psychologytoday.com/us/blog/moral-landscapes/201407/parents-misled-cry-it-out-sleep-training-reports.

15. David Rettew, "Infant Sleep and the Crying-It-Out Debate," Psychology Today, July 20, 2014, https://www.psychologytoday.com/us/blog/abcs-child-psychiatry/201407/infant-sleep-and-the-crying-it-out-debate.

5장. 메리 포핀스가 되려 하지 말자

1. National Institute of Child Health and Human Development, "The NICHD Study of Early Child Care and Youth Development," U.S. Department of Health and Human Services, January 2006, https://www.nichd.nih.gov/sites/default/files/publications/pubs/documents/seccyd_06.pdf.

2. Arjen Stolk, Sabine Hunnius, Harold Bekkering, and Ivan Toni, "Early Social Experience Predicts Referential Communicative Adjustments in Five-Year-Old Children," PLOS One, 8(8):e72667, August 29, 2013, https://journals.plos.org/plosone/article?id=10.1371/journal.pone.0072667.

3. National Institute of Child Health and Human Development, "The NICHD Study of Early Child Care and Youth Development."

4. Melinda Wenner Moyer, "The Day Care Dilemma," Slate, August 22, 2013, https://slate.com/human-interest/2013/08/day-care-in-the-united-states-is-it-good-or-bad-for-kids.html.

5. National Institute of Child Health and Human Development, "The NICHD Study of Early Child Care and Youth Development."

6. BabyCenter Staff, "How Much You'll Spend on Childcare," BabyCenter.com, June 30, 2017, https://www.babycenter.com/0_how-much-youll-spend-on-childcare_1199776.bc.

7. Sarah Jane Glynn, "Fact Sheet: Child Care," Center for American Progress, August 16, 2012, https://www.americanprogress.org/issues/economy/news/2012/08/16/11978/fact-sheet-child-care/.

8. Care.com Editorial Staff, "This Is How Much Childcare Costs in 2019," Care.com, July 15, 2019, https://www.care.com/c/stories/2423/how-much-does-child-care-cost/.

9. "The 2019 Nanny Survey Results Are In!," Park Slope Parents, 2019, https://www.parkslopeparents.com/Newsflash/2019-nannysurvey-results.html.

10. Saskia Hullegie, Patricia Bruijning-Verhagen, Cuno S. P. M. Uiterwaal, Cornelis K. van der Ent, Henriette A. Smit, and Marieke L. A. de Hoog, "First-year Daycare and Incidence of Acute Gastroenteritis," Pediatrics, vol. 137, issue 5, May 2016, https://pediatrics.aappublications.org/content/137/5/e20153356.

11. 위의 논문.

12. Tara Siegel Bernard, "Choosing Child Care When You Go Back to Work," New York Times, November 22, 2013, https://www.nytimes.com/2013/11/23/your-money/choosing-child-care-when-you-go-back-to-work.html.

13. D'Vera Cohn and Andrea Caumont, "7 Key Findings About Stay-at-Home Moms," Pew Research Center, April 8, 2014, https://www.pewresearch.org /fact-tank/2014/04/08/7-key-findings-about-stay-at-home-moms/.

14. Edmund L. Andrews, "Eric Bettinger: Why Stay-at-Home Parents are Good for Older Children," Stanford Graduate School of Business, October 20, 2014, https://www.gsb.stanford.edu/insights/eric-bettinger-why-stay-home-parents-are-good-older-children.

15. Paul Cleary, "Norway Is Proof That You Can Have It All," The Australian, July 15, 2013, https://www.theaustralian.com.au/life/norway-is-proof-that-you-can-have-it-all/news-story/3d2895adbace87431410e7b033ec84bf.

16. Gretchen Livingston, "Growing Number of Dads Home with the Kids," Pew Research Center, June 5, 2014, https://www.pewsocialtrends.org/2014/06/05/growing-number-of-dads-home-with-the-kids/.

17. Paul Taylor, Eileen Patten, Ana Gonzalez-Barrera, Margaret Usdansky, Suzanne Bianchi, Gretchen Livingston, Rick Fry, and Cary Funk, "Modern Parenthood," Pew Research Center, March 14, 2013, https://www.pewsocialtrends.org/2013/03/14/modern-parenthood-roles-of-moms-and-dads-converge-as-they-balance-work-and-family/.

18. Sonya Michel, Children's Interests/Mothers' Rights: The Shaping of America's Child Care Policy (New Haven, CT: Yale University Press, 1999), 17.

19. "The Maven's Word of the Day," Random House via Wikipedia, October 24, 1996, https://en.wikipedia.org/wiki/Latchkey_kid.

20. Nancy L. Cohen, "Why America Never Had Universal Child Care," New Republic, April 23, 2013, https://newrepublic.com/article/113009/child-care-america-was-very-close-universal-day-care.

21. Mark DeWolf, "12 Stats about Working Women," U.S. Department of Labor (blog), March 1, 2017, https://blog.dol.gov/2017/03/01/12-stats-about-working-women.

22. Lynda Laughlin, "Who's Minding the Kids? Child Care Arrangements: Spring 2011," U.S. Census Bureau, April 2013, https://www.census.gov/prod/2013pubs/p70-135.pdf.

23. Sonya Michel, "The History of Child Care in the U.S.," VCU Libraries Social Welfare History Project, 2011, https://socialwelfare.library.vcu.edu/programs/child-care-the-american-history/.

24. Ashley J. Thomas, P. Kyle Stanford, and Barbara W. Sarnecka, "Correction: No Child Left Alone: Moral Judgments about Parents Affect Estimates of Risk to Children," Collabra, October 14, 2016, https://www.collabra.org/articles/10.1525/collabra.58/.

25. Elaine A. Donoghue, "Quality Early Education and Child Care from Birth to Kindergarten," Pediatrics, vol. 140, issue 2, August 2017, American Academy of Pediatrics, https://pediatrics.aappublications.org/

content/140/2/e20171488.

6장. 타임아웃!

1. Clorinda E. Vélez, Sharlene A. Wolchik, Jenn-Yun Tein, and Irwin Sandler, "Protecting Children from the Consequences of Divorce: A Longitudinal Study of the Effects of Parenting on Children's Coping Processes," Child Development, vol. 82, issue 1, January–February 2011, 244–257, https://www.ncbi. nlm.nih.gov/pmc/articles/PMC3057658/.

2. Bridget Murray Law, "Biting Questions: When a Toddler Bites, How Do You Handle the Biter, the Victim—and Both Sets of Parents?" American Psychological Association (blog), vol. 42, no. 2, February 2011, 50, https://www.apa.org/monitor/2011/02/biting.

3. "My Toddler Bit a Classmate: Should I Freak Out?" Yahoo! Parenting, March 16, 2015, https://www. yahoo.com/news/my-toddler-bit-a-classmate-should-i-freak-out-112813783327.html.

4. Isabel Fattal, "Why Toddlers Deserve More Respect," The Atlantic, December 13, 2017, https://www. theatlantic.com/education/archive/2017/12/the-myth-of-the-terrible-twos/548282/.

5. 위의 기사.

6. Becky Batcha, "Why Time-Out Is Out," Parents, https://www.parents.com/toddlers-preschoolers/ discipline/time-out/why-time-out-is-out/.

7. Lyz Lenz, "In Defense of Yelling," Fast Company, October 29, 2014, https://www.fastcompany. com/3037569/in-defense-of-yelling.

8. 위의 기사.

9. Laura Markham, "What's So Bad About Bribing Your Child?" Psychology Today, July 19, 2017, https:// www.psychologytoday.com/us/blog/peaceful-parents-happy-kids/201707/whats-so-bad-about-bribing-your-child.

10. 위의 기사.

11. Christina Caron, "Spanking Is Ineffective and Harmful to Children, Pediatricians' Group Says," New York Times, November 5, 2018, https://www.ny times.com/2018/11/05/health/spanking-harmful-study-pediatricians.html.

12. Harry Enten, "Americans' Opinions on Spanking Vary by Party, Race, Region and Religion," FiveThirtyEight.com, September 15, 2014, https://fivethirtyeight.com/features/americans-opinions-on-spanking-vary-by-party-race-region-and-religion/.

13. Yilu Zhao, "Cultural Divide Over Parental Discipline," New York Times, May 29, 2002, https://www. nytimes.com/2002/05/29/nyregion/cultural-divide-over-parental-discipline.html.

14. Stacey Patton, "Some Black Parents See Physical Discipline as a Duty. The NAACP Shouldn't Agree," Washington Post, June 22, 2012, https://www.washingtonpost.com/opinions/some-black-parents-see-physical-discipline-as-a-duty-the-naacp-shouldn't-agree/2012/06/22/g.JQAyo5ovV_story.html.

15. Kelly Wallace, "The Cultural, Regional and Generational Roots of Spanking," CNN, February 7, 2017, https://www.cnn.com/2014/09/16/living/spanking–cultural-roots-attitudes-parents/index.html.

16. Melinda D. Anderson, "Where Teachers Are Still Allowed to Spank Students," The Atlantic, December 15, 2015, https://www.theatlantic.com/education/archive/2015/12/corporal-punishment/420420/.

17. Valerie Strauss, "19 States Still Allow Corporal Punishment in School," Washington Post, September 18, 2014, https://www.washingtonpost.com/news/answer-sheet/wp/2014/09/18/19-states-still-allow-corporal-punishment-in-school/.

18. Human Rights Committee, General Comment 20, Article 7 (Forty-Fourth session, 1992), Compilation of General Comments and General Recommendations Adopted by Human Rights Treaty Bodies, U.N. Doc. HRI/GEN/1/Rev.1 at 30, 1994, http://hrlibrary.umn.edu/gencomm/hrcom20.htm.

19. "Somalia and US Should Ratify UN Child Rights Treaty—Official," UN News, October 13, 2010, https://news.un.org/en/story/2010/10/355732-somalia-and -us-should-ratify-un-child-rights-treaty-official.

20. Brendan L. Smith, "The Case Against Spanking," American Psychological Association, Monitor on Psychology ,vol. 43, no. 4, 60, April 2012, https://www.apa.org/monitor/2012/04/spanking.

21. 위의 기사.

7장. 전자기기, 어떻게 활용해야 할까?

1. Kayt Sukel, "The Truth About Research on Screen Time," Dana Foundation, November 6, 2017, http://www.dana.org/Briefing_Papers/The_Truth_About_Research_on_Screen_Time/.

2. Nick Bilton, "Steve Jobs Was a Low-Tech Parent," New York Times, September 10, 2014, https://www.nytimes.com/2014/09/11/fashion/steve-jobs-apple-was-a-low-tech-parent.html.

3. Isabel Fattal, "Why Toddlers Deserve More Respect," The Atlantic, December 13, 2017, https://www.theatlantic.com/education/archive/2017/12/the-myth-of-the-terrible-twos/548282/.

4. "American Academy of Pediatrics Announces New Recommendations for Children's Media Use," American Academy of Pediatrics, October 21, 2016, https://www.aap.org/en-us/about-the-aap/aap-press-room/pages/american-academy-of-pediatrics-announces-new-recommendations-for-childrens-media-use.aspx.

5. "Global Mobile Consumer Survey: US Edition," Deloitte, 2018, https://www.2.deloitte.com/us/en/pages/technology-media-and-telecommunications/articles/global-mobile-consumer-survey-us-edition.html.

6. Sukel, "The Truth About Research on Screen Time."

7. Judith Newman, "To Siri, With Love," New York Times, October 17, 2014, https://www.nytimes.com/2014/10/19/fashion/how-apples-siri-became-one-autistic-boys-bff.html.

8. Deborah Roberts and Marjorie McAfee, "'Life, Animated' Parents Describe How Animated Characters Helped Son with Autism Connect," Good Morning America, June 29, 2016, https://www.yahoo.com/gma/life-animated-parents-describe-animated-characters-helped-son-002600808==abc-news-wellness.html.

9. Beth J. Harpaz, "How Disney Films Unlocked Autistic Boy's Emotions," Associated Press, March 26, 2014, https://news.yahoo.com/disney-films-unlocked-autistic-boys-emotions-151032350.html.

10. Mitchell K. Bartholomew, Sarah J. Schoppe-Sullivan, Michael Glassman, Claire M. Kamp Dush, and

Jason M. Sullivan, "New Parents' Facebook Use at the Transition to Parenthood," Family Relations: Interdisciplinary Journal of Applied Family Science, vol. 61, issue 3, June 1, 2012, 455–469, https://www.ncbi.nlm.nih.gov/pmc/articles/PMC3650729/.

11. Clare Madge and Henrietta O'Connor, "Parenting Gone Wired: Empowerment of New Mothers on the Internet?" Social & Cultural Geography, vol. 7, issue 2, August 18, 2006, 199–220, https://www.tandfonline.com/doi/abs/10.1080/14649360600600528.

8장. 감자튀김의 감자도 채소다

1. Alison Fildes, Carla Lopes, Pedro Moreira, George Moschonis, et al., "An Exploratory Trial of Parental Advice for Increasing Vegetable Acceptance in Infancy," British Journal of Nutrition, vol. 114, issue 2, 1–9, June 2015, https://www.cambridge.org/core/journals/british-journal-of-nutrition/article/an-exploratory-trial-of-parental-advice-for-increasing-vegetable-acceptance-in-infancy/346443558B01D18C1C6CFD5B566CC474.

2. Ellyn Satter, "Raise a Healthy Child Who Is a Joy to Feed: Follow the Division of Responsibility in Feeding," The Ellyn Satter Institute, 2018, https://www.ellynsatterinstitute.org/how-to-feed/the-division-of-responsibility-in-feeding/.

3. "Americans Spend $30 Billion a Year Out-of-Pocket on Complementary Health Approaches," National Center for Complementary and Integrative Health, June 22, 2016, https://nccih.nih.gov/research/results/spotlight/americans-spend-billions.

4. "Organic Regulations," United States Department of Agriculture, https://www.ams.usda.gov/rules-regulations/organic.

5. Maria Carter, "5 Foods You Should Never Buy Organic," Woman's Day, May 9, 2017, https://www.womansday.com/food-recipes/g2994/foods-you -should-never-buy-organic/.

6. "How Much Water Should My Child Drink," CHOC Children's Hospital, 2015, https://www.choc.org/programs-services/urology/how-much-water-should-my-child-drink/.

7. Taylor Wolfram, MS, RDN, LDN, "Water: How Much Do Kids Need?" Eat Right Academy of Nutrition and Dietetics, August 10, 2018, https://www.eatright.org/fitness/sports-and-performance/hydrate-right/water-go-with-the-flow.

8. Aaron E. Carroll, "No, You Do Not Have to Drink 8 Glasses of Water a Day," New York Times, August 24, 2015, https://www.nytimes.com/2015/08/25/upshot/no-you-do-not-have-to-drink-8-glasses-of-water-a-day.html.

9. Betty Ruth Carruth, Paula J. Ziegler, Anne R. Gordon, and Susan I. Barr, "Prevalence of Picky Eaters Among Infants and Toddlers and Their Caregivers' Decisions About Offering a New Food," Journal of the American Dietetic Association, February 2004, vol. 104, suppl. 1, 57–64, https://jandonline.org/article/S0002-8223(03)01492-5/fulltext.

10. Roni Caryn Rabin, "Feed Your Kids Peanuts, Early and Often, New Guidelines Urge," New York Times, January 5, 2017, https://www.nytimes.com/2017/01/05/well/eat/feed-your-kids-peanuts-early-and-often-

new-guidelines-urge.html.

11. Alkis Togias, Susan F. Cooper, Maria L. Acebal, et al., "Addendum Guidelines for the Prevention of Peanut Allergy in the United States: Report of the National Institute of Allergy and Infectious Diseases– Sponsored Expert Panel," Annals of Allergy, Asthma and Immunology, February 2017, vol. 118, issue 2, 166–173.e7, https://www.annallergy.org/article/S10811206(16)31164-4/fulltext.

12. Jessika Bohon, "I Grew Up on Food Stamps. I'll Never Forget the Sneering Looks," The Guardian, July 12, 2017, https://www.theguardian.com/commentisfree/2017/jul/12/food-stamps-poverty-america-shame.

13. "Characteristics of Supplemental Nutrition Assistance Program Households: Fiscal Year 2015 (Summary)," United States Department of Agriculture, November 2016, https://fns-prod.azureedge.net/sites/default/files/ops/Characteristics2015-Summary.pdf.

14. Josh Levin, "The Queen: Linda Taylor Committed Abhorrent Crimes. She Became a Legend for the Least of Them," Slate, May 13, 2019, https://slate.com/news-and-politics/2019/05/the-queen-linda-taylor-welfare-reagan-podcast.html.

15. Anahad O'Connor, "In the Shopping Cart of a Food Stamp Household: Lots of Soda," New York Times, January 13, 2017, https://www.nytimes.com/2017/01/13/well/eat/food-stamp-snap-soda.html.

16. Anne Fishel, "The Most Important Thing You Can Do with Your Kids? Eat Dinner with Them," Washington Post, January 12, 2015, https://www.wash ingtonpost.com/posteverything/wp/2015/01/12/the-most-important-thing-you-can-do-with-your-kids-eat-dinner-with-them.

9장. 모두 다 가질 수 있다? 말도 안 되는 소리

1. Eric Barker, "How to Raise Happy Kids: 10 Steps Backed by Science," Time, March 24, 2014, http://time.com/35496/how-to-raise-happy-kids-10-steps-backed-by-science/.

2. Anne-Marie Slaughter, "Why Women Still Can't Have It All," The Atlantic, July/August 2012, https://www.theatlantic.com/magazine/archive/2012/07/why-women-still-cant-have-it-all/309020/.

3. Shane Shifflett, Emily Peck, and Alissa Scheller, "The States with the Most Stay-at-Home Fathers," Huffington Post, May 13, 2015, https://www.huffpost.com/entry/stay-at-home-fathers_n_7261020.

4. Emily Peck, "Only 6 American Men Identified as Stay-at-Home Dads in the 1970s. Today, It's a Different Story," Huffington Post, May 8, 2015, https://www.huffpost.com/entry/stay-at-home-dads_n_7234214.

5. Domingo Angeles, "Share of Women in Occupations with Many Projected Openings, 2016–26," Bureau of Labor Statistics, March 2018, https://www.bls.gov/careeroutlook/2018/data-on-display/dod-women-in-labor-force.htm.

6. Neil Irwin, "How Some Men Fake an 80-Hour Workweek, and Why It Matters," New York Times, May 4, 2015, https://www.nytimes.com/2015/05/05/upshot/how-some-men-fake-an-80-hour-workweek-and-why-it-matters.html.

7. Claire Cain Miller, "Mounting Evidence of Advantages for Children of Working Mothers," New York Times, May 15, 2015, https://www.nytimes.com/2015/05/17/upshot/mounting-evidence-of-some-

advantages-for-children-of-working-mothers.html.

8. Jennifer Szalai, "The Complicated Origins of 'Having It All,'" New York Times, January 3, 2015, https://www.nytimes.com/2015/01/04/magazine/the-complicated-origins-of-having-it-all.html.

9. Leslie Loftis, "Irony, Thy Name Is Feminism," The Federalist, July 28, 2014, https://thefederalist.com/2014/07/28/irony-thy-name-is-feminism/.

10. Szalai, "The Complicated Origins of 'Having It All.'"

11. Tiffany Dufu, "Tiffany's Epiphanies: Five Questions to Help You Drop the Ball," YouTube, August 27, 2018, https://www.youtube.com/watch?v=goheRvGY9G0.

12. Donna St. George, " 'Free Range' Parents Cleared in Second Neglect Case After Kids Walked Alone," Washington Post, June 22, 2015, https://www.washingtonpost.com/local/education/free-range-parents-cleared-in-second–neglect-case-after-children-walked-alone/2015/06/22/82283c24-188c-11e5-bd7f-4611a60dd8e5_story.html.

13. 스티븐 핑커(Steven Pinker), <우리 본성의 선한 천사(The Better Angels of Our Nature: Why Violence Has Declined)> 김명남 옮김(사이언스북스, 2014).

14. Elizabeth Nolan Brown, "Enough Stranger Danger! Children Rarely Abducted by Those They Don't Know," Reason , March 31, 2017, https://reason.com/2017/03/31/kidnapping-stats.

15. "And the Quality Most Parents Want to Teach Their Children Is . . ." Time, September 18, 2014, http://time.com/3393652/pew-research-parenting-american-trends/.

16. Leah Shafer, "Summertime, Playtime," Harvard Graduate School of Education, June 12, 2018, https://www.gse.harvard.edu/news/uk/18/06/summertime-playtime.

17. 위의 기사.

18. 랜디 저커버그(Randi Zuckerberg), <픽 쓰리(Pick Three: You Can Have It All (Just Not Every Day))>, 임현경 옮김(알에이치코리아, 2019).

19. Julianne Holt-Lunstad, Timothy B. Smith, Mark Baker, Tyler Harris, David Stephenson, "Loneliness and Social Isolation as Risk Factors for Mortality: A Meta-Analytic Review," Perspectives on Psychological Science, vol. 10, issue 2, March 1, 2015, 227–237, https://journals.sagepub.com/doi/pdf/10.1177/1745691614568352.

20. 위의 논문.

21. Emily Sohn, "More and More Research Shows Friends Are Good for Your health," Washington Post, May 26, 2016, https://www.washingtonpost.com/national/health-science/more-and-more-research-shows-friends-are-good-for-your-health/2016/05/26/f249e754-204d-11e6-9e7f-57890b612299_story.html.

22. Miller McPherson, Lynn Smith-Lovin, and Matthew Brashears, "Social Isolation in America: Changes in Core Discussion Networks over Two Decades," American Sociological Review, June 1, 2006, https://archive.org/stream/SocialIsolationInAmericaChangesInCoreDiscussionNetworksOverTwo/SocialIsolationInAmerica_djvu.txt.

23. Lisa Wade, "American Men's Hidden Crisis: They Need More Friends!" Salon, December 8, 2013, https://www.salon.com/2013/12/08/american_mens_hidden_crisis_they_need_more_friends/.

24. "Parents Now Spend Twice as Much Time with Their Children as 50 Years Ago," The Economist, November 27, 2017, https://www.economist.com/graphic-detail/2017/11/27/parents-now-spend-twice-

as-much-time-with-their-children-as-50-years-ago.

25. Brigid Schulte, "Making Time for Kids? Study Says Quality Trumps Quantity," Washington Post, March 28, 2015, https://www.washingtonpost.com/local/making-time-for-kids-study-says-quality-trumps-quantity/2015/03/28/10813192-d378-11e4-8fce-3941fc548f1c_story.html.

10장. 부모들이여 사랑을 나누자!

1. Amy Muise, Ulrich Schimmack, and Emily A. Impett, "Sexual Frequency Predicts Greater Well-Being, But More Is Not Always Better," Social Psychological and Personality Science, vol. 7, issue 4, November 18, 2015, 295–302, https://journals.sagepub.com/doi/full/10.1177/1948550615616462.

2. Eric W. Corty and Jenay M. Guardiani, "Canadian and American Sex Therapists' Perceptions of Normal and Abnormal Ejaculatory Latencies: How Long Should Intercourse Last?" Journal of Sexual Medicine, May 2008, vol. 5, issue 5, 1251–1256, https://www.jsm.jsexmed.org/article/S1743–6095(15)32017-8/abstract.

3. "Infant and Young Child Feeding: Model Chapter for Textbooks for Medical Students and Allied Health Professionals," World Health Organization, 2009, https://www.ncbi.nlm.nih.gov/books/NBK148970/.

4. Stephanie Pappas, "Low Sexual Desire Plagues Men, Too," LiveScience, November 7, 2013, https://www.livescience.com/41031-low-sexual-desire-men.html.

5. Maurand Cappelletti and Kim Wallen, "Increasing Women's Sexual Desire: The Comparative Effectiveness of Estrogens and Androgens," Hormones and Behavior, vol. 78, 178–193, February 2016, https://www.ncbi.nlm.nih.gov/pmc/articles/PMC4720522/.

6. 웬즈데이 마틴(Wednesday Martin), <나는 침대 위에서 이따금 우울해진다(Untrue: Why Nearly Everything We Believe About Women, Lust, and Infidelity Is Wrong and How the New Science Can Set Us Free)>, 엄성수 옮김(쌤앤파커스, 2020), 3장.

7. "Inside the Secret Sex Lives of Millennial Moms," Peanut-app, August 2018, https://www.peanut-app.io/millennialmomsurvey.

8. HuffPost Live, "Sexless Marriages: Why Many Couples Go Years Without Sex After Having Children," Huffington Post, March 4, 2014, https://www.huffpost.com/entry/sexless-marriages_n_4896110.

9. Holly V. Kapherr, "Rekindling Your Sex Life After Baby," Parenting, https://www.parenting.com/article/sex-after-baby.

10. 위의 기사.

11. Us Weekly Staff, "Giuliana Rancic: 'We Put Our Marriage First and Our Child Second,'" Us Weekly, February 27, 2013, https://www.usmagazine.com/celebrity-moms/news/giuliana-rancic-we-put-our-marriage-first-and-our-child-second-2013272/.

11장. 더 이상 '평범한' 가정이란 없다

1. Brigid Schulte, "Unlike in the 1950s, There Is No 'Typical' U.S. Family Today," Washington Post, September 4, 2014, https://www.washingtonpost.com/news/local/wp/2014/09/04/for-the-first-time-since-the-1950s-there-is-no-typical-u-s-family/.

2. Philip Cohen, "Family Diversity Is the New Normal for America's Children," briefing paper prepared for the Council on Contemporary Families, University of Maryland, September 4, 2014, https://familyinequality.files.wordpress.com/2014/09/family-diversity-new-normal.pdf.

3. Gretchen Livingston, "The Changing Profile of Unmarried Parents," Pew Research Center, April 25, 2018, https://www.pewsocialtrends.org/20108/04/25/the-changing-profile-of-unmarried-parents/.

4. "Historical Marital Status Tables," United States Census Bureau, November 2018, https://www.census.gov/data/tables/time-series/demo/families/marital.html.

5. Gretchen Livingston, "Births Outside of Marriage Decline for Immigrant Women," Pew Research Center, October 26, 2016, https://www.pewsocialtrends.org/2016/10/26/births-outside-of-marriage-decline-for-immigrant-women/.

6. Livingston, "The Changing Profile of Unmarried Parents."

7. "Attitudes on Same-Sex Marriage," Pew Research Center, May 14, 2019, https://www.pewforum.org/fact-sheet/changing-attitudes-on-gay-marriage/.

8. Carrie Craft, "How Many Children Have Gay Parents in the US?" Child Welfare League of America via Live About, May 8, 2019, https://www.liveabout.com/how-many-gay-parents-in-us-27175.

9. Isabel Fattal, "Why Toddlers Deserve More Respect," The Atlantic, December 13, 2017, https://www.theatlantic.com/education/archive/2017/12/the-myth-of-the-terrible-twos/548282/.

10. Nanette Gartrell, Henny Bos, and Audrey Koh, "National Longitudinal Lesbian Family Study—Mental Health of Adult Offspring," New England Journal of Medicine, vol. 379, July 19, 2018, 297–299, https://www.nejm.org/doi/full/10.1056/NEJMc1804810.

11. Wolters Kluwer Health, "Psychological Adjustment: No Difference in Outcomes for Children of Same-Sex versus Different-Sex Parents," ScienceDaily, June 28, 2018, https://www.sciencedaily.com/releases/2018/06/180628120036.htm.

12. Beth Greenfield, "$70K and 8,000 Miles to Become a Father," Yahoo! Parenting, October 22, 2014, https://www.yahoo.com/news/8-000-miles-and-70k-to-become-a-father-99064287817.html.

13. Johnny Wood, "The United States Divorce Rate Is Dropping, Thanks to Millennials," World Economic Forum, October 5, 2018, https://www.weforum.org/agenda/2018/10/divorce-united-states-dropping-because-millennials/.

14. Fattal, "Why Toddlers Deserve More Respect."

15. Nile Cappello, "Why I'm Happy My Parents Are Divorced," Huffington Post, August 18, 2013, https://www.huffpost.com/entry/why-im-happy-my-parents_n_3764552.

16. "Marriage & Divorce," American Psychological Association, 2019, https://www.apa.org/topics/divorce/.

17. Lisa Herrick, Robin S. Haight, Ron Palomares, and Lynn Bufka, "Healthy Divorce: How to Make Your Split as Smooth as Possible," American Psychological Association, 2019, https://www.apa.org/helpcenter/

healthy-divorce.

18. Dave Quinn, "Josh Lucas and His Ex-Wife Are 'Bird-Nest' Co-Parenting Their Son After Divorce: 'He Loves It,'" People, March 2, 2018, https://www.yahoo.com/entertainment/josh-lucas-ex-wife-apos-154049827.html.

19. Deborah Carr, Vicki A. Freedman, Jennifer C. Cornman, and Norbert Schwarz, "Happy Marriage, Happy Life? Marital Quality and Subjective Well-Being in Later Life," Journal of Marriage and Family, vol. 76, issue 5, October 1, 2014, 930–948, https://www.ncbi.nlm.nih.gov/pmc/articles/PMC4158846/; Kathleen Elkins, "Here's How Much More Money Married Men in America Are Making Than Everyone Else," CNBC, September 24, 2018, https://www.cnbc.com/2018/09/21/married-men-are-earning-much-more-money-than-everyone-else-in-america.html.

20. Laura Vanderkam, "Revisiting 'The Second Shift' 27 Years Later," Fast Company, January 14, 2016, https://www.fastcompany.com/3055391/revisiting-the-second-shift-27-years-later.

21. "A Portrait of Stepfamilies," Pew Research Center, January 13, 2011, https://www.pewsocialtrends.org/2011/01/13/a-portrait-of-stepfamilies/.

22. "Trends in U.S. Adoptions: 2008–2012," Child Welfare Information Gateway, U.S. Department of Health and Human Services, January 2016, https://www.childwelfare.gov/pubPDFs/adopted0812.pdf.

23. Edie's Clothes: Raising a Beautiful, Compassionate, Powerful Girl, 2019, https://ediesclothes.com/.

24. Fattal, "Why Toddlers Deserve More Respect."

당당한 육아

초판 1쇄 인쇄 2020년(단기 4353년) 9월 22일
초판 1쇄 발행 2020년(단기 4353년) 9월 29일

지은이 | 린제이 파워스
옮긴이 | 방경오
펴낸이 | 심남숙
펴낸곳 | ㈜ 한문화멀티미디어
등록 | 1990. 11. 28 제21-209호
주소 | 서울시 광진구 능동로 43길 3-5 동인빌딩 3층 (04915)
전화 | 영업부 2016-3500 · 편집부 2016-3507
홈페이지 | http://www.hanmunhwa.com

편집 | 이미향 강정화 최연실
기획 · 홍보 | 진정근
디자인 제작 | 이정희
경영 | 강윤정 조동희
영업 · 물류 | 윤정호
회계 | 김옥희

만든 사람들
책임 편집 | 김경실   디자인 | room 501
인쇄 | 천일문화사

ISBN 978-89-5699-403-1 03590